好玩的 数学

（修订版）

国家科学技术进步奖二等奖获奖丛书
总署"向全国青少年推荐的百种优秀图书"
科学时报杯"科学普及与科学文化最佳丛书奖"

张景中 主编

趣味随机问题

孙荣恒 著

科学出版社

北京

内 容 简 介

　　本书分为概率论、数理统计、随机过程三部分,每部分包含若干个趣味问题。其中有分赌注问题、巴拿赫火柴盒问题、波利亚坛子问题、巴格达窃贼问题、赌徒输光问题、群体(氏族)灭绝问题等历史名题,也有许多介绍新内容、新方法的问题。本书内容有趣,应用广泛。能启迪读者的思维,开阔读者的视野,增强读者的提出问题、分析问题与解决问题的能力。

　　本书适合高中以上文化程度的学生、教师、科技工作者和数学爱好者使用。

图书在版编目(CIP)数据

趣味随机问题/孙荣恒著.—修订本.—北京:科学出版社,
2015.3
　(好玩的数学/张景中主编)
　ISBN 978-7-03-043575-0

Ⅰ.①趣… Ⅱ.①孙… Ⅲ.①随机-普及读物 Ⅳ.①O211-49

中国版本图书馆 CIP 数据核字(2015)第 044252 号

责任编辑:李　敏　霍羽升/责任校对:陈玉凤
责任印制:李　彤/整体设计:黄华斌

科学出版社 出版
北京东黄城根北街 16 号
邮政编码:100717
http://www.sciencep.com

天津市新科印刷有限公司印刷
科学出版社发行　各地新华书店经销
*
2015 年 4 月第　三　版　　开本:720×1000　1/16
2025 年 1 月第十次印刷　　印张:13 3/4
字数:218 000

定价:35.00 元
(如有印装质量问题,我社负责调换)

丛书修订版前言

　　"好玩的数学"丛书自 2004 年 10 月出版以来,受到广大读者欢迎和社会各界的广泛好评,各分册先后重印 10 余次,平均发行量近 45 000 套,被认为是一套叫好又叫座的科普图书。丛书致力于多个角度展示了数学的"好玩",将现代数学和经典数学中许多看似古怪、实则富有深刻哲理的内容最大限度地通俗化,努力使读者"知其然"并"知其所以然";尽可能地把数学的好玩提升到了更为高雅的层次,让一般读者也能领略数学的博大精深。

　　丛书于 2004 年获科学时报杯"科学普及与科学文化最佳丛书奖",2006 年又被国家新闻出版总署列为"向全国青少年推荐的百种优秀图书"之一,2009 年荣获"国家科学技术进步奖二等奖"。但对于作者和编者来说,最高的奖励莫过于广大读者的喜爱关心。十年来,收到不少热心读者提出的意见和修改建议,数学研究领域和科普领域也都有了新的发展,大家感到有必要对书中的内容进行更新和补充。要感谢各位在耄耋之年仍俯首案牍、献身科普事业的作者,他们热心负责地对自己的作品进一步加工,在"好玩的数学(普及版)"的基础上进行了修订和完善。出版社借此机会将丛书改为 B5 开本,以方便读者阅读。

　　感谢多年来关心本套丛书的广大读者和各界人士,欢迎大家提出批评建议,共同促进科普事业繁荣发展。

编　者

2015 年 3 月

第一版总序

2002 年 8 月在北京举行国际数学家大会（ICM2002）期间，91 岁高龄的数学大师陈省身先生为少年儿童题词，写下了"数学好玩"4 个大字。

数学真的好玩吗？不同的人可能有不同的看法。

有人会说，陈省身先生认为数学好玩，因为他是数学大师，他懂数学的奥妙。对于我们凡夫俗子来说，数学枯燥，数学难懂，数学一点也不好玩。

其实，陈省身从十几岁就觉得数学好玩。正因为觉得数学好玩，才兴致勃勃地玩个不停，才玩成了数学大师。并不是成了大师才说好玩。

所以，小孩子也可能觉得数学好玩。

当然，中学生或小学生能够体会到的数学好玩，和数学家所感受到的数学好玩，是有所不同的。好比象棋，刚入门的棋手觉得有趣，国手大师也觉得有趣，但对于具体一步棋的奥妙和其中的趣味，理解的程度却大不相同。

世界上好玩的事物，很多要有了感受体验才能食髓知味。有酒仙之称的诗人李白写道："但得此中味，勿为醒者传。"不喝酒的人是很难理解酒中乐趣的。

但数学与酒不同。数学无所不在。每个人或多或少地要用到数学，要接触数学，或多或少地能理解一些数学。

早在 2000 多年前，人们就认识到数的重要。中国古代哲学家老子在《道德经》中说："道生一，一生二，二生三，三生万物。"古希腊毕达哥拉斯学派的思想家菲洛劳斯说得更加确定有力："庞大、万能和完美无缺是数字的力量所在，它是人类生活的开始和主宰者，是一切事物的参与者。没有数字，一切都是混乱和黑暗的。"

既然数是一切事物的参与者，数学当然就无所不在了。

在很多有趣的活动中，数学是幕后的策划者，是游戏规则的制定者。

玩七巧板，玩九连环，玩华容道，不少人玩起来乐而不倦。玩的人不一定知道，所玩的其实是数学。这套丛书里，吴鹤龄先生编著的《七巧板、九连环和华容道——中国古典智力游戏三绝》一书，讲了这些智力游戏中蕴含的数学问题和数学道理，说古论今，引人入胜。丛书编者应读者要求，还收入了吴先生的另一本备受大家欢迎的《幻方及其他——娱乐数学经典名题》，该书题材广泛、内容有趣，能使人在游戏中启迪思想、开阔视野，锻炼思维能力。丛书的其他各册，内容也时有涉及数学游戏。游戏就是玩。把数学游戏作为丛书的重要部分，是"好玩的数学"题中应有之义。

数学的好玩之处，并不限于数学游戏。数学中有些极具实用意义的内容，包含了深刻的奥妙，发人深思，使人惊讶。比如，以数学家欧拉命名的一个公式

$$e^{2\pi i} = 1$$

这里指数中用到的 π，就是大家熟悉的圆周率，即圆的周长和直径的比值，它是数学中最重要的一个常数。数学中第 2 个重要的常数，就是上面等式中左端出现的 e，它也是一个无理数，是自然对数的底，近似值为 2.718281828459…。指数中用到的另一个数 i，就是虚数单位，它的平方等于 -1。谁能想到，这 3 个出身大不相同的数，能被这样一个简洁的等式联系在一起呢？丛书中，陈仁政老师编著的《说不尽的 π》和《不可思议的 e》（此二书尚无学生版——编者注），分别详尽地说明了这两个奇妙的数的来历、有关的轶事趣谈和人类认识它们的漫长的过程。其材料的丰富详尽，论述的清楚确切，在我所知的中

外有关书籍中，无出其右者。

如果你对上面等式中的虚数 i 的来历有兴趣，不妨翻一翻王树和教授为本丛书所写的《数学演义》的"第十五回 三次方程闹剧获得公式解 神医卡丹内疚难舍诡辩量"。这本章回体的数学史读物，可谓通而不俗、深入浅出。王树和教授把数学史上的大事趣事憾事，像说评书一样，向我们娓娓道来，使我们时而惊讶、时而叹息、时而感奋，引来无穷怀念遐想。数学好玩，人类探索数学的曲折故事何尝不好玩呢？光看看这本书的对联形式的四十回的标题，就够过把瘾了。王教授还为丛书写了一本《数学聊斋》（此次学生版出版时，王教授对原《数学聊斋》一书进行了仔细修订后，将其拆分为《数学聊斋》与《数学志异》二书——编者注），把现代数学和经典数学中许多看似古怪而实则富有思想哲理的内容，像《聊斋》讲鬼说狐一样最大限度地大众化，努力使读者不但"知其然"而且"知其所以然"。在这里，数学的好玩，已经到了相当高雅的层次了。

谈祥柏先生是几代数学爱好者都熟悉的老科普作家，大量的数学科普作品早已脍炙人口。他为丛书所写的《乐在其中的数学》，很可能是他的封笔之作。此书吸取了美国著名数学科普大师伽德纳 25 年中作品的精华，结合中国国情精心改编，内容新颖、风格多变、雅俗共赏。相信读者看了必能乐在其中。

易南轩老师所写的《数学美拾趣》一书，自 2002 年初版以来，获得读者广泛好评。该书以流畅的文笔，围绕一些有趣的数学内容进行了纵横知识面的联系与扩展，足以开阔眼界、拓广思维。读者群中有理科和文科的师生，不但有数学爱好者，也有文学艺术的爱好者。该书出版不久即脱销，有一些读者索书而未能如愿。这次作者在原书基础上进行了较大的修订和补充，列入丛书，希望能满足这些读者的心愿。

世界上有些事物的变化，有确定的因果关系。但也有着大量的随机现象。一局象棋的胜负得失，一步一步地分析起来，因果关系是清楚的。一盘麻将的输赢，却包含了很多难以预料的偶然因素，即随机性。有趣的是，数学不但长于表达处理确定的因果关系，而且也能表达处理被偶然因素支配的随机现象，从偶然中发现规律。孙荣恒先生的《趣味随机问题》一书，向我们展示出概率论、数理统计、随机过程这些数学分支中许多好玩的、有用的和新颖的问题。其中既有经典趣题，如赌徒输光定理，也有近年来发展的新的方法。

中国古代数学，体现出算法化的优秀数学思想，曾一度辉煌。回顾一下中国古算中的名题趣事，有助于了解历史文化，振奋民族精神，学习逻辑分析方法，发展空间想像能力。郁祖权先生为丛书所著的《中国古算解趣》，诗、词、书、画、数五术俱有，以通俗艺术的形式介绍韩信点兵、苏武牧羊、李白沽酒等 40 余个中国古算名题；以题说法，讲解我国古代很有影响的一些数学方法；以法传知，叙述这些算法的历史背景和实际应用，并对相关的中算典籍、著名数学家的生平及其贡献做了简要介绍，的确是青少年的好读物。

读一读《好玩的数学》，玩一玩数学，是消闲娱乐，又是学习思考。有些看来已经解决的小问题，再多想想，往往有"柳暗花明又一村"的感觉。

举两个例子：

《中国古算解趣》第 37 节，讲了一个"三翁垂钓"的题目。与此题类似，有个"五猴分桃"的趣题在世界上广泛流传。著名物理学家、诺贝尔奖获得者李政道教授访问中国科学技术大学时，曾用此题考问中国科学技术大学少年班的学生，无人能答。这个问题，据说是由大物理学家狄拉克提出的，许多人尝试着做过，包括狄拉克本人在内都没有找到很简便的解法。李政道教授说，著名数理逻辑学家和哲学家怀德海曾用高阶差分方程理论中通解和特解的关系，给出一个巧妙的解法。其实，仔细想想，有一个十分简单有趣的解法，小学生都不难理解。

原题是这样的：5 只猴子一起摘了 1 堆桃子，因为太累了，它们商量决定，先睡一觉再分。

过了不知多久，来了 1 只猴子，它见别的猴子没来，便将这 1 堆桃子平均分成 5 份，结果多了 1 个，就将多的这个吃了，拿走其中的 1 堆。又过了不知多久，第 2 只猴子来了，它不知道有 1 个同伴已经来过，还以为自己是第 1 个到的呢，于是将地上的桃子堆起来，平均分成 5 份，发现也多了 1 个，同样吃了这 1 个，拿走其中的 1 堆。第 3 只、第 4 只、第 5 只猴子都是这样……问这 5 只猴子至少摘了多少个桃子？第 5 个猴子走后还剩多少个桃子？

思路和解法：题目难在每次分都多 1 个桃子，实际上可以理解为少 4 个，先借给它们 4 个再分。

好玩的是，桃子尽管多了 4 个，每个猴子得到的桃子并不会增多，当然也不会减少。这样，每次都刚好均分成 5 堆，就容易算了。

想得快的一下就看出，桃子增加 4 个以后，能够被 5 的 5 次方整除，所以至少是 3125 个。把借的 4 个桃子还了，可知 5 只猴子至少摘了 3121 个桃子。

容易算出，最后剩下至少 1024－4＝1020 个桃子。

细细地算，就是：

设这 1 堆桃子至少有 x 个，借给它们 4 个，成为 $x+4$ 个。

5 个猴子分别拿了 a, b, c, d, e 个桃子（其中包括吃掉的一个），则可得

$$a = (x+4) / 5$$
$$b = 4(x+4) / 25$$

$$c = 16 \ (x+4) \ /125$$

$$d = 64 \ (x+4) \ /625$$

$$e = 256 \ (x+4) \ /3125$$

e 应为整数，而 256 不能被 5 整除，所以 $x+4$ 应是 3125 的倍数，所以

$$x+4 = 3125k \ (k \ \text{取自然数})$$

当 $k=1$ 时，$x=3121$

答案是，这 5 个猴子至少摘了 3121 个桃子。

这种解法，其实就是动力系统研究中常用的相似变换法，也是数学方法论研究中特别看重的"映射 - 反演"法。小中见大，也是数学好玩之处。

在《说不尽的 π》的 5.3 节，谈到了祖冲之的密率 355/113。这个密率的妙处，在于它的分母不大而精确度很高。在所有分母不超过 113 的分数当中，和 π 最接近的就是 355/113。不但如此，华罗庚在《数论导引》中用丢番图理论证明，在所有分母不超过 336 的分数当中，和 π 最接近的还是 355/113。后来，在夏道行教授所著《π 和 e》一书中，用连分数的方法证明，在所有分母不超过 8000 的分数当中，和 π 最接近的仍然是 355/113，大大改进了 336 这个界限。有趣的是，只用初中里学的不等式的知识，竟能把 8000 这个界限提高到 16500 以上！

根据 $\pi = 3.1415926535897\cdots$，可得 $|355/113-\pi| < 0.00000026677$，如果有个分数 q/p 比 355/113 更接近 π，一定会有

$$|355/113 - q/p| < 2 \times 0.00000026677$$

也就是

$$|355p - 113q| / 113p < 2 \times 0.00000026677$$

因为 q/p 不等于 355/113，所以 $|355p - 113q|$ 不是 0。

但它是正整数，大于或等于 1，所以

$$1/113p < 2 \times 0.00000026677$$

由此推出

$$p > 1/(113 \times 2 \times 0.00000026677) > 16586$$

这表明，如果有个分数 q/p 比 355/113 更接近 π，其分母 p 一定大于 16586。

如此简单初等的推理得到这样好的成绩，可谓鸡刀宰牛。

数学问题的解决，常有"出乎意料之外，在乎情理之中"的情形。

在《数学美拾趣》的 22 章，提到了"生锈圆规"作图问题，也就是用半径固定的圆规作图的问题。这个问题出现得很早，历史上著名的画家达·芬奇也研究过这个问题。直到 20 世纪，一些基本的作图，例如已知线段的两端点求作中点的问题（线段可没有给出来），都没有答案。有些人认为用生锈圆规作中点是不可能的。到了 20 世纪 80 年代，在规尺作图问题上从来没有过贡献的中国人，不但解决了中点问题和另一个未解决问题，还意外地证明了从 2 点出发作图时生锈圆规的能力和普通规尺是等价的。那么，从 3 点出发作图时生锈圆规的能力又如何呢？这是尚未解决的问题。

开始提到，数学的好玩有不同的层次和境界。数学大师看到的好玩之处和小学生看到的好玩之处会有所不同。就这套丛书而言，不同的读者也会从其中得到不同的乐趣和益处。可以当做休闲娱乐小品随便翻翻，有助于排遣工作疲劳、俗事烦恼；可以作为教师参考资料，有助于活跃课堂气氛、启迪学生心智；可以作为学生课外读物，有助于开阔眼界、增长知识、锻炼逻辑思维能力。即使对于数学修养比较高的大学生、研究生甚至数学研究工作者，也会开卷有益。数学大师华罗庚提倡"小敌不侮"，上面提到的两个小题目都有名家做过。丛书中这类好玩的小问题比比皆是，说不定有心人还能从中挖出宝矿，有所斩获呢。

啰嗦不少了，打住吧。谨以此序祝《好玩的数学》丛书成功。

2004 年 9 月 9 日

前　　言

　　本书是为高中生、大学生、研究生和数学爱好者学习与了解概率论、数理统计、随机过程而写的一本科普读物。目的是引起青年读者对这几门课程的学习兴趣，介绍这几门学科的部分内容及其应用，给出处理这一类问题的思路与方法，使得读者的素质能有所提高。由于介绍的是随机问题，要求读者具有微积分与初等概率统计知识。又因为本书不仅希望读者"知其然"，而且更希望读者"知其所以然"，所以书中有一些理论推导，如果读者一时看不懂这些推导，可以跳过去，先了解其结论。本书分为三部分，即概率论篇、数理统计篇与随机过程篇。其中，概率论篇介绍了 74 个问题，数理统计篇介绍了 15 个问题，随机过程篇介绍了 10 个问题。这些问题是作者从事多年教学科研工作的心得与结晶，涉及多方面的应用。有很多内容是作者在所出版的文献（见参考文献[4] ～[9]）中首先给出的，还有很多内容是本书第一次给出的。本书的特点是：有趣、有用、有新意。当然不是每个问题都具有这三个特点，但是每个问题至少具有这三个特点之一。只有趣和新，而没有用，意义就减少了许多。因此，作者在选材时，更强调其应用。

　　本书最初是为研究生、大学生作科普报告而准备的一些处理随机问题的专题，主要介绍既有趣又有用的新思想、新方法与新内容，目的是开阔学生的视野和提高学生的素质。经过较大的修改后才成为现在这个样子。

　　在这里，作者首先要感谢科学出版社，没有他们的鼓励和支持，这本书是绝对不会问世的；其次要感谢潘致锋同志仔细地阅读了手稿，改正了一些笔误；特别要借此机会，感谢作者的大哥孙曼和大嫂闵锐，没有他们的教育与培养，不会有作者的今天；还要感谢作者的夫人李文昭，长期以来几乎承担了所有家务，解除了作者的后顾之忧。

由于作者水平有限，书中定有不少疏漏，恳请读者批评指正！

孙荣恒

目　　录

01 概率论篇

1.1 全是不可测集惹的麻烦

随机事件（简称为事件）、概率、随机变量是概率论中最基本的三个概念，它们是逐步形成与完善起来的。其中事件与随机变量这两个概念与不可测集合的关系非常紧密。如果不存在不可测集合，事件与随机变量的定义将会非常简洁易懂。由于不可测集合的存在，给这两个概念的定义带来了很大的麻烦，使初学者感到很困难。

学过初等概率论的人都知道，随机事件是样本空间（由所有样本点或基本事件组成的集合）的子集，但是样本空间的子集却未必是随机事件。为什么？一般教科书均不作解释，因为此问题说起来话长，又涉及较多的数学知识，一两句话是说不清楚的。

如果样本空间 Ω 中的样本点只有可数（可列）多个，则 Ω 中的任一个子集都可测；如果 Ω 中的样本点有无穷不可数多个（如一个区间或一个区域），则可人为地构造出 Ω 的不可测子集。什么叫做（集合）可测？这涉及较深的测度论知识。通俗地说，所谓集合 A 可测，就是可以求出 A 的测度。什么叫做测度？如果 A 是离散可数集合，则把 A 中的元素个数作为 A 的测度，如果 A 是非离散的区域而且是一维的（二维的、三维的），就把 A 的长度（面积、体积）作为 A 的测度。关于如何构造 Ω 的不可测子集，有兴趣的读者可以参阅郑维行和王声望著的《实变函数与泛函分析概要》。初学者很难理解，一条曲线为什么会不可以测量它的长度呢？美籍华人钟开来说，读者可以这样设想，这条曲线弯曲得非常厉害，我们无法测准它的长度，或者设想它离我们非常遥远，即使用最先进的仪器也无法对它进行测量。

由于样本空间中的子集不一定都可测，那些不可测子集我们是无法

— 1 —

求其概率的，当然，就不把它们看成事件，这是因为我们研究事件的主要目的是求其出现（发生）的概率。又因为在实际问题中我们往往要对事件进行各种运算（或变换），我们自然会问：可测事件运算（或变换）的结果是否仍为可测？为了保证可测事件运算（或变换）的结果仍为可测，我们在定义事件中引进了 σ 代数的概念。

定义 1.1 设 Ω 为一个集合，如果 Ω 中的一些子集组成的集类（以集合为元素的集合）$\mathscr{F}$ 满足：

(i) $\Omega \in \mathscr{F}$。

(ii) 如果 $A \in \mathscr{F}$，则 A 的补集 $\overline{A} \in \mathscr{F}$。

(iii) 如果 $A_n \in \mathscr{F}$，$n=1$，2，3，…，则 $\bigcup\limits_{n=1}^{\infty} A_n \in \mathscr{F}$。

则称 $\mathscr{F}$ 为 Ω 中的 σ 代数。

有了 σ 代数的概念，可引入事件的如下的严密定义。

定义 1.2 如果 $\mathscr{F}$ 是由样本空间 Ω 中一些（可测）子集组成的 σ 代数，则称 $\mathscr{F}$ 为事件域，称且仅称 $\mathscr{F}$ 中的元素为事件。通常称 $(\Omega，\mathscr{F})$ 为可测空间。

由此定义可知：

(i) σ 代数未必是事件域，但是事件域一定是 σ 代数。

(ii) $\{\varnothing，\Omega\}$ 为最小事件域（其中 $\varnothing$ 为不可能事件，即为不含有任何样本点的空集）。如果 A 为 Ω 中的可测子集，则 $\{\varnothing，A，\overline{A}，\Omega\}$ 是包含事件 A 的最小事件域。如果 Ω 中的子集都可测，则取事件域为 $\{A：A \subset \Omega\}$（即如果 $A \subset \Omega$，则称 A 为事件），它也是最大的事件域。因此，事件域不是唯一的。

(iii) 在实际问题中，如果 Ω 中的样本点是可数的，通常就取事件域为 $\{A：A \subset \Omega\}$，否则，通常取事件域为包含我们所关心的事件的 σ 代数。在一个问题中，事件域一经取定就不再变动。

如果不存在样本空间 Ω 中的不可测子集，随机变量就可以简单定义为：如果 $X(\omega)$ 是 Ω 上的单值实函数，则称 $X(\omega)$ 为随机变量。而现在随机变量的定义不仅复杂得多，而且使初学者很不容易理解。

定义 1.3 设 $(\Omega，\mathscr{F})$ 是一个可测空间，$X(\omega)$ 为定义于 Ω 上的单值实函数，如果对任意实数 x，均有

$$\{\omega:X(\omega)\leqslant x,\omega\in\Omega\}\in\mathscr{F}$$

则称 $X(\omega)$ 为 $(\Omega,\mathscr{F})$ 上的一个随机变量。

通常简记 $X(\omega)$ 为 X，简记 $\{\omega:X(\omega)\leqslant x,\omega\in\Omega\}$ 为 $\{X\leqslant x\}$。$\{\omega:X(\omega)\leqslant x,\omega\in\Omega\}$ 表示使得 $X(\omega)\leqslant x$ 成立的那些样本点 ω 组成的集合。如果这个集合为可测的事件，即 $\{X\leqslant x\}\in\mathscr{F}$，我们才称 X 为随机变量。

由定义 1.3 知随机变量不是简单的变量，而是定义于样本空间 Ω 上的满足条件 $\{X\leqslant x\}\in\mathscr{F}$ 的单值实函数。不过在实际问题中如果用定义 1.3 去验证一个量是否为随机变量那将是件很麻烦的事情。通常不用定义 1.3 去验证一个量是否为随机变量，而是去验证该量取值是否为随机的。如果是，则该量是随机变量；否则，它就不是随机变量。何为随机的？所谓随机的是指：该量至少能取两个值，而且事前（试验之前）无法准确预言它取哪个值。

1.2 概率概念的完善

概率是描述事件发生（出现）可能性大小的数量指标，它是逐步形成和完善起来的。最初人们讨论的是古典概型（随机）试验中事件发生的概率。所谓古典概型试验是指样本空间中的样本点的个数是有限的且每个样本点（组成的事件）发生的可能性是相同的，简称为有限性与等可能性。例如，掷一颗均匀骰子的试验与从一个装有 n 个相同（编了号）球的袋中随机摸一个球的试验都是古典概型试验。对于古典概型试验，人们给出概率的如下定义。

定义 1.4 设试验 E 是古典概型的，其样本空间 Ω 由 n 个样本点组成，其一事件 A 由 r 个样本点组成，则定义 A（发生）的概率为 $\frac{r}{n}$，记为 $P(A)$，即

$$P(A)=\frac{A\text{中样本点数}}{\Omega\text{中样本点数}}=\frac{r}{n}$$

并称这样定义的概率为古典概率，称概率的这样的定义为古典定义。

古典概率有如下 3 个性质：

(i) 对任意事件 A，有 $0\leqslant P(A)\leqslant1$。

(ii) $P(\Omega)=1$。

(iii) 设 A_1，A_2，$\cdots$，A_m 为两两互斥的 m 个事件，则

$$P(\bigcup_{i=1}^{m} A_i) = \sum_{i=1}^{m} P(A_i)$$

(i)、(ii)、(iii) 分别称为概率的有界性、规范性与有限可加性。

古典概率的定义要求试验满足有限性与等可能性，这使得它在实际应用中受到了很大的限制。例如，对于旋转均匀陀螺的试验：在一个均匀的陀螺圆周上均匀地刻上区间 $[0,3)$ 内诸数字，旋转陀螺，当它停下时，其圆周上与桌面接触处的刻度位于某区间 $[a,b)$ $[\subset [0,3)]$ 内的概率有多大？对于这样的试验，古典概率的定义就不适用。因为此试验的样本点不是有限的，而是区间 $[0,3]$ 中的每个点，它有无穷不可数多个。为了克服定义 1.4 的局限性，人们又引入概率的如下定义。

定义 1.5 设试验 E 的样本空间为某可度量的区域 Ω，且 Ω 中任一区域出现的可能性大小与该区域的几何度量成正比，而与该区域的位置与形状无关，则称 E 为几何概型的试验。且定义 E 的事件 A 的概率为

$$P(A) = \frac{A\ \text{的几何度量}}{\Omega\ \text{的几何度量}}$$

其中，如果 Ω 是一维的、二维的、三维的，则 Ω 的几何度量分别为长度、面积、体积。并称这样定义的概率为几何概率，而称概率的这样的定义为几何定义。

几何概率除了具有古典概率的 3 个性质外，它还具有如下的可列可加性（或完全可加性）：

(iv) 设 A_1，A_2，A_3，$\cdots\cdots$为两两互斥的无穷多个事件，则

$$P(\bigcup_{i=1}^{\infty} A_i) = \sum_{i=1}^{\infty} P(A_i)$$

概率的几何定义虽然去掉了有限性的限制，但是它仍然要试验满足等可能性，这在实际问题中仍有很大的局限性。例如，掷一枚不均匀的硬币的试验就不具有等可能性，这样上述两个定义对这个非常简单的试验都不适用。同时我们还注意到上述两个定义中的等可能性严格地说都是近似的，而不是真正的等可能。因此，我们必须再一次推广概率的定义，以满足实际问题要求。为此，人们在频率的基础上又引进了概率的统计定义。

通过长期的实践，人们逐步发现，当重复试验的次数很多时，事件

出现的频率都具有稳定性。即对于某个固定的事件，当重复试验次数增加时，该事件出现的频率总在 0 与 1 之间某个数字 p 附近摆动，且越来越接近 p。例如，掷一枚均匀硬币的试验，历史上曾经有很多数学家做过。下表是几位数学家做此试验的结果。由此表可以看到，当试验次数越来越多时，正面出现的频率越来越靠近 0.5（表 1-1）。由此，人们又引入概率的统计定义。

表 1-1　掷均匀硬币的试验

试验者	试验次数	正面出现次数	正面出现频率
摩根	2 048	1 061	0.518 1
蒲丰	4 040	2 048	0.506 9
皮尔逊	12 000	6 019	0.501 6
皮尔逊	24 000	12 012	0.500 5
维尼	30 000	14 994	0.499 8

定义 1.6　设 A 为试验 E 的一个事件，如果随着重复试验次数的增加 A 出现的频率在 0 与 1 之间某个数 p 附近摆动，则定义 A 的概率为 p，记为 $P(A)$，即

$$P(A) = p$$

称这样定义的概率为统计概率，称概率的这样的定义为统计定义。

统计概率也有古典概率的 3 个性质，即有界性、规范性、有限可加性。

概率的统计定义对试验不作任何要求，它适合所有试验，也比较直观。但是在数学上很不严密。因为其依据是重复试验次数很多时频率呈现出的稳定性。何为"很多"？1 万次相对于 1000 次来说是很多了，但是相对于 10 万次来说它又是很少了。试验次数究竟要多到怎样的程度才能算"很多"定义中没有说明；又如定义中的"摆动"又如何理解，也没有数学说明，再如定义中的"p"又如何确定？不同的人可能会确定不同的值。这样，一个事件将有多个概率。例如，在表 1-1 中，正面出现的频率显然在 0.5 附近摆动，因此可以认为正面出现的概率为 0.5。但是由于硬币不会绝对均匀的，也可以认为正面出现的概率为 0.50001 或 0.4999。因此，概率的上述 3 个定义都有缺陷，与其说它们是定义，不如说它们仅是对不同的情况给出概率的 3 种计算方法。所以我们有必要给出概率的一个严密的对各种情况都适用的定义，以使得概

率论这座大厦有牢固的基础。

20 世纪 30 年代初，冯·米富斯（R. Von Mises）给出样本空间的概念，使得有可能把概率的严密的数学理论建立在测度论上。20 世纪 30 年代中期柯尔莫哥洛夫（A. N. Kolmogorov）以上述 3 个定义的性质为背景给出概率的严密的公理化定义。

定义 1.7 设（Ω，$\mathscr{F}$）为一个可测空间，P 为定义于 $\mathscr{F}$ 上的实值集合函数，如果 P 满足下列 3 个条件：

（i）对每个 $A \in \mathscr{F}$，有 $P(A) \geqslant 0$；

（ii）$P(\Omega) = 1$；

（iii）如果 $A_i \in \mathscr{F}$，$i = 1$，2，3，$\cdots$，且当 $i \neq j$ 时，$A_i A_j = \varnothing$，则

$$P(\bigcup_{i=1}^{\infty} A_i) = \sum_{i=1}^{\infty} P(A_i)。$$

那么，就称 P 为概率测度，简称为概率。

一般把 Ω，$\mathscr{F}$，P 写在一起成（$\Omega, \mathscr{F}, P$），并称（$\Omega, \mathscr{F}, P$）为概率空间。以后总用 Ω 表示样本空间，用 $\mathscr{F}$ 表示 Ω 中的固定的事件域，用 P 表示相应于 Ω 与 $\mathscr{F}$ 的概率。此定义的 3 个条件称为 3 个公理。这 3 个公理分别称为概率的非负性、规范性与完全可加性（或可列可加性）。

概率的公理化定义中没有要求定义于 $\mathscr{F}$ 上的实值集合函数 P 满足有界性与有限可加性，为什么？这是因为有界性与有限可加性可以由 3 个公理推导出来，而且，一个概念的定义（自然）要求所满足的条件越少越好，这样才便于应用。设想，如果一个定义要求满足 10 个条件，则每次应用前都要逐一验证这 10 个条件是否满足（如果不满足，则不能应用该定义），这将是很麻烦的事情。其次，概率的公理化定义是严密的数学定义，且对试验不作任何要求，我们很自然地会问，前述的三个定义是否可以不要了？不可以。这是因为公理化定义虽然在数学上很严密，但是它没有给出事件概率的计算方法。要计算一个具体事件的概率，还得根据不同的情况，利用上述 3 个定义之一来计算。

另一个需要说明的是概率的公理化定义不是唯一，它有很多等价定义。由有限可加性得 $P(\varnothing) = P(\sum_{i=1}^{n+1} \varnothing) = (n+1)P(\varnothing)$，即 $nP(\varnothing) = 0$，所以 $P(\varnothing) = 0$，又对任意事件 $A \in \mathscr{F}$，由单调性，有 $P(A) \geqslant P(\varnothing)$，从而

$P(A) \geqslant 0$，即由有限可加性与单调性可以推导出非负性。也即公理化定义中的非负性（公理1）可用有限可加性与单调性来替换。于是得如下等价定义：

定义 1.8 设（Ω，$\mathscr{F}$）为一可测空间，P 为定义于 $\mathscr{F}$ 上的实值集合函数。如果 $\mathscr{F}$ 满足：

(i) 如果 A，$B \in \mathscr{F}$，且 $A \subset B$，则 $P(A) \leqslant P(B)$

(ii) 如果 $A_i \in \mathscr{F}$，$i = 1$，2，$\cdots$，n，且当 $i \neq j$ 时，$A_i A_j = \varnothing$，则

$$P(\bigcup_{i=1}^{n} A_i) = \sum_{i=1}^{n} P(A_i)$$

(iii) 如果 $A_i \in \mathscr{F}$，$i = 1$，2，3，$\cdots$，且当 $i \neq j$ 时，$A_i A_j = \varnothing$，则

$$P(\bigcup_{i=1}^{\infty} A_i) = \sum_{i=1}^{\infty} P(A_i)$$

(iv) $P(\Omega) = 1$

则称 P 为概率测度，简称为概率。

由参考文献［4］有如下结论：

设 P 为定义于事件域 $\mathscr{F}$ 上的具有有限可加性的非负实值集合函数，且 $P(\Omega) = 1$，则下列 5 个条件等价：

(i) P 具有完全可加性（即 P 是概率测度）。

(ii) P 具有下连续性。即如果 $A_n \in \mathscr{F}$，$n = 1$，2，$\cdots$，且

$$A_n \subset A_{n+1}$$

则

$$\lim_{n \to \infty} P(A_n) = P(\lim_{n \to \infty} A_n) = P(\bigcup_{n=1}^{\infty} A_n)$$

(iii) P 具有上连续性。即如果 $A_n \in \mathscr{F}$，$n = 1$，2，$\cdots$，且 $A_n \supset A_{n+1}$，则

$$\lim_{n \to \infty} P(A_n) = P(\lim_{n \to \infty} A_n) = P(\bigcap_{n=1}^{\infty} A_n)$$

(iv) P 在 $\varnothing$ 处连续。即如果 $A_n \in \mathscr{F}$，$n = 1$，2，$\cdots$，$A_n \supset A_{n+1}$ 且

$$\bigcap_{n=1}^{\infty} A_n = \varnothing，则 \lim_{n \to \infty} P(A_n) = 0$$

(v) P 具有连续性。即如果 $A_n \in \mathscr{F}$，$n = 1$，2，$\cdots$，且 $\lim_{n \to \infty} A_n$ 存在，则

$$\lim_{n \to \infty} P(A_n) = P(\lim_{n \to \infty} A_n)$$

由此结论可知，概率的公理化定义至少有 10 个不同的等价定义，这里

就不一一写出来了。显而易见，在这 10 个不同的定义中，定义 1.7 比较简洁。所以，在一般文献中只给出定义 1.7。

1.3 三个孩子都是女孩的概率

【例 1.1】 老张的妻子一胎生了 3 个孩子，已知老大是女孩，求另两个也都是女孩的概率（假设男孩、女孩出生率相同）。

解 这是一个古典概率问题。3 个孩子的所有可能情况是：bbb，bbg，bgb，gbb，bgg，gbg，ggb，ggg，其中，b 表示男孩，g 表示女孩，bgb 表示老大与老三都是男孩老二是女孩，其他类似。用 A 表示"老大是女孩"这一事件，用 B 表示"三个孩子都是女孩"这一事件。则 A 由 4 个样本点组成，B 由 1 个样本点组成，即 $A=\{gbb, gbg, ggb, ggg\}$，$B=\{ggg\}$，而所求概率是在 A 发生的条件下 B 发生的概率，一般记此概率为 $P(B \mid A)$，称为 A 发生下 B 发生的条件概率。因为在 A 发生的条件下，样本空间就是 A，由概率的古典定义知，所求概率为 $\frac{1}{4}$，即 $P(B \mid A)=\frac{1}{4}$。

如果去掉条件 A，即如果不知老大是男还是女，这时样本空间 Ω 由 8 个样本点组成，即 $\Omega=\{bbb, bbg, bgb, gbb, bgg, gbg, ggb, ggg\}$，且事件 A 与 B 都不变。由概率的古典定义得

$$P(A)=\frac{4}{8}, P(B)=\frac{1}{8}$$

又因为 B 是 A 的子事件，即 $B \subset A$。所以 A 与 B 的积（交）事件为 B，即 $AB=B$。从而 $P(AB)=P(B)=\frac{1}{8}$，于是得

$$P(B \mid A)=P(AB)/P(A)$$

这个等式启发我们引入如下的条件概率的定义。

定义 1.9 设 $(\Omega, \mathscr{F}, P)$ 为一个概率空间，$A, B \in \mathscr{F}$，且 $P(A)>0$，则在 A 发生下 B 发生的条件概率定义为 $\frac{P(AB)}{P(A)}$，并记为 $P(B \mid A)$，即 $P(B \mid A)=\frac{P(AB)}{P(A)}$。

由此定义的条件概率满足概率的 3 个公理，即

设 $(\Omega, \mathscr{F}, P)$ 为一概率空间，$A \in \mathscr{F}$，$P(A)>0$，则

(i) 对每个 $B\in\mathscr{F}$，有 $P(B\mid A)\geqslant 0$。

(ii) $P(\Omega\mid A)=1$。

(iii) 如果 $B_i\in\mathscr{F}$，$i=1,2,3,\cdots$，且当 $i\neq j$ 时，$B_iB_j=\varnothing$，则

$$P(\bigcup_{i=1}^{\infty}B_i\mid A)=\sum_{i=1}^{\infty}P(B_i\mid A)$$

证明 (i)因为由定义有 $P(B\mid A)=\dfrac{P(AB)}{P(A)}$，又 $P(A)>0$，再由概率的非负性知 $P(AB)\geqslant 0$，所以 $P(B\mid A)\geqslant 0$。

(ii) 因为任意事件都是样本空间（必然事件）的子事件，所以

$$P(\Omega\mid A)=\frac{P(\Omega A)}{P(A)}=\frac{P(A)}{P(A)}=1$$

(iii) 因为当 $i\neq j$ 时，B_i 与 B_j 互斥，即 $B_iB_j=\varnothing$，所以 $B_iAB_jA=\varnothing$，即 B_iA 与 B_jA 互斥，从而由定义 1.9 与 $(\bigcup_{i=1}^{\infty}B_i)\bigcap A=\bigcup_{i=1}^{\infty}(B_iA)$，得

$$P(\bigcup_{i=1}^{\infty}B_i\mid A)=\frac{P((\bigcup_{i=1}^{\infty}B_i)A)}{P(A)}=\frac{P(\bigcup_{i=1}^{\infty}B_iA)}{P(A)}$$

$$=\sum_{i=1}^{\infty}\frac{P(B_iA)}{P(A)}=\sum_{i=1}^{\infty}P(B_i\mid A)$$

由于条件概率满足概率的 3 个公理，所以凡概率具有的性质条件概率也具有。

和条件概率有关的有 3 个非常有用的公式，即乘法公式、全概率公式与贝叶斯（Bayes）公式。现分别介绍如下。

设 $(\Omega,\mathscr{F},P)$ 为一概率空间，$A_i\in\mathscr{F}$，$i=1,2,\cdots,n$，

(i) 如果 $P(A_1A_2\cdots A_{n-1})>0$，则

$$P(A_1A_2\cdots A_n)=P(A_1)P(A_2\mid A_1)P(A_3\mid A_1A_2)\cdots$$
$$P(A_n\mid A_1A_2\cdots A_{n-1})$$

(ii) 如果当 $i\neq j$ 时，$A_iA_j=\varnothing$，$P(A_i)>0$，$i=1,2,\cdots,n$，且 $\bigcup_{i=1}^{n}A_i=\Omega$，则对于任意 $B\in\mathscr{F}$，有

$$P(B)=\sum_{i=1}^{n}P(A_i)P(B\mid A_i)$$

(iii) 如果 $B\in\mathscr{F}$，$P(B)>0$，$P(A_i)>0$，$i=1,2,\cdots,n$，当 $i\neq j$ 时，$A_iA_j=\varnothing$，且 $\bigcup_{i=1}^{n}A_i=\Omega$，则

$$P(A_j \mid B) = \frac{P(A_j)P(B \mid A_j)}{\sum\limits_{i=1}^{n} P(A_i)P(B \mid A_i)}, \quad j = 1, 2, \cdots, n$$

如果读者对这 3 个公式的证明感兴趣，可参考文献 [4]。

1.4 有限不放回抽样

【例 1.2】 100 件产品中有 25 件次品，随机不放回（依次）抽出 4 件，求"仅后两件是次品"的概率与"有两件次品"的概率。

解 在此问题中，如果将"产品"换成"球"，"次品"换成"黑球"，"件"换成"个"，"抽"换成"摸"，就变成无放回摸球问题。设 $A=$ "仅后两件是次品"，$B=$ "有两件是次品"。并设想产品（球）都是编了号的，即可辨别的。此为古典概率问题。由于抽样是不放回的，第 1 次抽样有 100 种可能抽法，第 2 次有 99 种可能抽法，第 3 次有 98 种可能抽法，第 4 次有 97 种可能抽法，所以样本空间 Ω 中的样本点为 $P_{100}^4 = 100 \times 99 \times 98 \times 97$，现在来求 A 与 B 中的样本点数。由于 A 表示前 2 次均抽到正品且后 2 次均抽到次品，即从 75 件正品中不放回抽 2 件（有 P_{75}^2 种可能抽法），再从 25 件次品中不放回抽 2 件（有 P_{25}^2 种可能抽法），故 A 中的样本点数为 $P_{75}^2 P_{25}^2$。由于 B 表示抽出的 4 件中有两件次品。哪 2 件？也可能前 2 件，也可能后 2 件，也可能中间 2 件，等等，这共有 C_4^2 种可能 $\left(C_4^2 = \dfrac{4!}{2!\,(4-2)!} = 6\right)$，对于每一种可能（不妨设后 2 件是次品而前 2 件是正品），均有 $P_{75}^2 P_{25}^2$ 种方式实现，由排列组合中的乘法原理，B 中的样本点数为 $C_4^2 P_{75}^2 P_{25}^2$。再由概率的古典定义得

$$P(A) = \frac{A \text{ 中样本点数}}{\Omega \text{ 中样本点数}} = \frac{P_{75}^2 P_{25}^2}{P_{100}^4} = \frac{5550}{156849} = 0.0354$$

$$P(B) = C_4^2 P_{75}^2 P_{25}^2 / P_{100}^4 = C_{75}^2 C_{25}^2 / C_{100}^4 = 0.2123$$

由 $C_4^2 P_{75}^2 P_{25}^2 / P_{100}^4 = C_{75}^2 C_{25}^2 / C_{100}^4$，一般地有

$$C_n^k P_{75}^{n-k} P_{25}^n / P_{100}^n = C_{75}^{n-k} C_{25}^k / C_{100}^n \qquad (0 \leqslant k \leqslant n)$$

由此可知，在有限不放回抽样中，如果所论事件与顺序无关（如事件 B），则可以用组合数来计算其概率，也可以用排列种数计算其概率，如果所论事件与顺序有关（如事件 A），则必须用排列种数计算其概率。

1.5 几次试开能打开大门

【例 1.3】 某人有 6 把钥匙，其中 3 把大门钥匙，但是他忘记了哪 3 把是大门钥匙，只好不放回随机试开。求他第 k（$1 \leqslant k \leqslant 4$）次才打开大门的概率与在 3 次（试开）内打开大门的概率。

解 如果把"钥匙"换成"球"，"大门钥匙"换成"黑球"，则上问题就变为如下的摸球问题：

一袋中有 6 个球，其中有 3 个是黑球，现不放回依次从袋中摸球，求下列事件的概率：

$A_k \equiv$ "第 k（$1 \leqslant k \leqslant 4$）次才摸到黑球"；

$B \equiv$ "在前 3 次内摸到黑球"。

此是古典概率问题。由于 A_k 表示第 k 次才摸到黑球，所以"前 $k-1$ 次没摸到黑球"，记此事件为 B_k，则由有限不放回抽样与 B_k 和顺序无关知 $P(B_k) = \dfrac{C_{6-3}^{k-1}}{C_6^{k-1}}$，再由乘法公式知，第 k 次才打开大门的概率为：

$$P(A_k) = P(B_k A_k) = P(B_k) P(A_k \mid B_k)$$

又因在前 $k-1$ 次没摸到黑球的条件下，第 k 次摸到黑球的条件概率 $P(A_k \mid B_k)$ 为 $\dfrac{C_3^1}{C_{6-k+1}^1} = \dfrac{3}{7-k}$，故

$$P(A_k) = \frac{C_3^{k-1}}{C_6^{k-1}} \cdot \frac{3}{7-k} = \frac{(6-k)!}{40(4-k)!}, k = 1, 2, 3, 4$$

即 $\quad P(A_1) = \dfrac{1}{2}, P(A_2) = \dfrac{3}{10}, P(A_3) = \dfrac{3}{20}, P(A_4) = \dfrac{1}{20}$。

因为 B 表示在 3 次试开内打开大门，它包含了在第 1 次打开，第 2 次才打开与第 3 次才打开，故 $B = \sum\limits_{k=1}^{3} B_k A_k$。又因为 B_1, B_2, B_3 是互斥（两两不同时发生）的 3 个事件，所以 $B_1 A_1, B_2 A_2, B_3 A_3$ 也是互斥的 3 个事件，由概率有限可加性与乘法公式（即全概率公式），得

$$P(B) = P\left(\sum_{k=1}^{3} B_k A_k\right) = \sum_{k=1}^{3} P(B_k A_k) = \sum_{k=1}^{3} P(B_k) P(A_k \mid B_k)$$

$$= \frac{1}{2} + \frac{3}{10} + \frac{3}{20} = \frac{19}{20}$$

用对立事件概率公式求 $P(B)$ 更简单。因为 $\overline{B}$ 为 B 的对立事件，表示在前 3 次均没摸到黑球，由有限不放回抽样，以及 $\overline{B}$ 与顺序无关，所以 $P(\overline{B})$ 为 $C_{6-3}^{6-3}/C_6^{6-3}=\dfrac{1}{20}$，从而 $P(B)=1-P(\overline{B})=\dfrac{19}{20}$。

更一般地，如果把"6"换成"N"，把"3"换成"n"（$n<N$），则由全概率公式，这时 B 的概率为

$$P(B)=\sum_{k=1}^{N-n}P(B_k)P(A_k\mid B_k)=\sum_{k=1}^{N-n}\frac{C_{N-n}^{k-1}}{C_N^{k-1}}\cdot\frac{C_n^1}{C_{N-k+1}^1}$$

由对立事件概率公式，这时 B 的概率为

$$P(B)=1-P(\overline{B})=1-\frac{1}{C_N^{N-n}}$$

于是，得如下恒等式

$$\sum_{k=1}^{N-n}\frac{C_{N-n}^{k-1}C_n^1}{C_N^{k-1}C_{N-k+1}^1}=1-\frac{1}{C_N^{N-n}}\qquad(\text{令 }k-1=m)$$

即

$$\sum_{m=0}^{N-n}\frac{C_{N-n}^m C_n^1}{C_N^m C_{N-m}^1}=1 \qquad\qquad (1.1)$$

1.6 常见离散型分布的背景

二项分布、几何分布、帕斯卡（Pascal）分布与超几何分布是几个常见的离散型分布，也是非常重要的几个分布。产生这几个分布的直观背景就是如下的摸球问题。

【例 1.4】 一袋中有 N 个白球 M 个黑球。现有放回从袋中摸球，求：

（1）在 n 次摸球中恰好摸到 k（$k=0$，1，$\cdots$，n）个黑球的概率。

（2）第 k 次才摸到黑球的概率。

（3）第 r 次摸到黑球是在第 k 次摸球时实现的概率（$r\leqslant k$）。

（4）如果摸球是不放回的，求在 n 次摸球中恰好摸到 k（$k=0$，1，2，$\cdots$，$\min(M,n)$）个黑球的概率。

解（1）由于袋中有 $N+M$ 个球且摸球是有放回的，故每次摸球都有 $N+M$ 种可能（这里设想球是编了号的，即可辨的）。现设上述所论 4 个事件分别为 A，B，C，D。对于 A 只需考虑前 n 次摸球。n 次有放回摸球，共有 $(N+M)^n$ 种可能，即样本空间中这时有 $(N+M)^n$ 个样本点。由于 A 表示 n 次摸球中恰好摸到 k 个黑球，这有 C_n^k 种不同情况，

对于每种情况（如前 k 次均摸到黑球后 $n-k$ 均摸到白球）都有 $M^k N^{n-k}$ 种可能，又因 C_n^k 种情况（事件）是两两互斥的，故 A 中有 $C_n^k M^k N^{n-k}$ 个样本点，再由古典概率定义得

$$P(A) = \frac{C_n^k M^k N^{n-k}}{(N+M)^n} = C_n^k p^k (1-p)^{n-k}, k = 0, 1, 2, \cdots, n$$

其中

$$p = \frac{M}{N+M}$$

由于 $C_n^k p^k (1-p)^{n-k}$ 是二项展开式 $(p+1-p)^n = \sum\limits_{k=0}^{n} C_n^k p^k (1-p)^{n-k}$ 的一般项，所以称 $C_n^k p^k (1-p)^{n-k}$ 为二项概率。

（2）因为 B 表示第 k 次才摸到黑球，所以只需考虑前 k 次摸球，这有 $(N+M)^k$ 种可能（即这时样本空间中有 $(N+M)^k$ 个样本点），又前 $k-1$ 次均摸到白球（有 N^{k-1} 种可能），第 k 次才摸到黑球（有 M 种可能），故 B 中有 $N^{k-1} M$ 个样本点，由古典概率定义知 $P(B) = \frac{N^{k-1} M}{(N+M)^k}$ $= (1-p)^{k-1} p, k = 1, 2, 3, \cdots$，其中 $p = \frac{M}{N+M}$。

由于 $(1-p)^{k-1} p$ 是几何级数 $\sum\limits_{k=1}^{\infty} (1-p)^{k-1} p$ 的一般项，故称它为几何概率。

（3）由于 C 表示第 r 次摸到黑球是在第 k 次摸球时实现（这时只需考虑前 k 次摸球，故样本空间中有 $(N+M)^k$ 个样本点），第 k 次应摸到黑球，这有 M 种可能，而前 $k-1$ 次摸球中有 $r-1$ 次摸到黑球，由二项概率的推导，这有 $C_{k-1}^{r-1} M^{r-1} N^{k-r}$ 种可能，故 C 中有 $C_{k-1}^{r-1} M^{k-1} N^{k-r} M$ 个样本点，再由古典概率定义知，$P(C) = \frac{C_{k-1}^{r-1} M^r N^{k-r}}{(N+M)^k} = C_{k-1}^{r-1} p^r (1-p)^{k-r}$，$k = r, r+1, \cdots$，其中 $p = \frac{M}{N+M}$。一般记 $q = 1-p$，因为

$$(1-q)^{-r} = \sum_{t=0}^{\infty} C_{r+t-1}^t q^t \qquad \text{[19]} \qquad (\text{令} \ k = r+t)$$

$$= \sum_{k=r}^{\infty} C_{k-1}^{r-1} q^{k-r}$$

所以称 $C_{k-1}^{r-1} p^r q^{k-r}$ 为负二项概率，也叫帕斯卡概率。

（4）由于 D 表示在不放回摸球时，摸出的 n 个球中恰有 k 个黑球，

由有限不放回抽样且 D 与顺序无关，故 $P(D)=\dfrac{C_M^k C_N^{n-k}}{C_{N+M}^n}$，$k=0$，1，2，…，$\min(n,M)$，称此概率为超几何概率。

上述 4 个概率中的 k（在摸球之前）实际是随机变量（一般用 X 表示）。

由离散型随机变量的定义知：

（1）如果随机变量 X 取值 k 的概率为 $C_n^k p^k q^{n-k}$，且 $k=0$，1，…，n，即 $P\{X=k\}=C_n^k p^k q^{n-k}$，且 $k=0$，1，…，n，则称 X 服从二项分布，记为 $X\sim B(n,p)$。

（2）如果随机变量 X 取值 k 的概率为 $q^{k-1}p$，且 $k=1$，2，3，…，即 $P\{X=k\}=q^{k-1}p$，$k=1$，2，3，…，则称 X 服从几何分布，记为 $X\sim G_\infty(p)$。

（3）如果随机变量 X 取值 k 的概率为 $C_{k-1}^{r-1} p^r q^{k-r}$，且 $k=r$，$r+1$，…，即 $P\{X=k\}=C_{k-1}^{r-1} p^r q^{k-r}$，$k=r$，$r+1$，…，则称 X 服从负二项分布。

（4）如果随机变量 X 取值 k 的概率为 $\dfrac{C_M^k C_N^{n-k}}{C_{N+M}^n}$，且 $k=0$，1，2，…，$\min(n,M)$，即 $P\{X=k\}=\dfrac{C_M^k C_N^{n-k}}{C_{N+M}^n}$，$k=0$，1，2，…，$\min(n,M)$，则称 X 服从超几何分布。

上述分布中的 $q=1-p$，$0<p<1$。由此知上述四个离散型分布来自上述的摸球问题。

当二项分布中的 $n=1$，即 $X\sim B(1,p)$ 时，称 X 服从 $0-1$ 分布，因为这时 X 只取 0 与 1 两个值。当负二项分布中的 $r=1$ 时，负二项分布就变为几何分布，即几何分布是负二项分布的特例。在实际当中还有一个重要离散分布，就是泊松（Poisson）分布，它是作为二项分布的极限分布引入的，有兴趣的读者可参阅参考文献［4］。

1.7 哪个概率大

【例 1.5】 从 0，1，2，…，9 这十个数码中不放回随机取 4 个数码能排成一个 4 位偶数的概率 p_1 与从 0，1，2，…，9 这十个数码中不放回随机取 5 个数码能排成一个 5 位偶数的概率 p_2 哪个大？

解 为回答这个问题，先要计算出 p_1 与 p_2。现先计算 p_1。显然，样本空间中的样本点数为 P_{10}^4。为了使取出的 4 个数字能排成一个 4 位偶数，末位数应取 0，2，4，6，8 之一，首位不能是 0（否则就不是数）。如果末位是 0，其他 3 位上可以是其余九个数码中任意 3 个，这有 $P_9^3P_1^1$ 种排法。如果末位不是 0，则末位只能是 2，4，6，8 之一，这有 P_4^1 种取法，首位有 P_8^1 种取法，中间两位上可以是其余 8 个数码中任意 2 个数码，这有 P_8^2 种取法，再由排列组合的乘法原理，所论事件中有 $P_8^1P_8^2P_4^1$ 个样本点。故

$$p_1 = (P_9^3P_1^1 + P_8^1P_8^2P_4^1)/P_{10}^4 = \frac{41}{90}$$

类似地
$$p_2 = (P_9^4P_1^1 + P_8^1P_8^3P_4^1)/P_{10}^5 = \frac{41}{90}$$

即 $p_1 = p_2$，也就是取出的 4 个数码能排成一个 4 位偶数的概率与取出的 5 个数码能排成一个 5 位偶数的概率相等。这不得不使人惊奇。很自然地，我们会问：从 0，1，2，…，9 这 10 个数码中不放回随机取 i（$2 \leqslant i < 10$）个数码能排一个 i 位偶数的概率是否也等于 $\frac{41}{90}$？答案是肯定的。不仅如此而且取出的 i（$2 \leqslant i < 10$）个数码能排成一个 i 位奇数的概率也都相等，都等于 $\frac{4}{9}$。其证明是简单的。类似地，能排成一个 i 位偶数的概率为

$$(P_9^{i-1}P_1^1 + P_8^1P_8^{i-1}P_4^1)/P_{10}^i = \frac{9P_8^{i-2} + P_8^1P_8^{i-2}P_4^1}{90P_8^{i-2}} = \frac{41}{90}$$

能排成一个 i 位奇数的概率为

$$(P_8^1P_8^{i-2}P_5^1)/P_{10}^i = \frac{40P_8^{i-2}}{90P_8^{i-2}} = \frac{4}{9}$$

由此，我们会进一步地问：从 00，01，02，…，99 这 100 个数码中不放回随机取 i（$2 \leqslant i < 100$）个数码，这 i 个数码能排成一个 $2i$ 位偶数的概率是多大？能排成一个 $2i$ 位奇数的概率是多大？为回答这两个问题，设 p_1、p_2 为所求的两个概率。由于这时样本点总数为 P_{100}^i，前两位不能是 00，01，…，09。而对于 p_1，其有利场合数（所论事件中样本点数）由两部分组成，一部分是 $P_{90}^1P_{98}^{i-2}P_5^1$（倒数第二位是 0，末位是 0，2，4，6，8 之一）。另一部分是 $P_{89}^1P_{98}^{i-2}P_{45}^1$（倒数第二位不是 0，而是 1，2，…，9 之一，末位是 0，2，4，6，8 之一）。故

$$p_1 = (P_{89}^1 P_{98}^{i-2} P_{45}^1 + P_{90}^1 P_{98}^{i-2} P_5^1)/P_{100}^i = \frac{9}{20} = 0.45$$

而对于 p_2，其有利场合数也为 $P_{90}^1 P_{98}^{i-2} P_5^1 + P_{89}^1 P_{98}^{i-2} P_{45}^1$，所以 $p_2 = 0.45$。即 $p_1 = p_2 = 0.45$，也即能排成一个 $2i$ 位偶数的概率与能排成一个 $2i$ 位奇数的概率相等，都是 0.45。这更使人惊奇。

更进一步，我们会问：从 000，001，002，$\cdots$，999 这 1000 个数码中不放回随机取 i（$2 \leqslant i < 1000$）个数码，这 i 个数码能排成一个 $3i$ 位偶数的概率与能排成一个 $3i$ 位奇数的概率是否都等于 0.45？答案是肯定的。依此类推，从 $\underset{j\uparrow 0}{00\cdots00}$，$00\cdots01$，$\cdots$，$\underset{j\uparrow 9}{99\cdots99}$ 中不放回随机取 i（$2 \leqslant i < 10^j$）个数码，这 i 个数码能排成一个 ji 位偶数的概率与能排成一个 ji 位奇数的概率也都等于 0.45（$2 \leqslant i < 10^j$）。证明与上述类似，这里不再详述。

1.8 分赌注问题

分赌注问题又称为分点问题或点问题。在概率论中它是个极其著名的问题。在历史上它对概率论这门学科的形成和发展曾起过非常重要的作用。1654 年法国有个叫 De Mere 的赌徒向法国的天才数学家帕斯卡（Bvlaise Pascal $1623 \sim 1662$）提出了如下分赌注的问题：甲、乙两个赌徒下了赌注后，就按某种方式赌了起来，规定：甲、乙谁胜一局谁就得一分，且谁先得到某个确定的分数谁就赢得所有赌注。但是在谁也没有得到确定的分数之前，赌博因故中止了。如果甲需再得 n 分才赢得所有赌注，乙需再得 m 分才赢得所有赌注，那么，如何分这些赌注呢？

帕斯卡为解决这一问题，就与当时享有很高声誉的法国数学家费尔马（Pierre de Fermat）建立了联系。当时，荷兰年轻的物理学家（约 25 岁）惠更斯（C. Huygans）知道了这事后，也赶到巴黎参加他们的讨论。这样一来，使得当时世界上很多有名的数学家对概率论产生了浓厚的兴趣，从而使得概率论这门学科得到了迅速的发展。后来人们把帕斯卡与费尔马建立联系的日子（1654 年 7 月 29 日）作为概率论的生日，公认帕斯卡与费尔马为概率论的奠基人。

如何解决这一问题呢？即如何合理地分这些赌注呢？帕斯卡提出了一个重要思想：**赌徒分得赌注的比例应该等于从这以后继续赌下去他们**

能获胜的概率。

甲、乙两人获胜的概率又应如何求呢？（实际只需求他们中一人获胜的概率）

首先，要作必要的假设，假设：①甲胜一局的概率为一常数 p，乙胜一局的概率为 $1-p \xlongequal{\triangle} q$；②各局赌博（无论谁胜）均互不影响。显然这两个假设是近似的，但是也是合理的。

其次，根据帕斯卡的思想和上述的两个假设，可把分赌注问题归纳成如下的一般问题：

进行某种独立重复试验，设每次试验成功的概率为 p，失败的概率为 $1-p$。问在 m 次失败之前取得 n 次成功的概率（即甲获胜的概率）是多少？

这问题也等价于如下有放回摸球问题：从装有 a 个白球 b 个黑球的袋中有放回摸球，求在摸到 m 次黑球之前摸到 n 次白球的概率。

这里把摸到白球$\left(\text{概率为}\ p=\dfrac{a}{a+b}\right)$理解为成功，摸到黑球理解为失败（概率为 $1-p$）。

帕斯卡、费尔马与惠更斯分别给出这一问题的不同解法。我们先介绍帕斯卡的解法。

为了使 n 次成功发生在 m 次失败之前，必须且只需在前 $n+m-1$ 次试验中至少成功 n 次。因为如果在前 $n+m-1$ 次试验中至少成功 n 次，那么，在前 $m+n-1$ 次试验中至多失败 $m-1$ 次，于是 n 次成功发生在 m 次失败之前；另一方面，如果在前 $m+n-1$ 次试验中成功次数少于 n，则在前$m+n-1$试验中失败次数至少为 m 次，这样在 m 次失败之前就得不到 n 次成功。由二项概率公式，在 $m+n-1$ 次试验中有 k 次成功的概率为 $C_{m+n-1}^k p^k (1-p)^{m+n-1-k}$，故在前 $m+n-1$ 次试验中至少成功 n 次的概率〔记为 $P(n,m)$〕为

$$P(n,m) = \sum_{k=n}^{n+m-1} C_{n+m-1}^k p^k (1-p)^{n+m-1-k} \qquad (1.2)$$

惠更斯的解法：

无论 n 次成功发生在 m 次失败之前，还是 m 次失败发生在 n 次成功之前，试验最多进行 $n+m-1$ 次。又 n 次成功发生在 m 次失败之前

（即甲获胜）进行试验次数可能是 n、$n+1$、$n+2$，…，$n+m-1$。如果 n 次成功发生在 m 次失败之前是在第 k（$n \leqslant k \leqslant n+m-1$）次试验实现。则第 k 次试验一定是成功，且前 $k-1$ 次试验中应有 $n-1$ 次成功，$k-n$ 次失败，仍由二项概率公式，得只需进行 k 次实验的概率为

$C_{k-1}^{n-1} p^{n-1} (1-p)^{k-n} p = p^n C_{k-1}^{n-1} (1-p)^{k-n}, k=n, n+1, \cdots, n+m-1$，从而 n 次成功发生在 m 次失败之前的概率为

$$P(n,m) = p^n \sum_{k=n}^{n+m-1} C_{k-1}^{n-1} (1-p)^{k-n} \tag{1.3}$$

费尔马的解法：

仍设 $P(n,m)$ 为 n 次成功发生在 m 次失败之前的概率。如果第 1 次试验是成功（概率为 p），则为了使 n 次成功发生在 m 次失败之前，在后面的试验中需且仅需 $n-1$ 次成功发生在 m 次失败之前；如果第 1 次试验是失败（概率为 $1-p$），则为了使 n 次成功发生在 m 次失败之前，在后面的试验中需且仅需 n 次成功发生在 $m-1$ 次失败之前。于是由全概率公式，得如下二元（双变量）一阶差分方程

$$P(n,m) = pP(n-1,m) + (1-p)P(n,m-1), n \geqslant 1, m \geqslant 1$$

与边界条件

$$P(n,0) = 0, P(0,m) = 1, n \geqslant 1, m \geqslant 1$$

由于解此差分方程较复杂，这里就不去解它了。

由式（1.2）与（1.3）得

$$\sum_{k=n}^{n+m-1} C_{n+m-1}^{k} p^k (1-p)^{n+m-1-k} = p^n \sum_{k=n}^{n+m-1} C_{k-1}^{n-1} (1-p)^{k-n} \tag{1.4}$$

非常有趣的是由（1.2）、（1.3）与（1.4）可以得到很多组合公式。比如，令 $p = \dfrac{1}{2}$，且 $m = n$，则式（1.2）与（1.3）左边都应是 $\dfrac{1}{2}$，而右边分别为 $\sum\limits_{k=n}^{2n-1} C_{2n-1}^{k} \dfrac{1}{2^{2n-1}}$ 与 $\sum\limits_{k=n}^{2n-1} C_{k-1}^{n-1} \left(\dfrac{1}{2}\right)^k$，于是得

$$\frac{1}{2} = \sum_{k=n}^{2n-1} C_{2n-1}^{k} \frac{1}{2^{2n-1}}$$

与

$$\frac{1}{2} = \sum_{k=n}^{2n-1} C_{k-1}^{n-1} \left(\frac{1}{2}\right)^k$$

即

$$2^{2n-2} = \frac{1}{2} = \sum_{k=n}^{2n-1} C_{2n-1}^{k}, n \geqslant 1 \tag{1.5}$$

$$与 \qquad 1 = \sum_{k=n}^{2n-1} C_{k-1}^{n-1} \left(\frac{1}{2}\right)^{k-1}, n \geqslant 1 \tag{1.6}$$

令 $p = \frac{1}{2}$，$m = n$，则由式（1.4）得

$$\frac{1}{2^{2n-1}} \sum_{k=n}^{2n-1} C_{2n-1}^{k} = \sum_{k=n}^{2n-1} C_{k-1}^{n-1} \frac{1}{2^k}, n \geqslant 1 \tag{1.7}$$

令 $p = \frac{1}{2}$，$n = 1$，由式（1.4）得

$$\sum_{k=1}^{m} C_{m}^{k} \left(\frac{1}{2}\right)^{m} = \sum_{k=1}^{m} \left(\frac{1}{2}\right)^{k} = 1 - \left(\frac{1}{2}\right)^{m}$$

即

$$\sum_{k=0}^{m} C_{m}^{k} \left(\frac{1}{2}\right)^{m} = 1, m \geqslant 0 \tag{1.8}$$

式（1.8）也可写成：$\sum_{k=0}^{m} C_{m}^{k} = 2^{m}$，此即牛顿二项展开式：

$$2^{m} = (1+1)^{m} = \sum_{k=0}^{m} C_{m}^{k} 1^{k} \cdot 1^{m-k} = \sum_{k=0}^{m} C_{m}^{k} \tag{1.9}$$

令 $p = \frac{1}{3}$，$n = 1$，由式（1.4）得

$$\sum_{k=1}^{m} C_{m}^{k} \left(\frac{2}{3}\right)^{m} \frac{1}{2^k} = 1 - \left(\frac{2}{3}\right)^{m}$$

即

$$\sum_{k=0}^{m} C_{m}^{k} \frac{1}{2^k} = \left(\frac{3}{2}\right)^{m} \tag{1.10}$$

令 $p = \frac{1}{2}$，$m = 2n$，由式（1.4）得

$$\sum_{k=n}^{3n-1} C_{3n-1}^{k} \left(\frac{1}{2}\right)^{3n-1} = \sum_{k=n}^{3n-1} C_{k-1}^{n-1} \left(\frac{1}{2}\right)^{k}$$

即

$$\left(\frac{1}{2}\right)^{2n-1} \sum_{t=0}^{2n-1} C_{3n-1}^{n+t} = \sum_{t=0}^{2n-1} C_{n+t-1}^{t} \left(\frac{1}{2}\right)^{t}, n \geqslant 1 \tag{1.11}$$

由式（1.4），当 p 取其他不同的值且 n 与 m 之间满足不同的关系时还可得到很多恒等式，这里就不再详述了。

上述的（1.4）～（1.11）诸式可以说是分赌注问题的直接副产品。下面我们来介绍分赌注问题的应用与推广。

应用 1 甲、乙两队（两人）进行某种比赛，已知每局甲胜的概率为 0.6，乙胜的概率为 0.4。可采用 3 局 2 胜制或 5 局 3 胜制进行比赛，问采用哪一种比赛制对甲有利?

这一问题实际上是问采用哪一种比赛制甲赢乙的概率较大？显然要回答这一问题就要分别计算出在 3 局 2 胜制情况下甲赢乙的概率和在 5 局 3 胜制情况下甲赢乙的概率。而这两个概率就是分赌注问题的特殊情形，即 $P(2,2)$ 和 $P(3,3)$，这时 $p=0.6$，$1-p=0.4$。由式（1.2）或（1.3），得

$$P(2,2) = 0.648 \qquad P(3,3) = 0.68256$$

从而知，采用 5 局 3 胜制对甲有利。这还表明：如果甲每局胜的概率比败的概率大，则多比赛几局对甲是有利的。易见 $P(2,2)$ 和 $P(3,3)$ 的一般情况是 $P(n+1,n+1)(n\geqslant0)$，而 $P(n+1,n+1)$ 是 $2n+1$ 局 $n+1$ 胜制下甲赢乙的概率。

我们知道在有些比赛中，比如羽毛球（乒乓球）比赛中，对每一局来说，如果打到 14（10）平比赛规则还规定：谁先多得 2 分谁将获得那一局的胜利，如果甲得 1 分的概率是 p，失 1 分的概率是 $1-p$，且每得失 1 分相互独立，则甲获胜的概率可归结为如下的一般问题：

应用 2 甲、乙进行某项比赛，设甲得失 1 分的概率分别为 p 与 q（$q=1-p$），且每得失 1 分相互独立，比赛规则规定：谁先得 n 分谁获胜，但是，如果出现 $n-1$ 平，则这以后谁比对方多得 2 分谁获胜，求甲获胜的概率。

我们知道，甲可能在出现 $n-1$ 平之前获胜，也可能在出现 $n-1$ 平之后获胜，这两个事件分别记为 A 与 B。设 C 表示出现 $n-1$ 平这事件，显然 A 与 B 互斥，即 $AB=\varnothing$，且 $A+CB$ 表示甲获胜。由有限可加性与乘法公式，所求概率为

$$P(A+CB) = P(A) + P(CB) = P(A) + P(CB)$$
$$= P(A) + P(C)P(B \mid C)$$

因为 A 表示"甲在失 $n-1$ 分之前得 n 分"，由式（1.3）得

$$P(A) = p^n \sum_{k=n}^{2n-2} C_{k-1}^{n-1} q^{k-n}$$

因为 C 表示在 $2n-2$ 球中甲赢 $n-1$ 球（得 $n-1$ 分），由二项概率公式，得

$$P(C) = C_{2n-2}^{n-1} p^{n-1} q^{n-1}$$

为求条件概率 $P(B \mid C)$（记为 $P_C(B)$），设 D_i＝"在出现 $n-1$ 平以后的两球中甲赢 i 球（得 i 分），$i=0,1,2$"。因为 $P(D_0)=q^2$，$P_C(B \mid D_0)=0$，

$P(D_1) = C_2^1 pq$，而 $P_C(B|D_1)$ 表示两球中甲、乙各赢一球条件（即 n 平情况）下甲获胜的概率，故 $P_C(B|D_1) = P_C(B)$。又 $P(D_2) = C_2^2 p^2$，$P_C(B|D_2) = 1$，所以由全概率公式，得

$$P(B \mid C) = P_C(B) = \sum_{i=0}^{2} P(D_i) P_C(B \mid D_i)$$

$$= 0 + C_2^1 pq P_C(B) + C_2^2 p^2 \times 1 = \frac{p^2}{1 - 2pq}$$

综上所述，所求概率为

$$P(A + CB) = p^n \sum_{k=n}^{2n-2} C_{k-1}^{n-1} q^{k-n} + C_{2n-2}^{n-1} p^{n-1} q^{n-1} p^2 / (1 - 2pq) \quad (1.12)$$

在实际生活中，经常会遇到实力相差很大的比赛（游戏），比如，甲的实力比乙强得多，乙可能会提出如下不公平的比赛规则（否则乙将不与甲比赛）：

（i）甲在乙得 2 分之前得 5 分甲胜，乙在甲得 5 分之前得 2 分乙胜。

（ii）甲比乙多得 8 分甲胜，乙比甲多得 4 分乙胜。

求甲胜的概率。

规则（i）的一般情形是：甲在乙得 m 分之前得 n 分甲胜，乙在甲得 n 分之前得 m 分乙胜，此即是分赌注问题。则由（1.2），当甲得失 1 分的概率为 0.8 与 0.2 时，甲胜的概率为 $P(5,2) = \sum_{k=5}^{6} C_6^k 0.8^k 0.2^{6-k} = 0.589824 + 0.262144 = 0.851968$

规则（ii）的一般情形是：

应用 3 甲、乙进行某项比赛，设甲得失 1 分的概率分别为 p 与 q（$q = 1 - p$），且每得失 1 分相互独立。如果比赛规则为：甲比乙多得 n 分甲胜，乙比甲多得 m 分乙胜。求甲胜的概率。

为求甲胜的概率，设 $P(j)$ 表示甲比乙多得 $n-j$ 分情况下甲获胜的概率，$j = 0, 1, \cdots, n+m$，则显然有 $P(0) = 1, P(n+m) = 0$，且所求概率为 $P(n)$。由全概率公式得如下一元二阶齐次常系数差分方程

$$P(j) = pP(j-1) + qP(j+1) \quad (1.13)$$

解此差分方程一般有 2 种方法，第 1 种是递推法，是一般方法。第 2 种是待定常数法，与解常系数常微分方程类似。

解法 1 由式（1.13）得

$$P(j+1) - P(j) = \frac{p}{q}[P(j) - P(j-1)] \qquad \text{(递推)}$$

$$= \left(\frac{p}{q}\right)^{j}[P(1) - P(0)]$$

$$= C\left(\frac{p}{q}\right)^{j} \qquad [\text{其中} \ C = P(1) - P(0)]$$

从而得

$$P(j) = C\left(\frac{p}{q}\right)^{j-1} + P(j-1) \qquad \text{(递推)}$$

$$= C\left[\left(\frac{p}{q}\right)^{j-1} + \left(\frac{p}{q}\right)^{j-2} + \cdots + \frac{p}{q} + 1\right] + P(0) \qquad (1.13')$$

$$= C\frac{1 - (p/q)^{j}}{1 - (p/q)} + P(0) \qquad (p \neq q) \qquad (1.14)$$

又因 $P(n+m) = 0$，$P(0) = 1$，所以

$$-1 = P(m+n) - P(0) = \sum_{j=1}^{n+m}[P(j) - P(j-1)]$$

$$= \sum_{j=1}^{n+m} C\left(\frac{p}{q}\right)^{j-1} = C\frac{1 - (p/q)^{n+m}}{1 - p/q}$$

即

$$C = -\frac{1 - (p/q)}{1 - (p/q)^{n+m}}$$

从而

$$P(j) = 1 - \frac{1 - (p/q)^{j}}{1 - (p/q)^{n+m}}$$

$$= \frac{(p/q)^{j} - (p/q)^{n+m}}{1 - (p/q)^{n+m}}, (p \neq q) \qquad (1.15)$$

当 $p = q$ 时，由式 (1.13') 得

$$P(j) = Cj + P(0)$$

$$C(n+m) = P(n+m) - P(0) = -1, C = -\frac{1}{n+m}$$

故

$$P(j) = 1 - \frac{j}{n+m}, \quad p = q \qquad (1.16)$$

从而，所求概率为

$$P(n) = \begin{cases} \dfrac{p^{n}(q^{m} - p^{m})}{q^{n+m} - p^{n+m}}, & p \neq q \\ \dfrac{m}{n+m}, & p = q \end{cases} \qquad (1.17)$$

解法 2 令 $P(j) = \lambda^j$，由式（1.13）得代数方程

$$q\lambda^2 - \lambda + p = 0$$

解之，得 $\lambda_1 = 1$，$\lambda_2 = p/q$，（$p \neq q$），故其通解为 $P(j) = C_1 + C_2\left(\dfrac{p}{q}\right)^j$，由边界条件 $P(0) = 1$，$P(n+m) = 0$ 可确定常数 C_1、C_2，它们分别为 $C_1 = 1 - \dfrac{1}{1-(p/q)^{n+m}}$，$C_2 = \dfrac{1}{1-(p/q)^{n+m}}$，于是得式（1.15）。当 $p = q$ 时，$\lambda_1 = 1$，$\lambda_2 = 1$，于是 $P(j)$ 的通解为 $P(j) = A_1 + A_2 j$。仍由 $P(0) = 1$，$P(n+m) = 0$，得 $A_1 = 1$，$A_2 = -\dfrac{1}{n+m}$，于是得式（1.16），从而亦得式（1.17）。

有了应用 3 的结果（1.17），现在我们可以讨论应用 2 的一般情形。

应用 4 在应用2中，如果出现 $n-1$ 平，则这以后谁比对方多得 m 分谁获胜。求甲获胜的概率。

仍设 A、B 分别表示在出现 $n-1$ 平之前与之后甲获胜的事件，C 表示"出现 $n-1$ 平"这事件。则所求概率仍为 $P(A+CB) = P(A) + P(CB) = P(A) + P(C)P(B|C)$。由应用 2 知

$$P(A) = p^n \sum_{k=n}^{2n-2} C_{k-1}^{n-1} q^{k-n}$$

$$P(C) = C_{2n-2}^{n-1} p^{n-1} q^{n-1}$$

而条件概率 $P(B|C)$ 是应用 3 中 $m=n$ 的特殊情形，故

$$P(B \mid C) = \begin{cases} \dfrac{p^m}{q^m + p^m}, & p \neq q \\[2mm] \dfrac{1}{2}, & p = q \end{cases}$$

从而所求概率为

$$P(A + CB) = \begin{cases} p^n \sum\limits_{k=n}^{2n-2} C_{k-1}^{n-1} q^{k-n} + C_{2n-2}^{n-1} p^{n-1} q^{n-1} \dfrac{p^m}{q^m + p^m}, & p \neq q \\[4mm] \sum\limits_{k=n}^{2n-2} C_{k-1}^{n-1} \left(\dfrac{1}{2}\right)^k + \dfrac{1}{2} C_{2n-2}^{n-1} \left(\dfrac{1}{4}\right)^{n-1}, & p = q \end{cases}$$

$$\text{(1.18)}$$

在实际生活中，如下的比赛规则也是会遇到的。

应用 5 在应用2中，如果出现 $n-1$ 平，则比赛重新开始。求甲获

胜的概率。

这里需要注意，出现 $n-1$ 平的次数可能是 0，1，2，$\cdots$，故设 $C_i=$ "出现 i 次 $n-1$ 平"（比赛结束）这事件，$i=0$，$1,2$，$\cdots$，$A=$ "甲获胜"。由于比赛是相互独立，且每次甲得失 1 分的概率不变。故
$$P(C_i)=P(C_j), \quad P(A\mid C_i)=P(A\mid C_j), j,i\geqslant 1$$
由应用 2 知
$$c\equiv P(C_1)=C_{2n-2}^{n-1}p^{n-1}q^{n-1}, a\equiv P(A\mid C_i)=\sum_{k=n}^{2n-2}p^n C_{k-1}^{n-1}q^{k-n}$$
则
$$P(C_i)=c^i, i=0,1,2,\cdots$$
由全概率公式，当 $C<1$ 时，得甲获胜的概率为
$$P(A)=\sum_{i=0}^{\infty}P(C_i)P(A\mid C_i)=\sum_{i=0}^{\infty}c^i a=\frac{a}{1-c} \tag{1.19}$$

1.9 是否接收这批产品

【例 1.6】 要验收一批产品，共 100 件，从中随机取 3 件来检测，且每件产品检测是相互独立的。如果 3 件中有 1 件不合格，就拒绝接收这批产品。如果这批产品中有 2 件不合格，且 1 件不合格的产品被检测出的概率为 0.95，而 1 件合格品被误检为不合格的概率为 0.01。求被检测的 3 件中至少有 1 件不合格的概率与该批产品被接收的概率。

解 设 $A=$ "取出检测的 3 件中至少 1 件不合格"；

$A_i=$ "被检测的 3 件中有 i 件不合格"，$i=0$，1，2；

$B=$ "接收该批产品"。

显然，A_0,A_1,A_2 是两两互斥的，且 $A=A_1+A_2$。由有限不放回抽样与 A_i 和顺序无关，故 $P(A_i)=C_2^i C_{98}^{3-i}/C_{100}^3, i=0,1,2$。从而取出检测的 3 件中至少有 1 件不合格的概率为（第 1 种解法）
$$P(A)=\sum_{i=1}^2 P(A_i)=\sum_{i=1}^2 C_2^i C_{98}^{3-i}/C_{100}^3=\frac{49}{825}$$
或因为 $\overline{A}=A_0$，由对立事件概率公式，得（第 2 种解法）
$$P(A)=1-P(\overline{A})=1-P(A_0)=1-C_2^0 C_{98}^{3-0}/C_{100}^3=\frac{49}{825}$$

一般地，如果一批产品中有 n 件合格品 m 件不合格品，从中无放回随机取 r 件，则取出的 r 件中至少有 1 件不合格品的概率（由第 1 种

解法）为 $\sum\limits_{k=1}^{r} \dfrac{C_m^k C_n^{r-k}}{C_{m+n}^r}$

或（由第 2 种解法）为

$$1 - \frac{C_m^0 C_n^{r-0}}{C_{m+n}^r} = 1 - \frac{C_n^r}{C_{m+n}^r}$$

于是得

$$\sum_{k=1}^{r} \frac{C_m^k C_n^{r-k}}{C_{m+n}^r} = 1 - \frac{C_m^0 C_n^r}{C_{m+n}^r}$$

即

$$\sum_{k=0}^{r} C_m^k C_n^{r-k} = C_{m+n}^r \qquad (1.20)$$

注意：当 $k > n$ 时，规定 $C_n^k = 0$。

现求 $P(B)$，由全概率公式，得 $P(B) = \sum\limits_{i=0}^{2} P(A_i) P(B \mid A_i)$。又因 $P(B \mid A_i)$ 为在被检测的 3 件产品中有 i 件为不合格条件下该批产品被接收的概率，则 i 件不合格品都误检为合格品(概率为 $(0.05)^i$)且 $3-i$ 件合格品都检测为合格品（概率为 $(0.99)^{3-i}$)，所以 $P(B \mid A_i) = (0.05)^i (0.99)^{3-i}$。

故

$$P(B) = \sum_{i=0}^{2} \frac{C_2^i C_{98}^{3-i}}{C_{100}^3} (0.05)^i (0.99)^{3-i} = 0.9156$$

1.10 抓阄

学生会给某班(30 个人)5 张电影票，大家都想要，于是班长就在 30 张纸条中的 5 张上都做了记号，然后让每个人随机摸一张，凡摸到有记号的纸条就给他一张电影票。求第 $k(1 \leqslant k \leqslant 30)$ 个人摸到有记号纸条的概率。

或许有人认为，先摸，摸到的概率将会大些。是否真是这样？如果先摸到有记号的纸条概率大些，此方法就不会长久而广泛地被采用到今天。即每个人摸到有记号的概率都是 $\dfrac{1}{6}$。抓阄问题可归纳成如下更一般的摸球问题：

【例 1.7】 一袋中有 n 个白球 m 个黑球，现不放回从袋中进行摸球，求第 k 次摸到黑球的概率，$k = 1, 2, \cdots, n+m$。

为了证明先摸摸到黑球的概率不会大些，设：

$A_k =$ "第 k 次摸到黑球"，$k = 1, 2, \cdots, m+n$。

现用两种方法来证明：对任意正整数 k（$1 \leqslant k \leqslant m+n$），均有 $P(A_k) = \dfrac{m}{m+n}$。

证法 1（概率数学归纳法）　显然 $P(A_1) = \dfrac{m}{m+n}$。现设 $k=j$ 时结论成立（即第 j 次摸到黑球的概率为袋中黑球数比袋中总球数），则

$$P(A_{j+1}) = P(A_1)P(A_{j+1} \mid A_1) + P(\bar{A}_1)P(A_{j+1} \mid \bar{A}_1)$$

$$= \frac{m}{m+n} \cdot \frac{m-1}{m-1+n} + \frac{n}{m+n} \cdot \frac{m}{m+n-1} = \frac{m}{m+n}$$

其中 $P(A_{j+1} \mid A_1)$ 等于从装有 n 个白球 $m-1$ 个黑球的袋中第 j 次摸到黑球的概率，由归纳假设它为 $\dfrac{m-1}{m-1+n}$，类似地有 $P(A_{j+1} \mid \bar{A}_1)$ $= \dfrac{m}{m+n-1}$。于是，结论得证。

证法 2　设 $B_i =$ "前 $k-1$ 次摸球中恰好摸到 i 个黑球"，$i=0,1,$ $2,\cdots,k-1$，则 $B_0,B_1,\cdots,B_{k-1}$ 两两互斥，且 $\sum\limits_{i=0}^{k-1} B_i = \Omega$，由全概率公式，并注意到，当 $i>j$ 时，$C_j^i=0$，得

$$P(A_k) = \sum_{i=0}^{k-1} P(B_i)P(A_k \mid B_i)$$

由有限不放回抽样与 B_i 和顺序无关知 $P(B_i)=C_m^i C_n^{k-1-i}/C_{m+n}^{k-1}$。又前 $k-1$ 次摸球中，摸出了 i 个黑球后袋中总球数为 $m+n-(k-1)$，（袋中）黑球数为 $m-i$，故第 k 次摸到黑球的概率为 $\dfrac{m-i}{m+n-(k-1)}$，即 $P(A_k \mid B_i) =$ $\dfrac{m-i}{m+n-(k-1)}$。从而

$$P(A_k) = \sum_{i=0}^{k-1} \frac{C_m^i C_n^{k-1-i}}{C_{m+n}^{k-1}} \frac{m-i}{m+n-(k-1)}$$

$$= \frac{\sum\limits_{i=0}^{k-1} mC_m^i C_n^{k-1-i} - \sum\limits_{i=0}^{k-1} iC_m^i C_n^{k-1-i}}{(m+n-k+1)C_{m+n}^{k-1}}$$

又因 $iC_m^i = mC_{m-1}^{i-1}$，故 $\sum\limits_{i=0}^{k-1} iC_m^i C_n^{k-1-i} = \sum\limits_{i=1}^{k-1} mC_{m-1}^{i-1} C_n^{k-1-i}$，令 $i-1=r$，上和为 $m\sum\limits_{r=0}^{k-2} C_{m-1}^r C_n^{k-2-r}$。由式（1.20），得

$$m\sum_{r=0}^{k-2}C_{m-1}^r C_n^{k-2-r}=mC_{m+n-1}^{k-2}, \quad \sum_{i=0}^{k-1}mC_m^i C_n^{k-1-i}=mC_{m+n}^{k-1}$$

从而 $P(A_k)=\dfrac{mC_{m+n}^{k-1}-mC_{m+n-1}^{k-2}}{(m+n+1-k)C_{m+n}^{k-1}}=\dfrac{m}{m+n}$，于是，也证明了结论。

1.11 最后摸出黑球的概率有多大

【例 1.8】 设有 N 个袋子，每袋中有 n 个白球 m 个黑球，从第 1 袋中摸出一球放入第 2 袋，再从第 2 袋中摸出一球放入第 3 袋，这样一直下去，直至从第 N 袋中摸出一球。求最后摸出的是黑球的概率。

解 为求此概率，设

$$A_i = \text{“第 } i \text{ 次摸出黑球”}, i=1,2,\cdots,N$$

显然，$P(A_1)=\dfrac{m}{m+n}$，由全概率公式，得

$$P(A_2)=P(A_1)P(A_2\mid A_1)+P(\overline{A_1})P(A_2\mid\overline{A_1})$$
$$=\frac{m}{m+n}\cdot\frac{m+1}{m+1+n}+\frac{n}{m+n}\cdot\frac{m}{m+n+1}=\frac{m}{m+n}$$

其中，$P(A_2\mid A_1)$ 表示在第 1 袋摸出黑球条件下（这时第 2 袋中有 $m+1$ 个黑球 n 个白球）从第 2 袋中摸出黑球的概率，此概率显然为 $\dfrac{m+1}{m+1+n}$，即 $P(A_2\mid A_1)=\dfrac{m+1}{m+1+n}$，类似地 $P(A_2\mid\overline{A_1})=\dfrac{m}{m+n+1}$。

由于 $P(A_1)=P(A_2)=\dfrac{m}{m+n}$。我们自然会猜想：对任意 i $(1\leqslant i\leqslant N)$，均有 $P(A_i)=\dfrac{m}{m+n}$。这个猜想是否正确？这要看我们能否证明这个猜想。为了用数学归纳法进行证明，假设 $P(A_i)=\dfrac{m}{m+n}$。

现在证 $P(A_{i+1})=\dfrac{m}{m+n}$。由全概率公式有 $P(A_{i+1})=P(A_i)P(A_{i+1}\mid A_i)+P(\overline{A_i})P(A_{i+1}\mid\overline{A_i})$，由归纳假设，得 $P(A_i)=\dfrac{m}{m+n}$，$P(\overline{A_i})=1-P(A_i)=1-\dfrac{m}{m+n}=\dfrac{n}{m+n}$。又在第 i 次摸到黑球条件下，第 $i+1$ 袋中有 $m+1+n$ 个球，且其中有 $m+1$ 个黑球，故第 $i+1$ 次（从第 $i+1$ 袋中）摸到黑球的概率为 $\dfrac{m+1}{m+1+n}$，即 $P(A_{i+1}\mid A_i)=\dfrac{m+1}{m+1+n}$，类

似地，$P(A_{i+1} \mid \overline{A_i}) = \dfrac{m}{m+n+1}$ ，从而 $P(A_{i=1}) = \dfrac{m}{m+n} \cdot \dfrac{m+1}{m+1+n} +$

$\dfrac{n}{m+n} \cdot \dfrac{m}{m+n+1} = \dfrac{m}{m+n}$ 。于是猜想得证，且最后（从第 N 袋中）

摸出黑球的概率为 $P(A_N) = \dfrac{m}{m+n}$ 。

1.12 选举定理及其应用

【**例 1.9**】 口袋中有 n 个白球 m 个黑球（$m < n$），从袋中一个一个把球摸出（不放回），并分别计算摸出的白球数与黑球数，直至把球摸完。求在摸球过程中

（1）出现黑、白球数相等的概率。

（2）白球数总比黑球数多的概率。

此例的直观背景是如下的选举计票问题：

在一次只有 2 个候选人的选举中，甲得 n 张选票，乙得 m（$m < n$）张选票，求在计票过程中，

（1）出现 2 人票数相等的概率。

（2）甲的票数总比乙的票数多的概率。

解　我们用图 1-1 来表示 $n + m$ 张选票的一种排列（为简便，取 $n = 6$，$m = 4$），图中纵坐标表示甲票数与乙票数之差。该图表示在计票过程中，甲、乙票出现的顺序为："甲甲乙甲乙乙乙甲甲甲"，对于这样的顺序可画出图中的一条折线，这样的折线一共有 C_{m+n}^m 条。这 C_{m+n}^m 条折线可分为两类：计票过程中如果取出的第一张票是乙的，由于 $m < n$，所以，折线一定与横轴相交，这称为第 1 类。另一类是取出的第 1 张票是甲的，这一类折线可能与横轴相交，也可能不与横轴相交。第 1 类折线有 C_{n+m-1}^{n-1} 条。第 2 类折线中与横轴交的也有 C_{n+m-1}^{n-1} 条，这是因为将上述图中从 0 到首次与横轴相交的部分关于横轴作一反射，就是图中虚线部分，与其余部分一起就构成了一条第一张票是乙的折线，即得一个顺序为 "乙乙甲乙甲甲乙甲甲甲"，它与顺序为 "甲甲乙甲乙乙乙甲甲甲" 对应，并且对于每条以甲票开始且与横轴交的折线与以乙票开始的折线一一对应。称上述方法为反射原理。从而得计票过程中

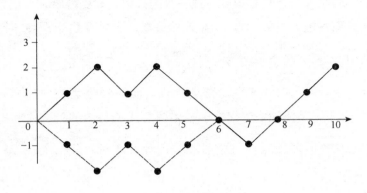

图 1-1

（1）$P($ 某时刻出现两人票数相等 $)=\dfrac{2C_{n+m-1}^{n-1}}{C_{n+m}^{m}}=\dfrac{2m}{n+m}$ （1.21）

（2）$P($ 甲的票数总比乙的票数多 $)=1-\dfrac{2m}{n+m}=\dfrac{n-m}{n+m}$ （1.22）

如果设 $P\ (n,\ m)$、$G\ (n,\ m)$ 分别表示计票过程中甲票数多于乙票数的概率与甲票数总不小于乙票数的概率，则由于在第一张票是乙的条件下甲票数总多于乙票数的（条件）概率为零，所以，由全概率公式得

$$P(n,m)=\frac{n}{m+n}G(n-1,m)，又因\ P(n,m)=\frac{n-m}{n+m}$$

故 $G\ (n-1,\ m)=\dfrac{n-m}{n}$ （1.23）

从而 $G\ (n,\ m)=\dfrac{n+1-m}{n+1}$ （1.24）

由此可得在计票过程的某时刻出现乙票数多于甲票数的概率 $P($ 出现乙票数多于甲票数 $)=1-G\ (n,\ m)=\dfrac{m}{n+1}$

选举定理有很多应用，如

（1）掷一均匀硬币 n 次，正面出现 m 次 $\left(m\geqslant\dfrac{n+1}{2}\right)$，求在整个投掷中投掷出反面次数总小于正面次的概率 $\left[$由（1.22），所求概率为 $\dfrac{2m-n}{n}\right]$。

（2）剧院售票处有 $2n$ 个人排队买票，其中 n 个人只有 50 元钱一张

— 29 —

的钞票，其余 n 个人只有 100 元钱一张的钞票。开始售票时售票处无零钱可找，而每个人只买一张 50 元钱的戏票。求售票处不会找不出钱的概率$\left[\text{由}(1.24)，\text{所求概率为}\dfrac{n+1-n}{n+1}=\dfrac{1}{n+1}\right]$。

（3）甲、乙、丙 3 位教授竞选校长，他们所得票数分别为 60 张、30 张、10 张，求在计票过程中甲的票数总比乙与丙的票数之和多且乙的票数总比丙的多的概率$\left[\text{由}（1.22），\text{所求概率为}\dfrac{60-40}{100}\cdot\dfrac{30-10}{40}=\dfrac{1}{10}\right]$。

1.13　剩下全是黑球的可能性

【例 1.10】　从装有 n 个白球 m 个黑球的袋中一个一个地不放回摸球：

（1）直到袋中只剩下同颜色球为止。求剩下的全是黑球的概率。

（2）直至摸到白球为止，求摸球次数为 k 的概率 $p(k)$（$1\leqslant k\leqslant m+1$）。

解　设 $p(m, n)，p(k)$ 分别为所求概率。

为了求 $p(m, n)$，先求 $p(k)$。因为第 k 次才第一次摸到白球，所以前 $k-1$ 次均摸到黑球。设 $B_{k-1}=$ "前 $k-1$ 次没摸到白球"，$A_k=$ "第 k 次摸到白球"，$k=1, 2, \cdots, m+1$，则由乘法公式，得

$$p(k)=P(B_{k-1}A_k)=P(B_{k-1})P(A_k\mid B_{k-1})$$

$$=\frac{C_m^{k-1}}{C_{m+n}^{k-1}}\cdot\frac{n}{m+n-k+1}$$

$$=C_{m+n-k}^{n-1}/C_{m+n}^m，k=1,2,\cdots,m+1$$

因为 $\sum\limits_{k=1}^{m+1}p(k)=1$，所以，$\sum\limits_{k=1}^{m+1}C_{m+n-k}^{n-1}/C_{m+n}^m=1$，即

$\sum\limits_{k=1}^{m+1}C_{m+n-k}^{n-1}=C_{m+n}^m$，令 $k-1=j$，得

$$\sum_{j=0}^{m}C_{m+n-j-1}^{n-1}=C_{m+n}^m \tag{1.25}$$

又因为 $\sum\limits_{j=0}^{m} C_{m+n-j-1}^{n-1} = \sum\limits_{j=0}^{m} C_{m+n-j-1}^{m-j} = C_{m+n-1}^{m} + C_{m+n-2}^{m-1} + \cdots + C_n^1 + C_{n-1}^0 = \sum\limits_{j=0}^{m} C_{n+j-1}^{j} = \sum\limits_{j=0}^{m} C_{n-1+j}^{n-1}$，即得

$$\sum_{j=0}^{m} C_{n-1+j}^{n-1} = C_{m+n}^{m} \qquad (1.26)$$

恒等式（1.25）与式（1.26）都是非常有用的公式。用数学归纳法也可证明式（1.26）。

现在求 $p(m,n)$，设 i 为所需摸球次数。因为摸了 i 次后剩下的全是黑球（最多 m 个最少 1 个），所以有 $n \leqslant i \leqslant m+n-1$，且第 i 次摸到白球$\left(概率为 \dfrac{1}{m+n-i+1}\right)$，而前 $i-1$ 次中摸到 $n-1$ 个白球（概率为 $C_m^{i-n} C_n^{n-1} / C_{m+n}^{i-1}$），从而得

$$
\begin{aligned}
p(m,n) &= \sum_{i=n}^{m+n-1} \frac{C_n^{n-1} C_m^{i-n}}{C_{m+n}^{i-1}} \cdot \frac{1}{m+n-i+1} \quad (\text{令 } i-n=j) \\
&= \sum_{j=0}^{m-1} \frac{n C_m^j}{(m-j+1) C_{m+n}^{n+j-1}} \\
&= \frac{n(m!)}{(m+n)!} \sum_{j=0}^{m-1} \frac{(n+j-1)!}{j!} \qquad \left(\text{因为 } \frac{m! n}{(m+n)!} \cdot \right. \\
&\qquad\qquad\qquad\qquad\qquad\qquad \left. \frac{(n+j-1)!}{j!} = \frac{C_{n+j-1}^{n-1}}{C_{m+n}^{m}}\right) \\
&= \frac{1}{C_{m+n}^{m}} \sum_{j=0}^{m-1} C_{n+j-1}^{n-1} \qquad\qquad [\text{由式}(1.26)] \\
&= C_{m+n-1}^{n} / C_{m+n}^{m} = \frac{m}{m+n}
\end{aligned}
$$

很奇怪，此概率与抓阄中的概率以及从第 N 袋中摸出黑球的概率都相同，都等于袋中黑球数比袋中总球数。

1.14 与摸球是否放回无关

【例 1.11】 一袋中有 n 个球，其中有 m 个是黑的。现从中摸 k 个球（有放回或无放回）。已知摸出的 k 个球中有 r 个是黑的，求第 j （$j=1, 2, \cdots, k$）次摸到黑球的概率。

解 设 $A=$ "摸出的 k 个球中有 r 个是黑的"；

$$B_j = \text{"第 } j \text{ 次摸到黑球"}, \ j = 1, \ 2, \ \cdots, \ k。$$

则由贝叶斯公式所求概率为

$$P(B_j \mid A) = \frac{P(AB_j)}{P(A)} = \frac{P(B_j) \ P(A \mid B_j)}{P(A)}$$

（1）无放回情形

因为 $P(B_j) = \dfrac{m}{n}$，$P(A) = \dfrac{C_m^r C_{n-m}^{k-r}}{C_n^k}$，且

$$P(A \mid B_j) = \frac{C_{m-1}^{r-1} C_{n-m}^{k-r}}{C_{n-1}^{k-1}}$$

所以 $\quad P(B_j \mid A) = \dfrac{m}{n} \dfrac{C_{m-1}^{r-1}}{C_{n-1}^{k-r}} \Big/ \dfrac{C_{n-m}^{k-r} C_m^r C_{n-m}^{k-r}}{C_n^k} = \dfrac{m C_{m-1}^{r-1} C_n^k}{n C_{n-1}^{k-1} C_m^r} = \dfrac{r}{k}$

（2）有放回情形

这时 $\qquad P(B_j) = \dfrac{m}{n}, P(A) = C_k^r \dfrac{m^r (n-m)^{k-r}}{n^k}$

$$P(A \mid B_j) = C_{k-1}^{r-1} \frac{m^{r-1} (n-m)^{k-r}}{n^{k-1}}$$

所以 $\qquad P(B_j \mid A) = \dfrac{m}{n} C_{k-1}^{r-1} \dfrac{m^r (n-m)^{k-r}}{n^{k-r}} \Big/$

$$\left(C_k^r \frac{m^r (n-m)^{k-r}}{n^k} \right) = \frac{C_{k-1}^{r-1}}{C_k^r} = \frac{r}{k}$$

1.15　整除的概率

【例 1.12】　从 1，2，3，$\cdots$，10000 中随机取一个数，求

（1）它能被 2 或 3 整除的概率。

（2）它既能被 2 整除又能被 3 整除的概率。

解　设 $A = \text{"它被 2 整除"}$，$B = \text{"它被 3 整除"}$。因为 $2 \times 5000 = 10000 = 3 \times 3333 + 1 = 6 \times 1666 + 4$，所以

$$P(A) = \frac{5000}{10000} = \frac{1}{2}, P(B) = \frac{3333}{10000} = 0.3333$$

$$P(AB) = \frac{1666}{10000} = 0.1666$$

从而，

（1）所求概率为

$$P(A \bigcup B) = P(A) + P(B) - P(AB) = 0.6667$$

（2）所求概率为

$$P(AB) = 0.1666$$

1.16 抽牌游戏

【例 1.13】 有 s 类每类 n 张的牌共 sn 张，每类都分别标有号码 1，2，$\cdots$，n。现从中随机不放回抽取 r 张，求每一个号码都有（出现）的概率（$r \geqslant n$）。

解 设 $A_i =$ "号码为 i 的牌不出现"，$i = 1$，2，$\cdots$，n，则 $P(A_i)$ $= \dfrac{C_{sn-s}^r}{C_{sn}^r}$。当 $i \neq j$ 时，$P(A_i A_j) = C_{sn-2s}^r / C_{sn}^r$，当 $i \neq j \neq k$，且 $i \neq k$ 时，$P(A_i A_j A_k) = C_{sn-3s}^r / C_{sn}^r$。有 k 个号码没出现的概率为 $C_n^k C_{sn-ks}^r / C_{sn}^r$，$k = 1$，2，$\cdots$，$n$［显然，$P(A_1 A_2 \cdots A_n) = 0$］，由概率的加法公式，所求概率为

$$P(\overline{A_1}\,\overline{A_2}\cdots\overline{A_n}) = 1 - P(\overset{n}{\underset{k=1}{\bigcup}} A_k)$$

$$= 1 - \Big[\sum_{k=1}^n P(A_k) - \sum_{1 \leqslant i < j}^n P(A_i A_j)$$

$$+ \sum_{1 \leqslant i < j < k}^n P(A_i A_j A_k) - \cdots + (-1)^{n-1} P(A_1 A_2 \cdots A_n) \Big]$$

$$= 1 - \sum_{k=1}^n (-1)^{k-1} C_n^k C_{n-ks}^r / C_{sn}^r = \sum_{k=0}^n (-1)^k C_n^k C_{sn-ks}^r / C_{sn}^r$$

$$(1.27)$$

类似的，每类牌都有的概率为 $\sum_{k=0}^s (-1)^k C_s^k C_{sn-kn}^r / C_{sn}^r$

1.17 点子多赢

【例 1.14】 在很多游戏中都要掷骰子，比掷出点子的大小，点子大的优先，比如下棋、赛球等等。即甲先掷一个（均匀的）骰子，然后乙掷，谁掷出的点子多谁赢。问甲赢的概率多大？

解此问题有 2 种方法。

解法 1 当乙掷出的点数是1时，甲要赢，甲应掷出 2，3，4，5，6 点之一，即这时甲赢的概率为 $\dfrac{6-1}{6} = \dfrac{5}{6}$。一般地，当乙掷出的点数是 i

$(i=1,2,3,4,5,6)$ 时，甲赢的概率是 $\frac{6-i}{6}$。设 $A_i=$ "乙掷出点数 i"，$i=1,2,\cdots,6$，$B=$ "甲赢"。由全概率公式，得$\left(\text{注意 } P(A_i)\equiv\frac{1}{6}\right)$

$$P(B)=\sum_{i=1}^{6}P(A_i)P(B\mid A_i)=\sum_{i=1}^{6}\frac{1}{6}\times\frac{6-i}{6}=\frac{5}{12}$$

解法2 由于对称性，甲赢与甲输（即乙赢）的概率是相等的，又和局的概率是 $\frac{1}{6}$。由对立事件概率公式，甲赢的概率是 $\left(1-\frac{1}{6}\right)\div 2=\frac{5}{12}=\frac{6-1}{2\times 6}$。

在实际操作中，有时候不是掷一个均匀的骰子，而是掷两个均匀的骰子，比较甲乙掷出的两个点数之和谁大。问这时甲赢的概率有多大？解此问题的方法仍有上述 2 个，不过解法 1 比解法 2 复杂得多，这里只给出第 2 种解法。由于对称性，甲赢与甲输的概率是相等的。而当甲乙掷出的点数之和相同（即 2，3，4，$\cdots$，12 共 11 个数）时为和局。在甲掷出点数之和为 2$\left(\text{概率为 }\frac{1}{36}\right)$的条件下，乙也掷出 2 的可能情况是两个骰子都是 1，即 (1,1)，其概率为 $\frac{1}{36}$，在甲掷出的点数为 3 的条件下，乙也掷出 3 的可能情况是 (1,2)，(2,1)，其概率为 $\frac{2}{36}$，类似地，在甲掷出点数之和为 4，5，6，$\cdots$，12 时，乙也分别掷出相同的点数之和，其概率分别为 $\frac{3}{36},\frac{4}{36},\frac{5}{36},\frac{6}{36},\frac{5}{36},\frac{4}{36},\frac{3}{36},\frac{2}{36},\frac{1}{36}$。由全概率公式，出现和局的概率为 $\frac{1}{36}\left(\frac{1}{36}+\frac{2}{36}+\cdots+\frac{6}{36}+\frac{5}{36}+\cdots+\frac{1}{36}\right)=\frac{1}{36}\times\frac{36}{36}=\frac{1}{36}$。从而甲赢的概率为 $\left(1-\frac{1}{36}\right)\div 2=\frac{35}{72}=\frac{6^2-1}{2\times 6^2}$。类似地，当掷三个均匀的骰子时，和局的概率为 $\frac{1}{216}$，这时甲赢的概率为 $\left(1-\frac{1}{6^3}\right)\div 2=\frac{215}{432}=\frac{6^3-1}{2\times 6^3}$。依此类推，当掷 i 个均匀骰子时，甲赢的概率为 $\frac{6^i-1}{2\times 6^i}$，$i=1,2,3,\cdots$。这是一个有界（$\leqslant 0.5$）递增的数列，极限为 0.5。

1.18　先出现的赢

【例1.15】　连续掷一对均匀的骰子，如果掷出的两点数之和被 7 整除则甲赢，如果掷出的两点之积为 5，则乙赢。求甲在乙之前先赢的概率。

解　设 $A_{n-1}=$ "前 $n-1$ 次试验（掷）甲与乙都没赢"；

　　　　$B_n=$ "第 n 次试验甲赢"，$n=1,2,3,\cdots$。

因为每次试验甲赢，两点数之和应为 7，即出现 $(1,6)$，$(6,1)$，$(2,5)$，$(5,2)$，$(3,4)$，$(4,3)$ 之一，故每次试验甲赢的概率为 $\dfrac{6}{36}=\dfrac{1}{6}$。

每次试验乙赢，两点数之积应为 5，即出现 $(1,5)$，$(5,1)$ 之一，故每次试验乙赢的概率为 $\dfrac{2}{36}=\dfrac{1}{18}$，从而每次试验甲与乙都没有赢的概率为 $1-\dfrac{1}{6}-\dfrac{1}{18}=\dfrac{7}{9}$，又因 A_{n-1} 与 B_n 互不影响，即 $P(A_{n-1}B_n)=P(A_{n-1})\cdot P(B_n)$，所以甲在乙之前赢的概率为

$$P\left(\sum_{n=1}^{\infty}A_{n-1}B_n\right)=\sum_{n=1}^{\infty}P(A_{n-1})P(B_n)=\sum_{n=1}^{\infty}\left(\frac{7}{9}\right)^{n-1}\cdot\frac{1}{6}$$
$$=\frac{9}{2}\times\frac{1}{6}=\frac{3}{4}$$

稍加留意，这个概率 $\left(\dfrac{3}{4}\right)$ 正好等于每次试验甲赢的概率 $\dfrac{1}{6}$ 除以甲赢概率与乙赢概率之和 $\dfrac{1}{6}+\dfrac{1}{18}$，即 $\dfrac{1}{6}\div\left(\dfrac{1}{6}+\dfrac{1}{18}\right)=\dfrac{3}{4}$。这不是巧合，而是有普遍意义。现在来证明它：设 A 与 B 为某试验的两个互斥事件。则当独立重复这一试验时，事件 A 发生在事件 B 之前的概率为

$$\frac{P(A)}{P(A)+P(B)} \tag{1.28}$$

设 $C=$ "A 在 B 之前发生"

(1)　当 $A+B\neq\Omega$ 时

则由全概率公式，得

$$P(C)=P(A)P(C|A)+P(B)P(C|B)$$
$$+P(\Omega-A-B)P(C|\Omega-A-B)$$
$$=P(A)\cdot1+P(B)\cdot0+[1-P(A)-P(B)]P(C)$$
$$=P(A)+P(C)-[P(A)+P(B)]P(C)$$

所以，证得 $\qquad P(C)=\dfrac{P(A)}{P(A)+P(B)}$

（2）当 $A+B=\Omega$ 时，由全概率公式，亦得

$$P(C)=P(A)P(C|A)+P(B)P(C|B)=P(A)$$

$$=\frac{P(A)}{P(A)+P(B)}$$

如果 A 与 B 不互斥，即 $AB\neq\varnothing$，其他条件不变，则类似可证 A 发生在 B 之前的概率为

$$P(C)=\frac{P(A)-P(AB)}{P(A)+P(B)-2P(AB)} \tag{1.29}$$

易见前式是上式的特殊情形。上两式有广泛的应用。例如

应用 1 袋中有 a 个白球 b 个黑球 c 个红球，每次有放回从袋中摸 2 个球，设

$A=$ "两个都是白球"；

$B=$ "两个都是黑球"。

因为 $P(A)=\dfrac{a^2}{(a+b+c)^2}$，$P(B)=\dfrac{b^2}{(a+b+c)^2}$，且 $P(AB)=0$，则由式 (1.28)，A 在 B 之前发生的概率 [记为 $P(C)$] 为

$$P(C)=\frac{a^2}{(a+b+c)^2}\Big/\frac{a^2+b^2}{(a+b+c)^2}=\frac{a^2}{a^2+b^2}$$

应用 2 重复掷两个均匀的骰子，设

$A=$ "掷出的点数之和能被 6 整除"；

$B=$ "掷出的点数之和能被 5 整除"。

因为当出现 (1，5)，(5，1)，(2，4)，(4，2)，(3，3)，(6，6) 六种情况之一时 A 发生，当出现 (1，4)，(4，1)，(2，3)，(3，2)，(5，5) 五种情况之一时 B 发生$\Big($即 $P(A)=\dfrac{6}{6^2}$，$P(B)=\dfrac{5}{6^2}\Big)$，且 $P(AB)=0$，则由式 (1.28)

A 在 B 之前发生的概率为 $\dfrac{6}{6+5}=\dfrac{6}{11}$。

应用 3 重复掷一个均匀的骰子，设

$A=$ "掷出的点数能被 2 整除"；

$B=$ "掷出的点数能被 3 整除"。

因为当出现 2，4，6 三种情况之一时 A 发生，当出现 3，6 两种情况之

一时 B 发生，即 $P(A)=\dfrac{3}{6}$，$P(B)=\dfrac{2}{6}$，$P(AB)=\dfrac{1}{6}$，则由式 $(1.29)A$ 在 B 之前发生的概率 $P(C)$ 为

$$P(C)=\left(\frac{3}{6}-\frac{1}{6}\right)\Big/\left(\frac{3}{6}+\frac{2}{6}-\frac{2}{6}\right)=\frac{2}{3}$$

即
$$P(C)=\frac{3-1}{3+2-2\times1}$$

应用 4　重复从 $1,2,\cdots,6$ 这六个数码中每次不放回随机取两个，设

$A=$ "取出的两个数码最小的是 4"；

$B=$ "取出的两个数码最大的是 5"。

因为　$P(A)=\dfrac{C_1^1C_2^1}{C_6^2}=\dfrac{2}{15}$，　$P(B)=\dfrac{C_1^1C_4^1}{C_6^2}=\dfrac{4}{15}$

$$P(AB)=\frac{C_1^1C_1^1}{C_6^2}=\frac{1}{15}$$

[这是因为样本空间中样本点数为 P_6^2，$A=\{(4,5),(5,4),(4,6),(6,4)\}$，$B=\{(1,5),(5,1),(2,5),(5,2),(3,5),(5,3),(4,5),(5,4)\}$]，所以，由式 (1.29)，A 在 B 之前发生的概率为

$$\frac{2-1}{2+4-2\times1}=\frac{1}{4}。$$

1.19　摸到奇数个球的概率

【例 1.16】　袋中有 n 个白球 m 个黑球，每次有放回从袋中摸一个球。求在前 n 次摸球中有奇数次摸到黑球的概率 p_n。

解　由于第一次摸到黑球的概率为 $\dfrac{m}{m+n}$，摸到白球的概率为 $\dfrac{n}{m+n}$。且当第一次摸到黑球时，后面 $n-1$ 次中需摸到偶数个黑球，其概率为 $1-p_{n-1}$；当第一次摸到白球时，后面 $n-1$ 次需摸奇数个黑球，其概率为 p_{n-1}，故由全概率公式，得

$$p_n=\frac{m}{m+n}(1-p_{n-1})+\frac{n}{m+n}p_{n-1}\qquad\left(记\ p=\frac{m}{m+n}\right)$$

$$=p(1-p_{n-1})+(1-p)p_{n-1}=p+(1-2p)p_{n-1}\qquad(递推)$$

$$=\sum_{i=0}^{n-1}p(1-2p)^i+(1-2p)^np_0\qquad(因为\ p_0=0)$$

$$=\frac{1-(1-2p)^n}{2} \tag{1.30}$$

上式有不少应用，下面是其应用之一。

甲袋中有 k 个白球 1 个黑球，乙袋中有 $k+1$ 个白球。每次从两袋中各摸 1 个球，交换放入对方的袋中，求经过 n 次交换后黑球仍在甲袋中的概率 q_n。

因每次交换黑球被交换到（摸到）的概率为 $p=\dfrac{1}{k+1}$，而在 n 次交换中，如果黑球被交换偶数次，则黑球将仍在甲袋中。由式（1.30）得

$$q_n=1-p_n=\frac{1+(1-2p)^n}{2}=\frac{1+\left(\dfrac{k-1}{k+1}\right)^n}{2}$$

1.20 取数游戏

【例 1.17】 从 0，1，2，$\cdots$，9 这 10 个数中随机取 5 个数，设取出的 5 个数中

$A\equiv$ "没有 1 与 9"；　　　$B\equiv$ "最大的是 6"；

$C\equiv$ "最小的是 2"；　　　$D\equiv$ "有 0 与 5"；

$E\equiv$ "恰有 2 个大于 5"；$F\equiv$ "恰有 4 个小于 6"。

（1）当取数是不放回时，求上述事件的概率。

（2）当取数是（有）放回时，求上述事件的概率。

解　不放回取数是古典概型中有限不放回抽样问题，且所论事件都与顺序无关，所以样本空间中的样本点数可以看成 C_{10}^5，又因 A 中的样本点数（可以看成）为 C_8^5。B 表示取出的 5 个数字中最大的是 6，则 6 应取出（有 C_1^1 种可能取法），其余 4 个数字应从 0，1，2，3，4，5 这 6 个数字中取出（有 C_6^4 种可能取法），故 B 中样本点数为 $C_1^1 C_6^4$。类似地，C 中有 $C_1^1 C_7^4$ 个样本点，D、E、F 中分别有 $C_1^1 C_1^1 C_8^3$、$C_4^2 C_6^3$、$C_6^4 C_4^1$ 个样本点，故

（1）$P(A)=\dfrac{C_8^5}{C_{10}^5}=\dfrac{2}{9}$，$P(B)=\dfrac{C_1^1 C_6^4}{C_{10}^5}=\dfrac{5}{84}$，$P(C)=\dfrac{C_7^4}{C_{10}^5}=\dfrac{5}{36}$，

$$P(D)=\frac{C_8^3}{C_{10}^5}=\frac{2}{9},$$

$$P(E)=\frac{C_4^2 C_6^3}{C_{10}^5}=\frac{10}{21}, \quad P(F)=\frac{C_6^4 C_4^1}{C_{10}^5}=\frac{5}{21}.$$

（2）当取数是有放回时，样本空间中样本点数为 10^5，且 A 中样本点数为 8^5。因为 B 表示最大数为 6，所以只能从 0，1，2，…，6 这 7 个数字中取 5 个，这有 7^5 种取法，但是其中不一定都含有 6，为了每种取法中都含有 6，应减去不含有 6 的那些取法，这有 6^5 种取法，所以 B 中的样本点为 7^5-6^5。另一种方法是：因为 10 个数字中只有一个 6，且取数是有放回的，5 次有放回取数中取到 6 的次数可能是 1，2，3，4，5，当 k（$1\leqslant k\leqslant 5$）次取到 6（有 1^k 种取法）时，其他 $5-k$ 次应从小于 6 的 6 个数字去取（有 6^{5-k} 种取法），且 5 次中有 k 次取到 6，是哪 k 次？这又有 C_5^k 种不同的情况，所以，B 中的样本点数为 $\sum\limits_{k=1}^{5} C_5^k 1^k \cdot 6^{5-k}$，即得

$$\sum_{k=1}^{5} C_5^k 6^{5-k}=7^5-6^5$$

一般地有
$$\sum_{k=1}^{n} C_n^k m^{n-k}=(m+1)^n-m^n \qquad (1.31)$$

此即
$$\sum_{k=0}^{n} C_n^k m^{n-k}=(m+1)^n$$

类似地，C 中有 8^5-7^5（即 $\sum\limits_{k=1}^{5} C_5^k 1^k \cdot 7^{5-k}$）个样本点，$E$、$F$ 中分别有 $C_5^2 4^2 \cdot 6^3$、$C_5^4 6^4 \cdot 4^1$ 个样本点。为求 D 的概率，设 $D_1=$ "取出的 5 个数中有 0"，$D_2=$ "取出的 5 个数中有 5"，则由对偶定律得，$\overline{D_1 D_2}=\overline{D_1} \bigcup \overline{D_2}$，而 $\overline{D_1}$ 与 $\overline{D_2}$ 中均有 9^5 个样本点，且 $\overline{D_1}\,\overline{D_2}$ 中有 8^5 个样本点，再由对立事件概率公式与加法公式可求 $P(D)$。由上分析，得

$$P(A)=\frac{8^5}{10^5}=0.32768, \quad P(B)=\frac{7^5-6^5}{10^5}=0.09031$$

$$P(C)=\frac{8^5-7^5}{10^5}=0.15961, \quad P(E)=C_5^2 4^2 \cdot 6^3/10^5=0.3456$$

$$P(F)=C_5^4 6^4 \cdot 4^1/10^5=0.2592$$

$$\begin{aligned}
P(D)&=P(D_1 D_2)=1-P(\overline{D_1} \bigcup \overline{D_2})=1-P(\overline{D_1})\\
&\quad -P(\overline{D_2})+P(\overline{D_1}\,\overline{D_2})\\
&=1-\frac{9^5}{10^5}-\frac{9^5}{10^5}+\frac{8^5}{10^5}=0.1467
\end{aligned}$$

此表示 D 中有 $10^5 - 2 \times 9^5 + 8^5$ 个样本点。

求 D 中样本点的另一方法是：因为在 5 次取数中 0 与 5 均至少被取一次最多被取 4 次。当 0 取 i 次时（$i = 1$，2，3，4），5 取 j（$1 \leqslant j \leqslant 5 - i$）次，有 $\sum\limits_{j=1}^{5-i} C_{5-i}^j 1^j \cdot 8^{5-i-j}$ 种不同的取法，故 D 中样本点数为

$\sum\limits_{i=1}^{4} C_5^i 1^i \cdot \sum\limits_{j=1}^{5-i} C_{5-i}^j 1^j \cdot 8^{5-i-j}$，即得

$$\sum_{i=1}^{4} C_5^i \sum_{j=1}^{5-i} C_{5-i}^j 8^{5-i-j} = 10^5 - 2 \times 9^5 + 8^5$$

更一般地，从 n 个不同的数字中有放回取 m 个数字，其中含有某两个特定的数字，取法种数为（$n > 2$，$m \geqslant 2$）

$$\sum_{i=1}^{m-1} C_m^i \sum_{j=1}^{m-i} C_{m-i}^j (n-2)^{m-i-j} = n^m - 2(n-1)^m + (n-2)^m \quad (1.32)$$

如果取出的 m 个数字中不是含有两个特定数字，而是三个，则（类似地）有（$n > 3$，$m \geqslant 3$）

$$\sum_{i=1}^{m-2} \sum_{j=1}^{m-i} \sum_{r=1}^{m-i-j} C_m^i C_{m-i}^j C_{m-i-j}^r (n-3)^{m-i-j-r}$$

$$= n^m - 3(n-1)^m + 3(n-2)^m - (n-3)^m$$

$$(1.33)$$

1.21 全取到为止

【例 1.18】 从 1，2，3，4 这 4 个数字中有放回随机逐个取数：

（1）求取出的 n（$n \geqslant 4$）个数字包含了 1，2，3，4 的概率。

（2）直至 1，2，3，4 全取到为止。求这时正好取 n（$n \geqslant 4$）个数字的概率。

解　（1）每次取到 1 的概率为 $\dfrac{1}{4}$，n 次都取到 1 的概率为 $\left(\dfrac{1}{4}\right)^n$，$n$ 次只取到 1 个数字的概率为 $p_1 \equiv C_4^1 \left(\dfrac{1}{4}\right)^n$。类似地，在 n 次取数中有 2 个数字没取到，取到 2 个数字，且取到的 2 个数字中每个至少取 1 次至多取 $n-1$ 次其概率为 $p_2 = C_4^2 \sum\limits_{i=1}^{n-1} C_n^i \left(\dfrac{1}{4}\right)^i \left(\dfrac{1}{4}\right)^{n-i} = 6\left(\dfrac{1}{4}\right)^n [2^n - 2]$。

在 n 次取数中有 1 个数字没取到，而取到的 3 个数字每个至少取到 1 次

至多取到 $n-2$ 次，其概率为 $p_3 \equiv C_4^3 \sum\limits_{i=1}^{n-2} C_n^i \left(\dfrac{1}{4}\right)^i \sum\limits_{j=1}^{n-i-1} C_{n-i}^j \left(\dfrac{1}{4}\right)^j \cdot$

$\left(\dfrac{1}{4}\right)^{n-i-j}$，通过化简可得

$$p_3 = (3^n - 3 \cdot 2^n + 3)/4^{n-1}$$

再由对立事件概率公式，所求概率 p 为

$$p = 1 - p_1 - p_2 - p_3 = \frac{4^n - 4 - 4 \cdot 3^n + 6 \cdot 2^n}{4^n}$$

$$= \frac{4^{n-1} - 1 - 3^n + 3 \cdot 2^{n-1}}{4^{n-1}}$$

（2）因第 n 次是首次取到 1，2，3，4 之一，这有 C_4^1 可能。当第 n 次首次取到 $4\left(\text{概率为} \dfrac{1}{4}\right)$ 时，前 $n-1$ 次中 1，2，3 三个数字都被取到，且每一个至少取到 1 次至多取到 $n-3$ 次。

由（1），所求概率为

$$p = C_4^1\left(\frac{1}{4}\right) \sum\limits_{i=1}^{n-3} C_{n-1}^i \left(\frac{1}{4}\right)^i \sum\limits_{j=1}^{n-2-i} C_{n-1-i}^j \left(\frac{1}{4}\right)^j \left(\frac{1}{4}\right)^{n-1-i-j}$$

$$= \sum\limits_{i=1}^{n-3} \frac{1}{4^{n-1}} C_{n-1}^i \sum\limits_{j=1}^{n-2-i} C_{n-1-i}^j$$

由式（1.9）与式（1.10）得

$$p = \left(\frac{3}{4}\right)^{n-1} - 3\left(\frac{1}{2}\right)^{n-1} + 3\left(\frac{1}{4}\right)^{n-1}$$

以上问题等价于如下问题：

从一副扑克牌中有放回随机逐张取牌，

（1）求取出的 n $(n \geqslant 4)$ 张牌包含全部 4 种花色的概率。

（2）直至取到包含所有花色的牌为止，求这时正好取了 n $(n \geqslant 4)$ 张牌的概率。

也等价于如下更一般的问题：

袋中装有红、黄、黑、白球各 m $(m \geqslant 1)$ 个，现有放回逐个从袋中摸球。

（1）求摸出的 n $(\geqslant 4)$ 个球包含了全部 4 种花色的球的概率。

（2）直至摸到包含所有花色的球为止。求这时正好摸了 n $(n \geqslant 4)$ 个球的概率。

1.22 第 m 个小的那个数

【例 1.19】 作为取数游戏的推广，现在考虑如下更一般的问题。

从数 1，2，$\cdots$，N 中，不放回随机取 n（$n\leqslant N$）个数由小到大排成一行，求第 m 个数 X_m 等于 M（$m\leqslant M\leqslant N$）的概率。如果是有放回呢？

解 如果取数是不放回的，此是古典概型中有限不放回随机抽样问题，所论事件与顺序无关，从而样本点总数可看成是 C_N^n，由于 $X_m=M$，故数 M 必被取到，而从 1，2，$\cdots$，$M-1$ 中应取 $m-1$ 个，其余的 $n-m$ 个应从 $N-M$ 个数中取，从而所求概率为

$$P\ (X_m=M)\ =C_{M-1}^{m-1}C_1^1C_{N-M}^{n-m}/C_N^n=\frac{C_{M-1}^{m-1}C_{N-M}^{n-m}}{C_N^n} \tag{1.34}$$

如果取数是有放回的，取出的 n 个数可排成

$$X_1\leqslant X_2\leqslant\cdots\leqslant X_m\leqslant\cdots\leqslant X_n$$

且 $X_m\leqslant M\Leftrightarrow$ 取出的 n 个数中至少有 m 个不大于 M，故

$P\ (X_m\leqslant M)=P($取出的 n 个数中至少有 m 个不大于 M)

$$=\sum_{i=m}^{n} P\ (\text{取出的 } n \text{ 个数中恰有 } i \text{ 个不大于 } M)$$

$$=\sum_{i=m}^{n} C_n^i\left(\frac{M}{N}\right)^i\left(1-\frac{M}{N}\right)^{n-i}$$

$$=\sum_{k=0}^{n-m} C_n^{m+k}\left(\frac{M}{N}\right)^{m+k}\left(1-\frac{M}{N}\right)^{n-m-k}$$

于是所求概率为

$$P\ (X_m=M)=P(X_m\leqslant M)-P(X_m\leqslant M-1)$$

$$=\frac{1}{N^n}\sum_{k=0}^{n-m} C_n^{m+k}\ [M^{m+k}\ (N-M)^{n-m-k}$$

$$-\ (M-1)^{m+k}\ (N+1-M)^{n-m-k}] \tag{1.35}$$

作为此问题的应用，设 $N=10$，$n=4$，$M=5$。

(1) 当 $m=1$ 时，此时从 1，2，$\cdots$，10 中取 4 个数字，求取出的 4 个数字最小的为 5 的概率。

如果取数是不放回的，则由式（1.34），所求概率为 $\dfrac{C_4^0C_5^3}{C_{10}^4}=\dfrac{1}{21}$。

如果取数是有放回的，则由式（1.35）所求概率为

$$\sum_{k=0}^{3} C_4^{k+1} \frac{1}{10^4}\left[5^{k+1} \cdot 5^{3-k} - 4^{k+1} \cdot 6^{3-k}\right] = 0.0671 = \frac{6^4 - 5^4}{10^4}$$

一般地有如下公式

$$\frac{1}{N^n} \sum_{k=0}^{n-1} C_n^{k+1}\left[M^{k+1}(N-M)^{n-k-1} - (M-1)^{k+1}(N+1-M)^{n-k-1}\right]$$

$$= \frac{(N+1-M)^n - (N-M)^n}{N^n}$$

即

$$\sum_{k=0}^{n-1} C_n^{k+1}\left[M^{k+1}(N-M)^{n-k-1} - (M-1)^{k+1}(N+1-M)^{n-k-1}\right]$$

$$= (N+1-M)^n - (N-M)^n \tag{1.36}$$

（2）当 $m=n$ 时，此时从 1，2，$\cdots$，10 中取 4（因 $n=4$）个数字求取出的 4 个数字中最大是 5 的概率。

如果取数是不放回的，则由式（1.34），所求概率为

$$\frac{C_4^3 C_5^0}{C_{10}^4} = \frac{2}{105}$$

如果取数是有放回的，则由式（1.35），所求概率为

$$\frac{1}{10^4} \sum_{k=0}^{0} C_4^{4+k}\left[5^{4+k} \cdot 5^{-k} - 4^{4+k} \cdot 6^{-k}\right] = \frac{5^4 - 4^4}{10^4} = 0.369$$

1.23 两次取出的数字都不相同

【例 1.20】 从 1，2，3，$\cdots$，10 这 10 个数字中第 1 次随机取 3 个数字，取后放回，第 2 次取 4 个数字，问第 2 次取出的数字与第 1 次取出的数字都不相同的概率是多少？

解 要回答这个问题，先要确定取数的方式，对于不同的取数方式答案是不同的。

（1）当 2 次取数都是无放回时，无论第 1 次取出的是哪 3 个数，所求概率均与从装有 3 个黑球 7 个白球的袋中不放回随机取 4 个球，这 4 个球都是白球的概率相同，故所求概率为

$$p = \frac{C_3^0 C_7^4}{C_{10}^4} = \frac{1}{6}$$

（2）当第 1 次是有放回，第 2 次是无放回时，设

$A=$ "第 2 次取出的数字与第 1 次取的都不同";

$B_i=$ "第 1 次取的 3 个数字中恰有 i 个相同", $i=1$, 2, 3。

因为 B_1 表示 3 个数字都不相同, 故 $P(B_1)=\dfrac{P_{10}^3}{10^3}=\dfrac{72}{100}$,

B_2 表示 3 个数字中有 2 个相同为 i ($1\leqslant i\leqslant 10$), 另一个可以是除 i 外另外 9 个数字之一, 故

$$P(B_2)=C_{10}^1 C_3^2\left(\dfrac{1}{10}\right)^2\left(\dfrac{9}{10}\right)=\dfrac{27}{100}$$

而 $$P(B_3)=\dfrac{C_{10}^1}{10^3}=\dfrac{1}{100}$$

再由全概率公式, 得

$$P(A)=\sum_{i=1}^{3}P(B_i)\,P(A\mid B_i)$$

$$=\dfrac{72}{100}\cdot\dfrac{C_7^4}{C_{10}^4}+\dfrac{27}{100}\cdot\dfrac{C_8^4}{C_{10}^4}+\dfrac{1}{100}\cdot\dfrac{C_9^4}{C_{10}^4}=0.216$$

(3) 当 2 次取数都是有放回时, 仍用 (2) 中的符号, 因为

$$P(A|B_1)=\dfrac{7^4}{10^4},P(A|B_2)=\dfrac{8^4}{10^4},P(A|B_3)=\dfrac{9^4}{10^4}, 故$$

$$P(A)=\sum_{i=1}^{3}P(B_i)P(A\mid B_i)=\dfrac{72}{100}\cdot\dfrac{7^4}{10^4}+\dfrac{27}{100}\cdot\dfrac{8^4}{10^4}+\dfrac{1}{100}\cdot$$

$\dfrac{9^4}{10^4}=0.290025$

(4) 当第 1 次取数是不放回时, 第 2 次取数是有放回时, 类似 (1), 所求概率为 $\dfrac{7^4}{10^4}=0.2401$。

1.24 下赌注问题

赌徒德梅莱 (De Mere) 在赌博中注意到一对骰子掷 25 次, 把赌注押到 "至少出现一次双 6" 比把赌注押到 "没出现双 6" 有利, 但是他找不出原因, 后来他请教了帕斯卡才搞明白。

一对骰子掷 1 次出现双 6 的概率是 $\dfrac{1}{36}$, 由对立事件概率公式, 没出现双 6 的概率是 $\dfrac{35}{36}$。一对骰子掷 25 次 "都没出现双 6" 的概率是 $\left(\dfrac{35}{36}\right)^{25}$

＝0.49447。仍由对立事件概率公式，25 次中"至少出现 1 次双 6"的概率为 $1-\left(\frac{35}{36}\right)^{25}=0.50553$。所以，把赌注押到"至少出现 1 次双 6"比把赌注押到"没出现双 6"有利。

注意到：$\frac{35}{36}<1$，所以，当 n 增大时，$\left(\frac{35}{36}\right)^{n}$ 将变小。从而，当掷骰子的次数大于 25 时，把赌注押到"至少出现 1 次双 6"比把赌注押到"没出现双 6"更有利。当 n 减小时，$\left(\frac{35}{36}\right)^{n}$ 将变大。因为 $\left(\frac{35}{36}\right)^{24}=$ 0.5086。所以当掷骰子的次数小于 25 次时，把赌注押到"没出现双 6"比把赌注押到"至少出现一次双 6"有利。

虽然一对骰子"掷 1 次出现双 6"的概率很小 $\left(\frac{1}{36}\right)$，但是

$$\lim_{n\to\infty}\left[1-\left(\frac{35}{36}\right)^{n}\right]=1.$$

这说明小概率事件当重复试验次数无限增大时是必然要出现的。

现考虑如下的问题：一次掷 5 个骰子，把赌注押到"至少有 3 个点数相同"好还是把赌注押到"5 个点数全不相同"好？

此问题即为如下的摸球问题：一袋中有 6 个球，分别编上 1、2、3、4、5、6 号，有放回从中摸了 5 个球。求摸出的 5 个球中至少有 3 个号码相同的概率与 5 个号码都不同的概率哪个大？

为解此问题，设

$A=$"至少有 3 个号码相同"；$B=$"5 个号码都不相同"；

$A_i=$"5 个号码中恰有 i 个相同"，$i=3，4，5$。

又因相同号码是 1、2、3、4、5、6 之一，再由二项概率，得

$$P(A_i)=C_5^i\left(\frac{1}{6}\right)^i\left(\frac{5}{6}\right)^{5-i}\cdot C_6^1$$

而 $A=\sum_{i=3}^{5}A_i$ 以及 A_3，A_4，A_5 两两互斥，所以得

$$P(A)=\sum_{i=3}^{5}P(A_i)=\sum_{i=3}^{5}C_5^i\left(\frac{1}{6}\right)^i\left(\frac{5}{6}\right)^{5-i}\cdot 6=0.21296$$

因为 B 中样本点为 $P_6^5=720$，而总样本点数为 $6^5=7776$，所以得

$$P(B)=\frac{720}{7776}=0.09259$$

因为 $P(A) > P(B)$，所以把赌注押到"至少有 3 个号码相同"比较好。

1.25 连续出现的概率

【例 1.21】 把一个均匀的硬币抛 10 次，求正面至少连续出现 5 次的概率。

解 此问题与如下的摸球问题等价：一袋中装有编号分别为 1、2 的两个球，现有放回从袋中连续摸 10 个（次）球，求 1 号球至少被连续摸到 5 次的概率。

10 次摸球中连续 5 次摸到 1 号球，有如下 6 种情况：（111112＊＊＊＊）、（2111112＊＊＊）、（＊2111112＊＊）、（＊＊2111112＊）、（＊＊＊2111112）、（＊＊＊＊211111），概率为 $\left(\frac{1}{2}\right)^6 + \left(\frac{1}{2}\right)^7 + \left(\frac{1}{2}\right)^7 + \left(\frac{1}{2}\right)^7 + \left(\frac{1}{2}\right)^7 + \left(\frac{1}{2}\right)^6 = \frac{1}{2^4}$，类似地，10 次摸球中连续 6 次、7 次、8 次、9 次、10 次摸到 1 号球的概率分别为 $\frac{7}{2^8}$、$\frac{3}{2^8}$、$\frac{5}{2^{10}}$、$\frac{1}{2^9}$、$\frac{1}{2^{10}}$。故所求概率为 $\frac{1}{2^4} + \frac{7}{2^8} + \frac{3}{2^8} + \frac{5}{2^{10}} + \frac{1}{2^9} + \frac{1}{2^{10}} = \frac{7}{2^6} = 0.1094$。

如果把一个硬币抛 10 次换成掷一个（均匀）骰子 10 次，求某点至少连续出现 5 次的概率。

由于 10 次中连续出现 5 次 1 的概率为 $\left(\frac{1}{6}\right)^5 \frac{5}{6} + \left(\frac{1}{6}\right)^5 \left(\frac{5}{6}\right)^2 + \left(\frac{1}{6}\right)^5 \left(\frac{5}{6}\right)^2 + \left(\frac{1}{6}\right)^5 \left(\frac{5}{6}\right)^2 + \left(\frac{1}{6}\right)^5 \left(\frac{5}{6}\right)^2 + \left(\frac{1}{6}\right)^5 \left(\frac{5}{6}\right) = \frac{80}{3}\left(\frac{1}{6}\right)^6$，从而 10 次中连续出现某点 5 次的概率为 $\frac{80}{3}\left(\frac{1}{6}\right)^5$，类似地，10 次中连续出现某点 6 次、7 次、8 次、9 次、10 次的概率分别为 $\frac{45}{2}\left(\frac{1}{6}\right)^6$、$\frac{110}{3}\left(\frac{1}{6}\right)^7$、$85\left(\frac{1}{6}\right)^9$、$10\left(\frac{1}{6}\right)^9$、$\left(\frac{1}{6}\right)^9$，故所求概率为

$$\frac{80}{3}\left(\frac{1}{6}\right)^5 + \frac{45}{2}\left(\frac{1}{6}\right)^6 + \frac{110}{3}\left(\frac{1}{6}\right)^7 + 85\left(\frac{1}{6}\right)^9 + 10\left(\frac{1}{6}\right)^9 + \left(\frac{1}{6}\right)^9 = 0.00405$$

1.26 巴拿赫（Banach）火柴盒问题

【例 1.22】 数学家巴拿赫左右衣袋里各装一盒火柴，每次使用时

任取两盒中的一盒，假设每盒各有 N 根，求

(1) 他首次发现一盒空时，另一盒恰有 r 根的概率 （$r=0$，1，2，$\cdots$，N）。

(2) 第一次用完一盒火柴时（不是发现）另一盒恰有 r 根的概率 （$r=0$，1，2，$\cdots$，N）。

解 (1) 两盒火柴有一盒用完有两种可能情形，设手伸向左边衣袋表示"成功"，伸向右边衣袋表示"失败"，则发现左边一盒空时，右边一盒恰有 r 根的概率，就是重复独立试验中，第 $N+1$ 次"成功"发生在第 $2N-r+1$ 次试验的概率，它是负二项概率，即 $C_{2N-r}^{N}\left(\dfrac{1}{2}\right)^{N}\left(\dfrac{1}{2}\right)^{N-r}\cdot\dfrac{1}{2}$，故所求概率为

$$C_2^1 \cdot C_{2N-r}^N \left(\frac{1}{2}\right)^{N+1}\left(\frac{1}{2}\right)^{N-r}=C_{2N-r}^N\left(\frac{1}{2}\right)^{2N-r}$$

(2) 类似于（1），这是第 N 次"成功"发生在第 $2N-r$ 次试验的概率的 2 倍，即

$$C_2^1 \cdot C_{2N-r}^N \left(\frac{1}{2}\right)^{N+1}\cdot\frac{1}{2}=C_{2N-r}^N\left(\frac{1}{2}\right)^{2N-r-1}$$

1.27 波利亚（Polya）坛子问题

【例 1.23】 设一坛子装有 b 个黑球 r 个红球，任意取出 1 个，然后放回并再放入 c 个与取出的颜色相同的球。

(1) 求最初取出的是黑球，第 2 次也取出黑球的概率。

(2) 如将上述手续进行 n 次，求取出的正好是 n_1 个黑球 n_2 个红球的概率 （$n_1+n_2=n$）。

(3) 证明：任 1 次取出黑球的概率是 $\dfrac{b}{b+r}$，任 1 次取出红球的概率是 $\dfrac{r}{b+r}$。

(4) 证明：第 m 次与第 n（$m<n$）次取出的都是黑球的概率为 $\dfrac{b(b+c)}{(b+r)(b+r+c)}$。

解 (1) 设 $A_i=$ "第 i 次取出的是黑球"，$i=1$，2，$\cdots$，n，则前 2

次取出的都是黑球的概率为 $P(A_1A_2) = P(A_1) \cdot P(A_2 \mid A_1) =$

$$\frac{b}{b+r} \cdot \frac{b+c}{b+r+c} = \frac{b(b+c)}{(b+r)(b+r+c)}$$

（2）在 n 次取球中有 n_1 次取得黑球有 $C_n^{n_1}$ 种取法。对每种确定的取法，设 $A_i=$ "第 i 次取得黑球"，$i=1, 2, \cdots, n$；

$B=$ "第 $s_1, s_2, \cdots, s_{n_1}$ 次取得黑球，第 $r_1, r_2, \cdots, r_{n_2}$ 次取得红球"，其中 $n_1 + n_2 = n$，而 $s_1, \cdots, s_{n_1}$ 是 $1, \cdots, n$ 中任意 n_1 个数，$r_1, \cdots, r_{n_2}$ 是其余 n_2 个数，则

$$P(A_{s_i}) = \frac{b+(i-1)c}{b+r+(s_i-1)c}, \quad P(\overline{A}_{r_j}) = \frac{r+(j-1)c}{b+r+(r_j-1)c}$$

故由乘法公式，得

$$P(B) = P(A_{s_1}A_{s_2}\cdots A_{s_{n_1}}\overline{A}r_1\overline{A}r_2\cdots\overline{A}r_{n_1})$$

$$= \frac{b}{b+r+(s_1-1)c} \cdot \frac{b+c}{b+r+(s_1-1)c}\cdots$$

$$\frac{b+(n_1-1)c}{b+r+(s_{n_1}-1)c} \cdot \frac{r}{b+r(r_1-1)c} \cdot \cdots \cdot \frac{r+(n_2-1)c}{b+r+(r_{n_2}-1)c}$$

$$= \prod_{i=0}^{n_1-1}(b+ic)\prod_{j=0}^{n_2-1}(r+jc)\Big/\prod_{k=0}^{n-1}(b+r+kc)$$

而所求概率为

$$C_n^{n_1}P(B) = C_n^{n_1}\prod_{i=0}^{n_1-1}(b+ic)\prod_{j=0}^{n_2-1}(r+jc)\Big/\prod_{k=0}^{n-1}(b+r+kc)$$

（3）A_i 如上所设，因为 $P(A_1)=\dfrac{b}{b+r}$。设 $P(A_n)=\dfrac{b}{b+r}$，

现证 $P(A_{n+1})=\dfrac{b}{b+r}$，因为

$$P(A_{n+1}) = P(A_1)P(A_{n+1}\mid A_1) + P(\overline{A}_1)P(A_{n+1}\mid\overline{A}_1)$$

而 $P(A_{n+1}\mid A_1)$ 等于在装有 $b+c$ 个黑球，r 个红球的坛中第 n 次取出黑球的概率，由假设得

$$P(A_{n+1}\mid A_1)=\frac{b+c}{b+c+r}, \text{同理} P(A_{n+1}\mid\overline{A}_1)=\frac{b}{b+r+c}$$

故

$$P(A_{n+1})=\frac{b}{b+r} \cdot \frac{b+c}{b+c+r} + \frac{r}{b+r} \cdot \frac{b}{b+r+c} = \frac{b}{b+r}$$

从而证明了任一次取得黑球的概率为 $\dfrac{b}{b+r}$。类似地，任一次取得红球的

概率为 $\dfrac{r}{b+r}$。

（4）先证当 $m=1$ 时，对一切 n（$n>m$）命题成立。设 $B_j=$
"第 j 次取得黑球"，由（3）得

$$P(B_1B_n)=P(B_1)\,P(B_n\mid B_1)=\frac{b}{b+r}P(B_n\mid B_1)$$

$$=\frac{b}{b+r}\cdot\frac{b+c}{(b+c)+r}=\frac{b\,(b+c)}{(b+r)\,(b+r+c)}$$

此示当 $m=1$ 时，对一切 n（$n>m$）命题成立。设 $m=k-1$ 时对一切 n
（$n>m$）命题成立，现证 $m=k$ 时对一切 n（$n>m$）命题也成立。
因为

$$P(B_kB_n)=P(B_1)\,P(B_kB_n\mid B_1)+P(\overline{B_1})\,P(B_kB_n\mid\overline{B_1})$$

而 $P(B_kB_n\mid B_1)$ 等于从装有 $b+c$ 个黑球，r 个红球的袋中第 $k-1$ 次
与第 $n-1$ 次都取得黑球的概率，由假设得 $P(B_kB_n\mid B_1)=\dfrac{b+c}{b+c+r}\cdot$

$\dfrac{b+2c}{b+2c+r}$。同理

$$P(B_kB_n\mid\overline{B_1})=\frac{b}{b+c+r}\cdot\frac{b+c}{b+2c+r}$$

从而，$P(B_kB_n)=\dfrac{b}{b+r}\cdot\dfrac{b+c}{b+c+r}\cdot\dfrac{b+2c}{b+2c+r}+\dfrac{r}{b+r}\cdot\dfrac{b}{b+c+c}\cdot$

$\dfrac{b+c}{b+2c+r}=\dfrac{b\,(b+c)}{(b+r)\,(b+r+c)}$。

1.28　鞋子配对

从 n 对号码不同的鞋子中随机取 $2r$（$2r<n$）只，求下列事件的
概率：

$A\equiv$ "没有 2 只成对"；$B\equiv$ "恰有 2 只成对"；

$C\equiv$ "恰有 4 只成对"；$D\equiv$ "恰好成 r 对"；

$E\equiv$ "至少 2 只成对"。

解　此问题是古典概型中有限不放回随机抽样问题，且所论事件都
与顺序无关，故可用组合数计算所论事件的概率，样本空间中的样本点

数可以 C_{2n}^{2r}。

要使取出的 $2r$ 只鞋中没有 2 只成对，可从 n 双中取 $2r$ 双，然后再从这 $2r$ 双中各取 1 只。故 A 的概率为

$$P(A) = \frac{C_n^{2r}(C_2^1)^{2r}}{C_{2n}^{2r}}$$

欲使取出的 $2r$ 只鞋中恰有 2 只成对，可先从 n 双中任取一双，这一双的 2 只都取，然后从 $n-1$ 双中任取 $2r-2$ 双，再从这 $2r-2$ 双中各取 1 只。故 B 的概率为

$$P(B) = \frac{C_n^1 C_2^2 C_{n-1}^{2r-2}(C_2^1)^{2r-2}}{C_{2n}^{2r}} = \frac{nC_{n-1}^{2r-2}(2)^{2r-2}}{C_{2n}^{2r}}$$

类似地，可得

$$P(C) = \frac{C_n^2(C_2^2)^2 C_{n-2}^{2r-4}(C_2^1)^{2r-4}}{C_{2n}^{2r}} = \frac{C_n^2 C_{n-2}^{2r-4}(2)^{2r-4}}{C_{2n}^{2r}}$$

$$P(D) = \frac{C_n^r(C_2^2)^r}{C_{2n}^{2r}} = C_n^r / C_{2n}^{2r}$$

$$P(E) = \sum_{k=1}^{r} C_n^k C_{n-k}^{2r-2k}(C_2^1)^{2r-2k} / C_{2n}^{2r}$$

或

$$P(E) = 1 - P(\overline{E}) = 1 - P(A) = 1 - C_n^{2r}(2)^{2r} / C_{2n}^{2r}$$

故得

$$\sum_{k=0}^{r} C_n^k C_{n-k}^{2r-2k}(C_2^1)^{2r-2k} = C_{2n}^{2r} \tag{1.37}$$

1.29 信封与信配对

【例 1.24】 某人写了 n 封信，将其分别装入 n $(n \geqslant 2)$ 个信封，并在每个信封上分别随机地写上 n 个收信人的地址（不重复），求：(1) 没有一个信封上所写的地址正确的概率 $q_0(n)$。

(2) 恰有 r $(1 \leqslant r \leqslant n)$ 个信封上所写的地址正确的概率 $q_r(n)$。

解 (1) 设 A_i = "第 i 个信封上所写地址正确"，$i = 1, 2, 3, \cdots,$ n，则 $\bigcup_{i=1}^{n} A_i$ 表示"n 个信封上至少有一个所写地址正确"。因为由乘法公式,有

$$P(A_i) = \frac{1}{n}, P(A_i A_j) = P(A_i)P(A_j \mid A_i) = \frac{1}{n(n-1)}, P(A_i A_j A_k) =$$

$$P(A_i)P(A_j \mid A_i)P(A_k \mid A_iA_j) = \frac{1}{n} \cdot \frac{1}{n-1} \cdot \frac{1}{n-2} = \frac{1}{n(n-1)(n-2)}, \cdots,$$

$P(A_1A_2\cdots A_n) = \dfrac{1}{n!}$，所以

(1) $q_0(n) = 1 - P(\bigcup\limits_{i=1}^{n} A_i)$ $\qquad$ （由加法公式）

$$= 1 - \Big[\sum_{i=1}^{n} P(A_i) - \sum_{1 \leqslant i < j} P(A_iA_j)$$

$$+ P \sum_{1 \leqslant i < j < k}^{n} P(A_iA_jA_k) - \cdots + (-1)^{n-1} P(A_1A_2\cdots A_n) \Big]$$

$$= 1 - \Big[\sum_{i=1}^{n} \frac{1}{n} - \sum_{1 \leqslant i < j} P(A_i)P(A_j \mid A_i)$$

$$+ \sum_{1 \leqslant i < j < k}^{n} P(A_i)P(A_j \mid A_i)P(A_k \mid A_iA_j) - \cdots + (-1)^{n-1}$$

$$\cdot P(A_1A_2\cdots A_n) \Big]$$

$$= 1 - \Big[1 - C_n^2 \frac{1}{n(n-1)} + C_n^3 \frac{1}{n(n-1)(n-2)} - \cdots + (-1)^{n-1} \frac{1}{n!} \Big]$$

$$= C_n^2 \frac{(n-2)!}{n!} - C_n^3 \frac{(n-3)!}{n!} + \cdots + (-1)^n \frac{1}{n!}$$

$$= \frac{1}{2!} - \frac{1}{3!} + \frac{1}{4!} - \cdots + (-1)^n \frac{1}{n!}$$

$$= \sum_{k=0}^{n} \frac{(-1)^k}{k!} \to \frac{1}{e} \approx 0.36788 \qquad （当 n \to \infty 时）$$

（2）由乘法公式，在指定的"某 r 个信封（不妨设前 r 个信封）上所写地址都正确"的概率为

$$P(A_1A_2\cdots A_r) = P(A_1)P(A_2 \mid A_1)P(A_3 \mid A_1A_2)\cdots P(A_r \mid A_1A_2\cdots A_{r-1})$$

$$= \frac{1}{n\ (n-1)\ \cdots\ (n-r+1)} = \frac{(n-r)!}{n!} = \frac{1}{P_n^r}$$

再由（1），得

$$q_r\ (n)\ = C_n^r \frac{1}{P_n^r} q_0\ (n-r) = C_n^r \frac{1}{P_n^r} \sum_{k=0}^{n-r} \frac{(-1)^k}{k!} = \frac{1}{r!} \sum_{k=0}^{n-r} \frac{(-1)^k}{k!}$$

1.30 手套配对

【例 1.25】 有 n（$n > 2$）双不同尺寸的手套，甲先随机取 1 只，乙

接着也随机取 1 只，然后甲又随机取 1 只，最后乙也随机取 1 只。求

(1) 甲正好取到 2 只配对的手套的概率 p_1。

(2) 乙正好取到 2 只配对的手套的概率 p_2。

(3) 甲乙 2 人取到的手套都配对的概率 p_3。

解 要使甲取的 2 只手套配对，在甲取了 1 只以后，乙只能从剩下的 $2n-1$ 只中成对的 $2n-2$ 只中取 1 只 $\left(\text{概率为}\dfrac{2n-2}{2n-1}\right)$，且甲第 2 次只能从剩下的 $2n-2$ 中取与他已取的那只成对的那只 $\left(\text{概率为}\dfrac{1}{2n-2}\right)$ 故

$$p_1=\frac{2n-2}{2n-1}\cdot\frac{1}{2n-2}=\frac{1}{2n-1}$$

要使乙取到的 2 只手套配对，乙第 1 次不能取甲第一次取的那双剩下的那只 $\left(\text{概率为}\dfrac{2n-2}{2n-1}\right)$，而甲第 2 次取的不是乙第 1 次取的那双剩下的那只 $\left(\text{概率为}\dfrac{2n-3}{2n-2}\right)$，且乙第 2 次只能取他第 1 次取的那双剩下的那只 $\left(\text{概率为}\dfrac{1}{2n-3}\right)$，故

$$p_2=\frac{2n-2}{2n-1}\cdot\frac{2n-3}{2n-2}\cdot\frac{1}{2n-3}=\frac{1}{2n-1}$$

类似地，$p_3=\dfrac{2n-2}{2n-1}\cdot\dfrac{1}{2n-2}\cdot\dfrac{1}{2n-3}=\dfrac{1}{(2n-1)(2n-3)}$

1.31 $2n$ 根小棒两两配对

【例 1.26】 把 n 根同样长度的棒都分成 1 与 2 之比的两根小棒，然后把 $2n$ 根小棒随机地分成 n 对，每对又接成一根"新棒"。求下列事件的概率：

(1) $A\equiv$ "全部新棒都是原来分开的 2 根小棒相接的"。

(2) $B\equiv$ "全部新棒长度都与原来的一样"。

解 (1) 把 $2n$ 根小棒排成一行有 $(2n)!$ 种排列法，然后从左至右依次取 2 根接成 1 根"新棒"。这样总样本点数为 $(2n)!$。现求 A 中的样本点数。因为原 n 根棒有 $n!$ 种排列方式，每根分成 2 小根后有 2! 种排列方式，n 根分成 2 小根后有 $(2!)^n$ 种排列方式，故 A 中样本点数为 $n!(2!)^n$。从而，得

$$P(A) = \frac{(2!)^n n!}{(2n)!} = \frac{1}{(2n-1)!!}$$

（2）现求 B 中样本点数。仍把 $2n$ 根小棒排成 1 行，然后从左至右依次把 2 小根接成 1 根新棒。为使第 1 根新棒长度与原棒相同，前 2 根小棒应恰有 1 根是长的有 C_2^1 可能，为使第 2 根新棒长度与原棒相同，第 3 根与第 4 根位置上的 2 根小棒也应恰有 1 根是长的，这也有 C_2^1 种可能，依此类推，直到第 n 根新棒。又因有 n 根长的与 n 根短的，故第 1、第 2 位置上（第 1 根新棒）有 $C_2^1 n^2$ 种可能，第 3、第 4 位置上（第 2 根新棒）有 $C_2^1 (n-1)^2$ 种可能，依此类推 B 中样本点数为 $(C_2^1)^n (n!)^2$ 故

$$P(B) = \frac{(C_2^1)^n (n!)^2}{(2n)!} = \frac{n!}{(2n-1)!!}$$

1.32 接草成环

【例 1.27】 一个人把 6 根草紧握在手中，仅露出它们的头和尾。然后另一个人把 6 个头两两相接，6 个尾也两两相接。求放开后 6 根草恰成 1 个环的概率。试把这结果推广到 $2n$ 根草的情形。

解 6 个头两两连接（无论如何连接）将构成 3 根草（如 $\cap\cap\cap$）。然后连接 6 个尾。从 6 个尾中任取两个连接有 C_6^2 种可能，然后将剩下的 4 个尾取两个连接有 C_4^2 种可能，最后将剩下两个的尾连接起有 C_2^2 种可能。故总样本点数为 $C_6^2 C_4^2 C_2^2 = 90$。为使连接后成一个环，3 根草的每一根的两个尾不能连接。先从 6 个尾取两个连接，有 C_6^2 种可能，减去 3，得 $C_6^2 - 3$。无论何种情形，这时变成了 2 根草（如 $\cap\cap\cap$），4 个尾，每根草 2 个尾，为使 2 根成环，每根草的 2 个尾不能连接。这样从 4 个尾取 2 个连接，有 C_4^2 种再减 2，得 $C_4^2 - 2$。最后将剩下的 2 个尾连接起来（有 C_2^2 种可能）即成环。综上所述有利组合数为 $(C_6^2 - 3)(C_4^2 - 2) C_2^2$。故所求概率 p_6 为

$$p_6 = \frac{(C_6^2 - 3)(C_4^2 - 2) C_2^2}{C_6^2 C_4^2 C_2^2} = \frac{8}{15}$$

类似地，对于 $2n$ 根草，所求概率 p_{2n} 为

$$p_{2n} = \prod_{k=2}^{n} (C_{2k}^2 - k) / C_{2k}^2 = \frac{(2n-2)!!}{(2n-1)!!} \tag{1.38}$$

1.33 男女配对

【例1.28】 将 n 个女人（记为0）与 n 个男人（记为1）随机地排成一行，求没有两个男人排在一起的概率。

解 显然，这是古典概型问题，且样本点总数为 $(2n)!$。n 个0有 $n!$ 种排列法，n 个1也有 $n!$ 种排列法。为使没有2个1连在一起，应在 n 个0之间的 $n-1$ 个空隙与两端共 $n+1$ 个位置上取 n 个放上1（有 C_{n+1}^n 种放法）这样就没有2个1连在一起。从而有利组合数 $C_{n+1}^n (n!)^2$，故所求概率 p 为

$$p = \frac{C_{n+1}^n (n!)^2}{(2n)!} = \frac{n+1}{C_{2n}^n} = \frac{(n+1)!}{2^n (2n-1)!!}$$

1.34 丈夫总在妻子的后面

【例1.29】 n 对夫妇任意地排成一列，求

（1）丈夫总是紧排在他的妻子后面的概率 p_1。

（2）丈夫总是不紧排在他的妻子后面的概率 p_2。

（3）恰有 k $(1 \leqslant k \leqslant n)$ 个丈夫紧排在他的妻子后面的概率 p_3。

解 这是古典概型问题，且样本点总数为 $(2n)!$。

（1）由于丈夫总是紧排在他的妻子的后面，所以有利组合数完全由妻子的排列确定（可把一对夫妇看成一个元素，丈夫总紧排在他的妻子后面），故它为 $n!$，从而得

$$p_1 = \frac{n!}{(2n)!} = \frac{1}{2^n (2n-1)!!}$$

（2）为使丈夫总不紧排在他的妻子后面，对于 n 个妻子的任一种排列，妻子之间的空隙 $n-1$ 个与两端（空隙）共 $n+1$ 位置，对于第1个丈夫来说其中有1个位置在他的妻子后面，因此他只能从其余 n 个位置中取1个作他的位置，这有 C_n^1 种可能。当第1个丈夫选定位置后，$n+1$ 个人就有 $n+2$ 个空隙（加两端）对于第2个丈夫来说，其中有1个位置在他的妻子后面，因此他只能从其余 $n+1$ 个中取1个作为他的位置，这有 C_{n+1}^1 种可能。依此类推，一直到第 n 个丈夫，他的位置有 C_{2n-1}^1 种取法。再考虑到 n 个妻子共有 $n!$ 种排列法，所以有利组

合数为 $n!\ C_n^1 C_{n+1}^1 \cdots C_{2n-1}^1 = n!\ [n\ (n+1)\ (n+2)\ \cdots\ (2n-1)]$，故所求概率 p_2 为

$$p_2 = \frac{n!\ [n\ (n+1)\ \cdots\ (2n-1)]}{(2n)!} = \frac{1}{2}$$

（3）由（1）与（2）得

$$p_3 = C_n^k\ \frac{1}{2^k\ (2k-1)!!} \cdot \frac{1}{2} = \frac{C_n^k}{2^{k+1}\ (2k-1)!!}$$

1.35 夫妻相邻就坐

【例 1.30】 n 对夫妇随机坐在一张圆桌旁，求

（1）没有一个妻子坐在她的丈夫身旁的概率 p_1 （$n > 1$）。

（2）恰有 r 对夫妇相邻就坐的概率 p_2。

解 因为从 n 个不同元素中任取 k 个的环状选排列数（当 $n=2$ 时，$r=2$，当 $n>2$ 时 $n \geqslant r \geqslant 1$）为 P_n^k/k，故 n 个不同元素的环状全排列数为 $(n-1)!$。即总样本点数为 $(2n-1)!$，设

$A_i =$ "第 i 对夫妇相邻就坐"，$i = 1, 2, \cdots, n$。

（1）没有妻子坐在她丈夫的身旁的概率为

$$P(\bigcap_{i=1}^n \overline{A_i}) = 1 - P(\bigcup_{i=1}^n A_i) \qquad （由加法公式）$$

$$= 1 - \Big[\sum_{i=1}^n P(A_i) - \sum_{i \leqslant i < j}^n P(A_i A_j)$$

$$+ \sum_{1 \leqslant i < j < k}^n P(A_i A_j A_k) - \cdots + (-1)^{n-1} P(A_1 A_2 \cdots A_r) \Big]$$

如第 i 对夫妇相邻而坐，可把第 i 对夫妇看成一个人，而 $2n-1$ 个人的环状排列有 $(2n-2)!$ 种可能，第 i 对夫妇相邻就坐有 $2!$ 种可能，故 $P(A_i) = \frac{2!\ (2n-2)!}{(2n-1)!} = \frac{2}{2n-1}$。第 i 对夫妇相邻而坐，第 j 对也相邻就坐，这样 4 个人可看成两个人，$2n-2$ 个人的环状排列有 $(2n-3)!$ 种可能，再考虑到每对夫妇相邻就坐有 $2!$ 种可能，所以，$P(A_i A_j) = \frac{(2!)^2\ (2n-3)!}{(2n-1)!}$，类似地，有

$$P(A_i A_j A_k) = \frac{2^3\ (2n-4)!}{(2n-1)!}, \cdots, P(A_1 A_2 \cdots A_n) = \frac{2^n\ (n-1)!}{(2n-1)!},$$

从而

$$P(\bigcap_{i=1}^{n} \overline{A}_i) = 1 - \Big[C_n^1 \frac{2(2n-2)!}{(2n-1)!} - C_n^2 \frac{2^2(2n-3)!}{(2n-1)!}$$

$$+ C_n^3 \frac{2^3(2n-4)!}{(2n-1)!} - \cdots + (-1)^{n-1}C_n^n \frac{2n(n-1)!}{(2n-1)!} \Big]$$

$$= 1 + \sum_{k=1}^{n} (-1)^k C_n^k \frac{2^k(2n-k-1)!}{(2n-1)!}$$

$$= \sum_{k=0}^{n} (-1)^k C_n^k \frac{(2n-k-1)!}{(2n-1)!}$$

（2）n 对夫妇中恰有 r 对夫妇相邻就坐有 C_n^r 种可能，对于指定的 r 对（前 r 对）夫妇相邻就坐而其余 $n-r$ 对都不相邻就坐的概率为

$$P(A_1 A_2 \cdots A_r \overline{A}_{r+1} \cdots \overline{A}_n) = P(A_1 A_2 \cdots A_r) P(\overline{A}_{r+1} \cdots \overline{A}_n \mid A_1 A_2 \cdots A_r)$$

$$= \frac{2^r(2n-r-1)!}{(2n-1)!} \Big[\sum_{k=0}^{n-r} (-1)^k C_{n-r}^k \frac{2^k(2n-2r-k-1)!}{(2n-2r-1)!} \Big]$$

从而所求概率 p 为

$$p = C_n^r \frac{2^r(2n-r-1)!}{(2n-1)!} \cdot \Big[\sum_{k=0}^{n-r} (-1)^k C_{n-r}^k \frac{2^k(2n-2r-k-1)!}{(2n-2r-1)!} \Big]$$

1.36 确诊率问题

【例 1.31】 某病被诊断出的概率为 0.95，无该病误诊有该病的概率为 0.002，如果某地区患该病的比例为 0.001，现随机选该地区一人，诊断患有该病，求该人确实患有该病的概率。

解 为解此问题，设 $B=$ "该人患有该病"，$A=$ "该人诊断患有该病"，则所求概率为 $P(B \mid A)$，由贝叶斯公式得

$$P(B \mid A) = \frac{P(B) P(A \mid B)}{P(B) P(A \mid B) + P(\overline{B}) P(A \mid \overline{B})}$$

又因 $P(B) = 0.001$，$P(A \mid B) = 0.95$，$P(\overline{B}) = 0.999$，$P(A \mid \overline{B}) = 0.002$。所以 $P(B \mid A) = 0.32225$。

在诊断患有该病的条件下，确实患有该病的概率很小，还不到三分之一。

1.37 人寿保险问题

【例 1.32】 有 2500 个同一年龄段同一社会阶层的人参加某保险公司的人寿保险。根据以前的统计资料，在 1 年里每个人死亡的概率为

0.0001。每个参加保险的人 1 年付给保险公司 120 元保险费，而在死亡时其家属从保险公司领取 20000 元，求（不计利息）下列事件的概率：

$A\equiv$ "保险公司亏本"；$B\equiv$ "保险公司一年获利不少于十万元"。

解 设这 2500 人中有 k 个人死亡。则保险公司亏本当且仅当 $20000k>2500\times120$，即 $k>15$。又由二项概率公式知，1 年中有 k 个人死亡的概率为

$$C_{2500}^{k}\ (0.0001)^{k}\ (0.9999)^{2500-k},\ k=0,\ 1,\ 2,\ \cdots,\ 2500$$

所以，保险公司亏本的概率为

$$P(A)=\sum_{k=16}^{2500}C_{2500}^{k}(0.0001)^{k}(0.9999)^{2500-k}\approx0.000001$$

由此可见保险公司亏本几乎是不可能的。

又因保险公司 1 年获利不少于十万元等价于

$$2500\times120-20000k\geqslant10^{5}$$

即
$$k\leqslant10$$

所以保险公司 1 年获利不少于十万元的概率为

$$P(B)=\sum_{k=0}^{10}C_{2500}^{k}\ (0.0001)^{k}\ (0.9999)^{2500-k}\approx0.999993662$$

由此可见保险公司 1 年获利十万元几乎是必然的。

对保险公司来说，保险费收太少了，获利将减少，保险费收太多了，参保人数将减少，获利也将减少。因此当死亡率不变与参保对象已知的情况下，为了保证公司的利益，收多少保险费就是很重要的问题。从而提出如下的问题：

对 2500 个参保对象（每人死亡率为 0.0001）每人每年至少收多少保险费才能使公司以不小于 0.99 概率每年获利不少于 10 万元？（赔偿费不变）

由上面知，当设 x 为每人每年所交保险费时，由

$2500x-20000k\geqslant10^{5}$，得 $x\geqslant8k+40$，此是一个不定方程。又因

$$\sum_{k=0}^{2}C_{2500}^{k}\ (0.0001)^{k}\ (0.9999)^{2500-k}=0.99784>0.99$$

即当 2500 个人中死亡数不超过 2 人时公司获利十万元的概率不小于（实际上是大于）0.99，故 $x\geqslant56$（元），即 2500 个人每人每年交给公司 56 元保险费保险公司将以不小于 0.99 的概率获利不少于 10 万元。

由于保险公司之间竞争激烈，为了吸引参保者，挤垮对手，保险费还可以再降低，比如 20 元，只要不亏本就行。因此保险公司将会考虑如下的问题：

在死亡率与赔偿费不变的情况下，每人每年交给保险公司 20 元保险费，保险公司至少需要吸引多少个参保者才能以不小于 0.99 的概率不亏本？

设 y 为参保人数，k 仍为参保者的死亡数，类似地有

$20y-20000k \geqslant 0$，即 $y \geqslant 1000k$，此仍是一个不定方程。

当 $k=1$ 时，$y \geqslant 1000$，$C_{1000}^1 (0.0001)^1 (0.9999)^{1000-1}=0.09049$

又因 $(0.9999)^{1000}=0.90483$，从而

$$\sum_{k=0}^{1} C_{1000}^k (0.0001)^k (0.9999)^{1000-k}=0.99532$$

所以保险公司只需吸引 1000 个人参保就能以不小于 0.99 的概率不亏本。

1.38 如何追究责任

【例 1.33】 某厂有 4 个车间生产同一种产品，其产量分别占总产量的 0.15、0.2、0.3、0.35，各车间的次品率分别为 0.05、0.04、0.03、0.02。有一用户买了该厂 1 件产品，经检查是次品，用户按规定进行了索赔。厂长要追究生产车间的责任，但是该产品是哪个车间生产的标志已经脱落，问厂长应如何追究生产车间的责任？

解 由于不知该产品是哪个车间生产的，因此每个车间都要负责任。各车间所负责任的大小应该正比于该产品是各个车间生产的概率。设

$A_j =$ "该产品是 j 车间生产的"，$j=1$，2，3，4；

$B =$ "从该厂的产品中任取 1 件恰好取到次品"。

则第 j 个车间所负责任的大小（比例）为条件概率

$$P(A_j \mid B)，j=1，2，3，4$$

由贝叶斯公式得

$$P(A_j \mid B) = \frac{P(A_j)P(B \mid A_j)}{\sum_{i=1}^{4} P(A_i)P(B \mid A_i)}，j=1，2，3，4$$

又因

$$P(A_1)=0.15, P(A_2)=0.2, P(A_3)=0.3, P(A_4)=0.35$$

$$P(B \mid A_1)=0.05, P(B \mid A_2)=0.04, P(B \mid A_3)=0.03, P(B \mid A_4)=0.02$$

从而 $P(A_1 \mid B) = \dfrac{0.15 \times 0.05}{0.0315} = 0.238$

$$P(A_2 \mid B) = \dfrac{0.2 \times 0.04}{0.0315} = 0.254$$

$$P(A_3 \mid B) = \dfrac{0.3 \times 0.03}{0.0315} = 0.286$$

$$P(A_4 \mid B) = \dfrac{0.35 \times 0.02}{0.0315} = 0.222$$

即第 1、2、3、4 车间所负责任比例为 0.238、0.254、0.286、0.222。

1.39 系统可靠性问题

【例 1.34】 所谓系统的可靠性，就是系统在规定的条件下和规定的时间内完成规定功能的能力。这个能力的大小通常用可靠度，即概率来衡量。

系统是由子系统或元件连接而成的。常见的连接方式有如下几种：(1)串联；(2)并联；(3)串了并；(4)并了串；(5)桥式系统；(6)表决系统（即当 n 个元件中有 k 个或 k 个以上元件正常工作时系统才正常工作）。前五种连接方式如下图所示。

如果以上系统各元件正常工作的概率（即可靠度）均为 p（$0<p<1$），且各元件正常工作与否相互独立（互不影响）。求上述各系统正常工作的概率。

解 为了方便，设 p_{FG}、p_{HJ}、p_{KL}、p_{MN}、p_{RS}、p_{TW} 分别表示上述串联、并联、串了并、并了串、桥式、表决六个系统正常工作的概率。

(1) 串联（图1-2），要使系统 FG 正常工作，每 1 个元件都必须正常工作。而每个元件正常工作的概率为 p，再由各元件是否正常工作是相互独立的，故该系统正常工作的概率为 $p_{FG}=p^n$。

(2) 并联（图1-3），要使系统 HJ 正常工作，n 个元件中至少有 1 个元件正常工作。第 1 个元件不正常工作的概率为 $(1-p)$，由独立性，

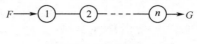

图 1-2 串联

n 个元件都不正常工作的概率为 $(1-p)^n$，再由对立事件概率公式，不是 n 个元件都不正常工作（即至少一个元件正常工作）的概率为 $p_{HJ}=1-(1-p)^n$。

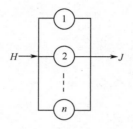

图 1-3 并联

（3）串了并（图 1-4），要使系统 KL 正常工作，两个串联系统必须至少有一个系统正常工作。由（1），第一个串联系统正常工作的概率为 p^n，从而，不正常工作的概率为 $(1-p^n)$，由独立性，两个串联系统都不正常工作的概率为 $(1-p^n)^2$，再由对立事件概率公式，得至少一个串联系统正常工作的概率

图 1-4 串了并

$$p_{KL}=1-(1-p^n)^2=p^n(2-p^n)$$

（4）并了串（图 1-5），要使系统 MN 正常工作，n 个子系统都必须正常工作。由（2），第一个子系统正常工作的概率为 $1-(1-p)^2=2p-p^2=p(2-p)$，由独立性，n 个子系统都正常工作的概率为 $p_{MN}=p^n(2-p)^n$。

（5）桥式（图 1-6），当元件 3 正常工作（概率为 p）时，系统 RS 变成了并了串，且系统 RS 正常工作的概率为 $p^2(2-p)^2$，当元件 3 不正常工作（概率为 $1-p$）时，系统 RS 变成了串了并，且系统 RS 正常

— 60 —

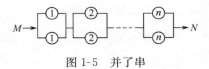

图 1-5 并了串

工作的概率为 $p^2(2-p^2)$。由全概率公式，系统 RS 正常工作的概率为
$p_{RS}=p \cdot p^2(2-p)^2+(1-p) \cdot p^2(2-p^2)=2p^2+2p^3-5p^4+2p^5$。

图 1-6 桥式

求 p_{RS} 的另一个方法是利用加法公式和独立性。设 $A_i \equiv$ "第 i 个元件正常工作"，$i=1,2,3,4,5$。则系统 RS 正常工作，A_1A_4、$A_1A_3A_5$、$A_2A_3A_4$、A_2A_5 四条线路中至少有一条正常工作，即 $p_{RS}=P(A_1A_4 \cup A_1A_3A_5 \cup A_2A_3A_4 \cup A_2A_5)$，再由加法公式与独立性，也可求得上述结果，这里就不详述了。

（6）表决，由于系统正常工作的条件是：n 个元件中至少 k 个正常工作，所以由独立性与二项概率公式知，n 个元件中恰有 j 个正常工作的概率为 $C_n^j p^j (1-p)^{n-j}$，从而（n 取 k）表决系统正常工作的概率为

$$p_{TW}=\sum_{j=k}^{n} C_n^j p^j (1-p)^{n-j}$$

注 1 易见，当 $n>1$ 时，有 $p_{MN}>p_{KL}$，这说明虽然这两个系统都是由 $2n$ 个相同质量的元件组成，但是由于连接方式不同，它的可靠性也不同。寻找可靠性大的连接方式是可靠性理论研究的课题之一。

注 2 当 $k=n$ 时，表决系统变为串联系统，$p_{TW}=p_{FG}$。当 $k=1$ 时，表决系统变为并联系统，$p_{TW}=p_{HJ}$。

1.40 生日问题

【例 1.35】 一个教室里有 n（$n \leqslant 365$）个人，求下列事件的概率：
$A \equiv$ "没有两个人的生日相同"；
$B \equiv$ "他们的生日是同一天"；

$C\equiv$ "恰有 m（$m\leqslant n$）个人的生日是十月一日"；

$D\equiv$ "至少有两个人的生日是同一天"。

（一年以 365 天计）

解　此生日问题实际上是如下的放球问题：将 n 个不同编号的球随机放入 N（$N\geqslant n$）个盒中，每球以相同的概率被放入每盒中，每盒容纳球数不限，求下列事件的概率：

$A\equiv$ "恰有 n 个盒中各有一个球"；

$B\equiv$ "n 个球都在一个盒中"；

$C\equiv$ "第 1 个盒中有 m（$m\leqslant n$）个球"；

$D\equiv$ "至少有 2 个球在同一个盒中"。

当 $N\equiv365$ 时，两个问题完全就是一个问题。放球问题也是古典概型中基本问题之一，也是应用最广泛问题之一。

因为每个球有 N 种放法，n 个球有 N^n 种放法，即样本点总数为 N^n。

N 个盒中有 n 个盒各有 1 个球，是哪 n 个盒子？可能前 n 个，也可能是后 n 个，也可能是中间某 n 个，共有 C_N^n 不同情形。对于某个指定的情形（如前 n 个盒中各有 1 个球），第 1 个球有 n 种放法，第 2 个球有 $n-1$ 种放法，依此类推，第 n 个球有 1 种放法，再由排列组合的乘法原理知，A 中有 $C_N^n n!$ 个样本点，从而 $P(A)=\dfrac{C_N^n n!}{N^n}$。当 $N=365$，$n=50$ 时，由司特林公式 $n!\approx\sqrt{2\pi n}\left(\dfrac{n}{e}\right)^n$ 得

$$P(A)=\frac{N!}{(N-n)!\ N^n}=\frac{365!}{315!\ 365^{50}}\approx0.02978<0.03$$

当 $N=365$，$n=60$ 时，$p(A)=\dfrac{365!}{365!\ 365^{60}}\approx0.00591<0.006$，这个概率很小，小于千分之六。这说明 60 个人的生日都不相同几乎是不可能的。

由于 B 表示 "n 个球同在一个盒中"，哪一个盒子？是 N 个之中的一个，这有 C_N^1 种可能，即 B 中有 N 个样本点，故

$$P(B)=\frac{C_N^1}{N^n}=\frac{1}{N^{n-1}}$$

从 n 个球中任取 m 个放入第一盒中有 C_n^m 种可能，将其余的 $n-m$ 个球随机放入剩下的 $N-1$ 个盒中有 $(N-1)^{n-m}$ 种可能，故 C 中有 $C_n^m(N-1)^{n-m}$ 个样本点，从而得

$$P(C)=\frac{C_n^m(N-1)^{n-m}}{N^n}$$

由上式立得第一个盒至少有一个球的概率为

$$\sum_{m=1}^{n}\frac{C_n^m(N-1)^{n-m}}{N^n}$$

第一个盒中没有球的概率为

$$\frac{(N-1)^n}{N^n}$$

从而由对立事件概率公式得 $\sum_{m=1}^{n}\frac{C_n^m(N-1)^{n-m}}{N^n}=1-\frac{(N-1)^n}{N^n}$，即

$$\sum_{m=0}^{n}C_n^m(N-1)^{n-m}=N^n \tag{1.39}$$

易知，$D=\bar{A}$，故 $P(D)=P(\bar{A})=1-P(A)=1-\dfrac{N!}{(N-n)!\,N^n}$。

1.41 盒子数不超过球数的放球问题

【例 1.36】 将 n 个不同的球随机放入 N（$N\leqslant n$）个盒中，每个球以相同的概率被放入每个盒中，每盒容纳球数不限，求下列事件的概率：

$A\equiv$ "每盒不空"；

$B\equiv$ "恰有 m（$m<N$）个盒子是空的"；

$C\equiv$ "某指定的 k（$1\leqslant k\leqslant N$）个盒中都有球"。

解 设 $A_i=$ "第 i 个盒子是空的"，$i=1,2,\cdots,N$。

因为 $A=\bar{A}_1\bar{A}_2\cdots\bar{A}_N$，且 $\overline{\bar{A}_1\bar{A}_2\cdots\bar{A}_N}=A_1\cup A_2\cup\cdots\cup A_N=\bigcup_{i=1}^{N}A_i$，所以

$$P(A)=1-P(\bigcup_{i=1}^{N}A_i) \qquad\text{（由加法公式）}$$

$$=1-\Big[\sum_{i=1}^{N}P(A_i)-\sum_{1\leqslant i<j}^{N}P(A_iA_j)+\sum_{1\leqslant i<j<k}^{N}P(A_iA_jA_k)$$

$$-\cdots+(-1)^{N-1}P(A_1A_2\cdots A_N)\Big]$$

又因 $P\left(A_i\right)=\dfrac{(N-1)^n}{N^n}$

$P\left(A_iA_j\right)=P\left(A_i\right)P\left(A_j\mid A_i\right)$

$$=\left(\dfrac{N-1}{N}\right)^n\cdot\left(\dfrac{N-2}{N-1}\right)^n=\left(\dfrac{N-2}{N}\right)^n,\ i\neq j$$

类似地 $P\left(A_iA_jA_k\right)=\left(\dfrac{N-3}{N}\right)^n,\ i\neq j\neq k,\ \cdots$

......

$$P\left(A_1A_2\cdots A_N\right)=\left(\dfrac{N-N}{N}\right)^n=0$$

所以 $P(A)=1-\left[C_N^1\left(\dfrac{N-1}{N}\right)^n-C_N^2\left(\dfrac{N-2}{N}\right)^n\right.$

$$\left.+C_N^3\left(\dfrac{N-3}{N}\right)^3-\cdots+(-1)^{N-2}C_N^{N-1}\left(\dfrac{1}{N}\right)^n\right]$$

$$=1-\sum_{k=1}^{N}(-1)^{k-1}C_N^k\left(\dfrac{N-k}{N}\right)^n=\sum_{k=0}^{N}(-1)^kC_N^k\left(\dfrac{N-k}{N}\right)^n$$

N 个盒中恰有 m 个是空的有 C_N^m 种可能。某指定的 m 个盒子是空的（不妨设前 m 个是空的）而其余 $N-m$ 个都不空的概率为（由乘法公式）

$$P(A_1A_2\cdots A_m\overline{A}_{m+1}\cdots\overline{A}_N)=\left[P\left(\bigcap_{i=1}^{m}A_i\right)\right]P\left(\bigcap_{j=m+1}^{N}\overline{A}_j\mid\bigcap_{i=1}^{m}A_i\right)$$

$$=\left(\dfrac{N-m}{N}\right)^n\sum_{k=0}^{N-m}(-1)^kC_{N-m}^k\left(\dfrac{N-m-k}{N-m}\right)^n$$

故 $P(B)=C_N^m\dfrac{1}{N^n}\sum_{k=0}^{N-m}(-1)^kC_{N-m}^k(N-m-k)^n$

为求 $P(C)$，不妨设前 k 个盒中都有球，后面 $N-k$ 个盒中每个盒子内或有球或无球，且设 $D_j=$ "在 n 次放球中后面 $N-k$ 个盒中共有 j 个球"，$j=0,1,2,\cdots,n-k$，则由全概率公式

$$P(C)=\sum_{j=0}^{n-k}P(D_j)P(\overline{A}_1\overline{A}_2\cdots\overline{A}_k\mid D_j)$$

$$=\sum_{j=0}^{n-k}C_n^j\left(\dfrac{N-k}{N}\right)^j\left(\dfrac{k}{N}\right)^{n-j}\sum_{i=0}^{k}(-1)^iC_k^i\left(\dfrac{k-i}{k}\right)^{n-j}$$

1.42　座位问题

【例 1.37】 一个会议室里有 $n+m$ 个座位，随机地坐 n 个人。求其中指定的 k（$k<n$）个座位上都有人的概率。

解 此例实际上是如下的放球问题：

n 个不同的球被随机放入 $n+m$ 个盒中，每盒只能容纳一个球。求其中指定的 k（$k<n$）个盒子中都有球的概率。

从 $n+m$ 个座位中取 n 个给 n 个人坐，有 C_{n+m}^n 种取法，n 个人坐 n 个座位，又有 $n!$ 种坐法，故样本点总数为 $n!\,C_{n+m}^n$。现在求有利场合数。n 个人中有 k 个人去坐指定的 k 个座位有 P_n^k 种坐法，当 k 个座位都坐上人后，再从 $n+m-k$ 个座位取 $n-k$ 个（有 C_{m+n-k}^{n-k}）给其余 $n-k$ 个人坐，又有 $(n-k)!$ 种坐法，故有利场合数为 $P_n^k C_{m+n-k}^{n-k}\,(n-k)!$。从而所求概率为

$$P_n^k C_{m+n-k}^{n-k}\,(n-k)!\ /\ (n!\,C_{m+n}^m)=\frac{C_{m+n-k}^{n-k}}{C_{m+n}^n}$$

1.43　放球次数问题

【例 1.38】 将 n 个不同编号的球随机地逐个地放入 N（$N\geqslant 2$）个盒中，每个球被等可能地放入每个盒中，每盒容纳球数不限，直至某指定的盒中有球为止。求放球次数为 k（$1\leqslant k\leqslant n$）的概率 $p(k)$。

解 当 $k<n$ 时，因为前 $k-1$ 次都没有球放入指定盒中，第 k 次才把球第 1 次放入指定盒中，故所求概率为

$$p(k)=\left(\frac{N-1}{N}\right)^{k-1}\cdot\frac{1}{N}$$

当 $k=n$ 时，前 $n-1$ 次没有球放入指定盒中，而第 n 次（也即最后 1 个球）不管是否把球放入指定盒中放球必须停止，而每次把球放入指定盒中的概率为 $\frac{1}{N}$，没放入指定盒中的概率为 $\frac{N-1}{N}$。故所求概率为 $p(n)=\left(\frac{N-1}{N}\right)^{n-1}\left(\frac{1}{N}+\frac{N-1}{N}\right)=\left(\frac{N-1}{N}\right)^{n-1}$，从而，最后得

$$p(k)=\begin{cases}\left(\dfrac{N-1}{N}\right)^{k-1}\dfrac{1}{N},\ k=1,\,2,\,\cdots,\,n-1\\[2mm]\left(\dfrac{N-1}{N}\right)^{n-1},\ k=n\end{cases}$$

于是得恒等式

$$\sum_{k=1}^{n-1} \frac{1}{N}\left(\frac{N-1}{N}\right)^{k-1} + \left(\frac{N-1}{N}\right)^{n-1} = 1 \qquad (1.40)$$

1.44 最小最大球数问题

【例 1.39】 将 $2n$ 个球随机放入 2 只杯中,每只杯容纳球数不限,每个球等可能被放入每只杯中。求 2 只杯中最小球数为 $k(0 \leqslant k \leqslant n)$ 的概率 $p(k)$。

解 易见样本点总数为 2^{2n}。

当 $0 \leqslant k < n$ 时,因为有 1 只杯中球数为 k,另 1 只杯中球数就为 $2n-k$,所以可先从 2 只杯中任取 1 只(有 C_2^1 种可能),再从 $2n$ 个球中任取 k 个球(有 C_{2n}^k 种可能)放入该杯中,最后将其余的 $2n-k$ 个球都放入另 1 杯中(有 C_{2n-k}^{2n-k} 种可能)。从而,有利场合数为 $C_2^1 C_{2n}^k C_{2n-k}^{2n-k}$,所求概率为 $p(k) = C_2^1 C_{2n}^k / 2^{2n}$。

当 $k=n$ 时,这时两只杯中各有 n 个球。可先从 $2n$ 个球中任取 n 个球(有 C_{2n}^n 种可能)放入任 1 只杯中,然后将其余 n 个球都放入另 1 只杯中(有 C_n^n 种可能),故有利场合数是 $C_{2n}^n C_n^n = C_{2n}^n$(注意:这时有利场合数不是 $C_2^1 C_{2n}^n C_n^n$),从而 $p(n) = C_{2n}^n / 2^{2n}$。

综上所述,最后得

$$p(k) = \begin{cases} C_2^1 C_{2n}^k / 2^{2n}, & k=0,\ 1,\ 2,\ \cdots,\ n-1 \\ C_{2n}^n / 2^{2n}, & k=n \end{cases}$$

例如,

当 $n=1$ 时

$$p(k) = \begin{cases} C_2^1 C_2^0 / 2^2 = \dfrac{1}{2}, & k=0 \\ C_2^1 / 2^2 = \dfrac{1}{2}, & k=1 \end{cases}$$

当 $n=2$ 时

$$p(k) = \begin{cases} C_2^1 C_4^k / 2^4 = C_4^k / 8, & k=0,\ 1 \\ C_4^2 / 2^4 = \dfrac{3}{8}, & k=2 \end{cases}$$

从而得

$$2 \sum_{k=0}^{n-1} C_{2n}^k + C_{2n}^n = 2^{2n}$$

即
$$2\sum_{k=0}^{n}C_{2n}^{k}=2^{2n}+C_{2n}^{n} \tag{1.41}$$

如果将"最小"改为"最大"，将"$0\leqslant k\leqslant n$"改为"$n\leqslant k\leqslant 2n$"，其他不变。则类似可得
$$p(k)=\begin{cases} C_2^1 C_{2n}^k/2^{2n}, & k=n+1, \ n+2, \ \cdots, \ 2n \\ C_{2n}^n/2^{2n}, & k=n \end{cases}$$

于是得公式
$$2\sum_{k=n}^{2n}C_{2n}^{k}=2^{2n}+C_{2n}^{n} \tag{1.42}$$

比较式(1.41)与式(1.42)得
$$\sum_{k=0}^{n}C_{2n}^{n-k}=\sum_{k=0}^{n}C_{2n}^{k} \tag{1.43}$$

1.45 下电梯问题

【例1.40】 一电梯开始时有8位乘客，这8位乘客等可能地停于24层楼的每一层，求下列事件的概率：

（1）恰有3位在同一层离开。

（2）恰有4层各有一人离开。

解 把"人"看成"球"，把"层"看成"盒子"，该问题就变成放球问题。显然样本点数为24^8。设

$A=$"恰有3个人在同一层离开"，$B=$"恰有4层各有1人离开"。

（1）A表示24层中恰好有1层有3个人离开，其他的每一层就没有3人离开。从24只盒子中取1只有C_{24}^1种取法，再从8个球中取3个（有C_8^3种取法）放入该盒，而其他的5个球在盒中的情况有如下5种：$(1,1,1,1,1)$、$(2,1,1,1)$、$(1,2,2)$、$(1,4)$、(5)。故A中样本点数为
$$C_{24}^1 C_8^3(P_{23}^5 + C_{23}^1 C_5^2 P_{22}^3 + C_{23}^1 C_5^1 C_{22}^2 C_4^2 + C_{23}^1 C_5^1 C_{22}^1 C_4^4 +$$
$$C_{23}^1 C_5^5) = 3119144448$$

故 $P(A)=C_8^3(P_{23}^5 + C_{23}^1 C_5^2 P_{22}^3 + C_{23}^1 C_5^1 C_{22}^2 C_4^2 + C_{23}^1 C_5^1 C_{22}^1 +$
$$C_{23}^1)/24^7=0.028336457$$

（2）恰有4只盒子各有一球有$C_8^4 P_{24}^4$种可能，其他4个球在盒中的情况有如下2种：$(2,2)$，(4)故所求概率为

$$P (B) = C_8^4 P_{24}^4 (C_{20}^2 C_4^2 + C_{20}^1 C_4^4) / 24^8 = 0.007838553$$

1.46 上火车问题

【例1.41】 一列火车共有 n 节车厢。有 k ($k \geqslant n$) 个旅客上火车并随机选择车厢（每节车厢都可以容纳 k 个旅客），求下列事件的概率：

(1) $A \equiv$ "每节车厢都不空"。

(2) $B \equiv$ "恰有 m ($m < n$) 节车厢无人"。

(3) $C \equiv$ "前两节车厢有人" ($n \geqslant 2$)。

解 此问题与生日问题类似，于是得

(1) $P (A) = \sum_{i=0}^{n} (-1)^i C_n^i \left(\dfrac{n-i}{n} \right)^k$。

(2) 设 $D =$ "某指定的 m 节车厢无人"；

$\qquad\quad E =$ "某指定的 $n-m$ 车厢都有人"。

由 1.41 节得

$$P (B) = C_n^m P (DE) = C_n^m P (D) P (B \mid D)$$

$$= C_n^m \left(1 - \frac{m}{n} \right)^k \sum_{i=0}^{n-m} (-1)^i C_{n-m}^i \left(\frac{n-m-i}{n-m} \right)^k$$

(3) 由 1.41 节得

$$P (C) = \sum_{j=0}^{k-2} C_k^j \left(\frac{n-2}{n} \right)^j \left(\frac{2}{n} \right)^{k-j} \sum_{i=0}^{2} (-1)^i C_2^i \left(\frac{2-i}{2} \right)^{k-j}$$

1.47 球不可辨的放球问题

【例1.42】 将 n 个不可辨的球随机放入 N ($N \leqslant n$) 个盒中，每个球以相同概率被放入每个盒中，每盒容纳球数不限，求下列事件的概率：

$A \equiv$ "每盒不空"；

$B \equiv$ "恰有 m ($m < N$) 个盒子是空的"；

$C \equiv$ "某指定的 k ($1 \leqslant k \leqslant N$) 个盒中都有球"。

解 由于球是不可辨别的，这时球的分布仅依赖于盒中的球数，而不依赖于是哪几个球，所以样本点总数不再是 N^n。为求样本点总数，可把 n 个球与 N 个盒排成一行

$$* * 1 * 1 - 1 \cdots 1 * * *$$

其中"1"表示盒壁，"*"表示球，把盒相继靠拢，把相接的两个壁看

成 1 个壁，然后去掉最外面的 2 个壁。上面表示第 1 只盒中有 2 个球，第 2 只盒中有 1 个球，第 3 只盒子是空的，……，最后 1 只盒中有 3 个球。N 只盒子共有 $N-1$ 个壁。$N-1$ 个壁与 n 个球共占有 $N+n-1$ 个位置。而 n 个球的一种分布法就相应于 n 个球占有这 $N+n-1$ 个位置的一种占有法。故样本点总数为 C_{N+n-1}^n。

因为 $n \geqslant N$，所以要使每盒不空，$N-1$ 个壁必须且只需取球与球之间的 $n-1$ 个间隔（空隙）中的 $N-1$ 个间隔，即 A 中有 C_{n-1}^{N-1} 个样本点，故 P（A）$=C_{n-1}^{N-1}/C_{N+n-1}^n$。

N 个盒中恰有 m 个是空的，其余 $N-m$ 个都不空，有 $C_N^m C_{n-1}^{N-m-1}$ 种可能，故

$$P（B）=C_N^m C_{n-1}^{N-m-1}/C_{N+n-1}^n$$

为求 P（C），不妨设前 k 个盒中都有球，且设

$A_i=$ "第 i 个盒子是空的"，$i=1，2，\cdots，k$。

$D_j=$ "后 $N-k$ 个盒中共有 j 个球"，$j=0，1，2，\cdots，n-k$，则由全概率公式，得

$$P(C) = \sum_{j=0}^{n-k} P（D_j）P（\overline{A_1}\,\overline{A_2}\cdots\overline{A_k} \mid D_j）$$
$$= \sum_{j=0}^{n-k} \frac{C_{k-1+n-j}^{n-j} C_{N-k+j-1}^{j}}{C_{N-1+n}^n} \cdot \frac{C_{n-j-1}^{k-1}}{C_{k-1+n-j}^{n-j}}$$
$$= \sum_{j=0}^{n-k} \frac{C_{N-k-1+j}^{j} C_{n-j-1}^{k-1}}{C_{N-1+n}^n}$$

其中，$P（D_j）=\dfrac{C_{k-1+n-j}^{n-j} C_{N-k-1+j}^{j}}{C_{N-1+n}^{n}}$

求 P（C）的另一解法。仍设前 k 个盒中都不空，且当 "前 k 个盒中共有 m 个球"，$m=k，k+1，\cdots，n$ 时，则后 $N-k$ 个盒中将有 $n-m$ 个球（有 $C_{N-k-1+n-m}^{n-m}$ 种可能）。故

$$P(C) = \sum_{m=k}^{n} C_{m-1}^{k-1} C_{N-k-1+n-m}^{n-m}/C_{N-1+n}^n$$

由 $P(C)$ 的两种解法立得如下公式

$$\sum_{j=0}^{n-k} C_{N-k-1+j}^{j} C_{n-j-1}^{k-1} = \sum_{m=k}^{n} C_{m-1}^{k-1} C_{N-k-1+n-m}^{n-m}，\quad N \leqslant n \qquad (1.44)$$

1.48 蒲丰（Buffon）投针问题

【例 1.43】 平面上画着一些平行线，它们之间的距离都是 a。向此平面随意投一长度为 l（$l < a$）的针，试求此针与任一平行线相交的概率。

解 以 x 表示针的中点到最近一条平行线的距离，以 φ 表示针与平行线的交角，针与平行线的位置关系见图 1-7。显然样本空间为

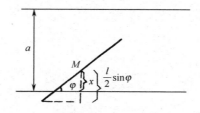

图 1-7

$$\Omega = \left\{ (\varphi, \ x); \ x \in \left[0, \ \frac{a}{2} \right], \ \varphi \in [0, \ \pi] \right\}$$

以 R 表示边长为 $\frac{a}{2}$ 与 π 的长方形。针与平行线相交当且仅当

$$x \leqslant \frac{l}{2} \sin \varphi$$

设在 R 中满足这个关系式的区域为 g，即图 1-8 中阴影部分，故由几何概率定义，所求概率为

$$p = \frac{g \text{ 的面积}}{R \text{ 的面积}} = \int_0^\pi \frac{l}{2} \sin \varphi \mathrm{d}\varphi \Big/ \frac{a\pi}{2} = \frac{2l}{a\pi}$$

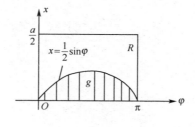

图 1-8

蒲丰投针问题有一些重要的应用。其中，关于圆周率 π 的计算最

重要。

圆周率 π 是个无理数，其数位是无限延伸的。两千多年来很多数学家对圆周率 π 进行过研究，中国古代的刘歆、蔡邕、张衡、刘徽、祖冲之等都对 π 做过非常出色的工作，其中祖冲之最值得中国人骄傲，他在 1500 多年前就给出 π 的"约率" $\pi \approx \frac{22}{7}$ 和"密率" $\pi \approx \frac{355}{113}$。这是中国对世界数学作出的最辉煌贡献之一。直到今天数学界仍在对 π 进行研究与计算。利用蒲丰投针也可对 π 进行近似计算。

在 $p = \frac{2l}{a\pi}$ 中，p 表示针与平行线相交的概率。当 l 与 a 固定时，$\pi = \frac{2l}{ap}$ 就只依赖于 p，而 p 可以通过重复向平面投针求得，如果投 N 次中有 k 次针与平行线相交，则 p 近似为 $\frac{k}{N}$，由频率的稳定性，当投的次数越多时，近似程度越好，即 $\pi = \frac{2lN}{ak}$ 的近似程度越好。

1.49 会面问题

【例 1.44】 两人相约 0 点到 1 点在某地会面，先到者等候另一个人 10 分钟，过时就离去。假设两人等可能在 0 点到 1 点内任一时刻到达，求两人能会面的概率 p。

解 为求概率 p，设 x，y 分别表示两人到达（某地）的时刻，A 表示"两人能会面"，则 $0 \leqslant x \leqslant 60$，$0 \leqslant y \leqslant 60$，且样本空间为 $\Omega = \{(x, y): 0 \leqslant x \leqslant 60, 0 \leqslant y \leqslant 60\}$。且两人能会面当且仅当 $|x - y| \leqslant 10$，故 $A = \{(x, y): |x - y| \leqslant 10, 0 \leqslant x \leqslant 60, 0 \leqslant y \leqslant 60\}$ 即 A 为图 1-9 中阴影部分，Ω 为边长是 60 的正方形。由几何概率定义，两人能会面的概率为

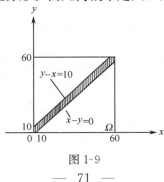

图 1-9

$$p = P(A) = \frac{A \text{ 的面积}}{\Omega \text{ 的面积}}$$

$$= \frac{60^2 - (60-10)^2}{60^2} = \frac{11}{36}$$

1.50 不需要等待码头空出问题

【例 1.45】 甲、乙两船驶向一个不能同时停泊两艘船的码头，它们在一昼夜内到达该码头的时刻是等可能的。如果甲船停泊时间为 1 小时，乙船停泊时间为 2 小时，求它们中的任一艘都不需要等待码头空出的概率。

解 这仍然是几何概率问题。设甲、乙两船到达码头的时刻分别为 x 与 y，A 为 "两船都不需要等待码头空出"，则 $0 \leqslant x \leqslant 24, 0 \leqslant y \leqslant 24$，且样本空间为

$$\Omega = \{(x, y) : x \in [0, 24], y \in [0, 24]\}$$

要使两船都不需要等待码头空出，当且仅当甲比乙早到达 1 小时以上或乙比甲早到达 2 小时以上，即

$$y - x \geqslant 1 \text{ 或 } x - y \geqslant 2$$

故 $A = \{(x, y) : y - x \geqslant 1 \text{ 或 } x - y \geqslant 2, x \in [0.24], y \in [0.24]\}$
即 A 为图 1-10 中阴影部分，Ω 为边长是 24 的正方形。由几何概率定义，所求概率为

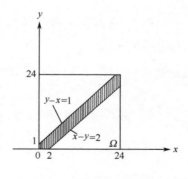

图 1-10

$$P(A) = \frac{A \text{ 的面积}}{\Omega \text{ 的面积}}$$

$$= \frac{(24-1)^2 \times \frac{1}{2} + (24-2) \times \frac{1}{2}}{24^2}$$

$$= \frac{506.5}{576} = 0.87934$$

1.51　3 段小棒构成三角形问题

【例 1.46】　将长为 L 的棒随机折成 3 段，求 3 段构成三角形的概率。

此问题有几种解法，现介绍如下。

解法 1　设 $A=$ "3 段构成三角形"，x，y 分别表示其中两段的长度，则第 3 段的长度为 $L-x-y$，且样本空间为

$$\Omega = \{(x, y) : 0 < x < L, \ 0 < y < L, \ 0 < x+y < L\}$$

要使 3 段构成三角形，当且仅当任意 2 段之和大于第 3 段，即

$$x+y > L-x-y, \ x+L-x-y > y, \ y+L-x-y > x$$

也即

$$x+y > \frac{L}{2}, \ y < \frac{L}{2}, \ x < \frac{L}{2}$$

故 A 为

$$A = \{(x, y) : x+y > \frac{L}{2}, \ x < \frac{L}{2}, \ y < \frac{L}{2}, \ \frac{L}{2} < x+y < L\}$$

从而 Ω 为等腰直角三角形，腰长为 L，A 为图 1-11 中阴影部分，由几何概率定义，所求概率为

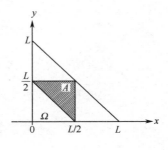

图 1-11

$$P(A) = \frac{A \text{ 的面积}}{\Omega \text{ 的面积}} = \frac{(L/2)^2 \times \frac{1}{2}}{L^2/2} = \frac{1}{4}$$

解法 2　设 x，y，z 分别为 3 段的长度，A 仍为所论事件，则样本空间为

$$\Omega = \{ (x, y, z)：0<x, y, z<L, x+y+z=L \}$$

且 A 为

$$A = \{ (x, y, z)：x+y>z, x+z>y, y+z>x, (x, y, z) \in \Omega \}$$

Ω、A 如图 1-12 所示。Ω 为 $\triangle EFG$，A 为 $\triangle E'F'G'$。Ω 与 A 都是等边三角形，由图 1-12 知 $\triangle E'F'G'$ 的面积仅为 $\triangle EFG$ 的面积的 $\dfrac{1}{4}$，故由几何概率定义，所求概率为 $P(A) = \dfrac{1}{4}$。

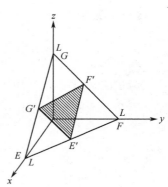

图 1-12

解法 3　设棒的左端点为数轴上的原点，两折点的坐标分别为 x，y，且 $x<y$（也可以 $y<x$），如图 1-13 所示，则这时样本空间为

$$\Omega = \{ (x, y)：0<x<y<L \}$$

所论事件 A 为（因为 3 段的长度分别为 x，$y-x$，$L-y$）

$$A = \{ (x, y)：x<\frac{L}{2}, y>\frac{L}{2}, y<x+\frac{L}{2}, (x, y) \in \Omega \}$$

Ω 为直角边长为 L 的直角三角形，A 为直角边长为 $\dfrac{L}{2}$ 的直角三角形，如图 1-13 所示。类似地，由几何概率定义，所求概率为 $P(A) = \dfrac{1}{4}$。

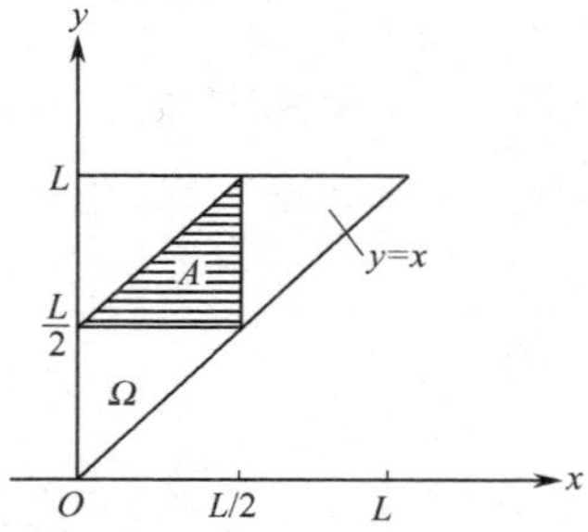

图 1-13

1.52　圆周上 3 点构成钝角三角形问题

【例 1.47】　在单位圆（半径为 1 的圆）的圆周上随机取 3 点，求 3 点构成钝角三角形的概率。

解 此问题与上个问题类似。设所取 3 点将圆周分成 3 段，其中两段弧长为 x，y，则第 3 段弧长为 $2\pi-x-y$，再设 $A=$ "3 点构成锐角三角形"，则样本空间为

$$\Omega=\{(x,y):0<x,y,x+y<2\pi\}$$

$$A=\{(x,y):0<x<\pi,0<y<\pi,x+y>\pi,(x,y)\in\Omega\}$$

即 Ω 为直角边长是 2π 的直角三角形，A 为直角边长是 π 的直角三角形，如图 1-14 所示。由几何概率定义，$P(A)=\dfrac{1}{4}$，从而所求概率为 $P(\overline{A})=1-P(A)=\dfrac{3}{4}$。

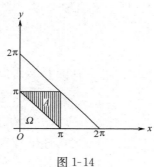

图 1-14

1.53 两点之间的距离

【例 1.48】 在区间（0，L）内任取两点求 2 点之间的距离小于 $\dfrac{L}{3}$ 的概率。

解 设 x，y 分别表示所取 2 点到左端点的距离，则 $0<x<L$，$0<y<L$，从而样本空间为

$$\Omega=\{(x,y):0<x,y<L\}$$

再设 $A=$ "两点之间距离小于 $L/3$"，则

$$A=\{(x,y):|x-y|<L/3,(x,y)\in\Omega\}$$

Ω 为边长为 L 的正方形，A 为图 1-15 中阴影部分。由几何概率定义所求概率为 $P(A)=\dfrac{A\text{ 的面积}}{\Omega\text{ 的面积}}=\dfrac{L^2-(2L/3)^2}{L^2}=\dfrac{5}{9}$

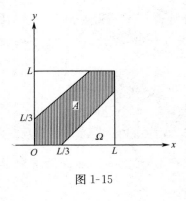

图 1-15

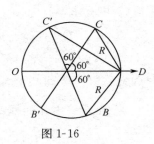

图 1-16

如果在半径为 R 的圆周上随机取 2 点，求 2 点之间的距离小于 R 的概率（图 1-16）。

为求此概率，设

$A=$ "2 点之间距离小于 R"，且设 D 为所取的第 1 个随机点。当第一个随机点 D 取定后，设 x 为在圆周上所取的第 2 个随机点到 D 的弧长，则 $-\pi R < x < \pi R$，故样本空间为 $\Omega = \{x : -\pi R < x < \pi R\}$。当 D 取定后，要使 2 点之间距离小于 R，当且仅当第 2 个随机点取在弧 $\overparen{BDC}$ 上，从而 $A = \{x : -\dfrac{1}{3}\pi R < x < \dfrac{1}{3}\pi R\}$，由几何概率定义，所求概率为

$$P(A) = \frac{A \text{ 的弧长}}{\Omega \text{ 的弧长}} = \frac{2}{3}\pi R / 2\pi R = \frac{1}{3}$$

如果设 $G=$ "两点之间的距离大于 $\sqrt{3}R$"，由于 DC' 与 DB' 的长均为 $\sqrt{3}R$，故这时，$G = \{x : -\pi R < x < -\dfrac{2}{3}\pi R \text{ 或 } \dfrac{2}{3}\pi R < x < \pi R\}$ 从而 $P(G) = \dfrac{1}{3}$。

1.54 独立性

1. 事件独立性

设 A, B 为两个事件，如果 $P(AB) = P(A)P(B)$，则称 A 与 B 相互独立，简称独立。

设 $A_1, A_2, \cdots, A_n$ 为 n 个事件，如果其中任意 $s(2 \leqslant s \leqslant n)$ 个事件 $A_{i_1}, A_{i_2}, \cdots, A_{i_s}$ 均有

$$P(A_{i_1}A_{i_2}\cdots A_{i_n}) = \prod_{j=1}^{s} P(A_{i_j})$$

即下列 $2^n - n - 1$ 个算式

$$P(A_iA_j) = P(A_i)P(A_j), i \neq j, i, j = 1, 2, \cdots, n$$

$$P(A_iA_jA_k) = P(A_i)P(A_j)P(A_k), i \neq j \neq k \neq i, i, j, k = 1, 2, \cdots, n$$

......

$$P(A_1A_2\cdots A_n) = P(A_1)P(A_2)\cdots P(A_n)$$

都成立,则称 $A_1, A_2, \cdots, A_n$ 相互独立。如果 $A_1, A_2, \cdots, A_n$ 中任意两个事件都独立,则称 $A_1, A_2, \cdots, A_n$ 两两独立。

2. 事件独立的性质

(1) 如果 A 与 B 两事件独立,则 A 与 $\overline{B}$ 独立,$\overline{A}$ 与 B 独立,$\overline{A}$ 与 $\overline{B}$ 独立。

(2) 设 $P(A)P(B) > 0$,则

$$A \text{ 与 } B \text{ 独立} \qquad \Leftrightarrow P(A \mid B) = P(A)$$
$$\Leftrightarrow P(B \mid A) = P(B)$$

(3) 设 n 个事件 $A_1, A_2, \cdots, A_n$ 相互独立,则其中任意 $m(2 \leqslant m \leqslant n)$ 个事件相互独立,且其中任意 $j(0 \leqslant j \leqslant n)$ 个事件的对立事件 $\overline{A}_{i_1}, \overline{A}_{i_2}, \cdots, \overline{A}_{i_j}$ 与其余 $n-j$ 个事件 $A_{i_{j+1}}, A_{i_{j+2}}, \cdots, A_{i_n}$ 组成的 n 个事件相互独立。

关于事件的独立性有 3 点必须注意。

注意 1 独立与互斥是两个不同的概念,不能混淆。事实上,当 $P(A)P(B) > 0$ 时,如果 A 与 B 独立,则 A 与 B 一定不互斥;如果 A 与 B 互斥,则 A 与 B 一定不独立。此结论的证明是简单的,用反证法即可证明。

注意 2 n 个事件相互独立一定两两独立,反之未必成立。

注意 3 n 个事件是否相互独立,要验证 $2^n - n - 1$ 个等式是否都成立,只要有一个等式不成立,n 个事件就不相互独立。这可看下面两个例子。

【例 1.49】 将一个均匀的四面体的第一面染上红、黄、蓝 3 色,将其他 3 面分别染上红色、黄色、蓝色,设 A, B, C 分别表示掷一次四面体红色、黄色、蓝色与桌面接触的事件,则显然

$$P(A) = P(B) = P(C) = \frac{1}{2}$$

$$P(AB) = P(A)P(B) = \frac{1}{4}$$

$$P(AC) = P(A)P(C) = \frac{1}{4}$$

$$P(BC) = P(B)P(C) = \frac{1}{4}$$

$$P(ABC) = \frac{1}{4} \neq P(A)P(B)P(C) = \frac{1}{8}$$

$$P[A(B \bigcup C)] = P(AB) + P(AC) - P(ABC)$$

$$= \frac{1}{4} \neq P(A)P(B \bigcup C)$$

$$= \frac{1}{2} \times \frac{3}{4} = \frac{3}{8}$$

这说明事件 A,B,C 两两独立,但是不相互独立。

【例 1.50】 设一袋中有 100 个球,其中有 7 个是红的,25 个是黄的,24 个是黄、蓝二色的,1 个是红、黄、蓝三色的,其余 43 个是无色的(图 1-17)。现从中任摸 1 个球,以 A,B,C 分别表示摸得的球上有红色、有黄色、有蓝色的事件,显然

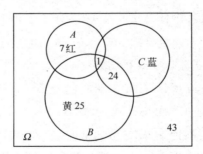

图 1-17

$$P(A) = \frac{8}{100}, P(B) = \frac{1}{2}, P(C) = \frac{1}{4}$$

$$P(AB) = \frac{1}{100}, P(AC) = \frac{1}{100}, P(BC) = \frac{1}{4}$$

$$P(ABC) = \frac{1}{100}$$

故

$$P(ABC) = P(A)P(B)P(C)$$

但是显然有

$$P(AB) \neq P(A)P(B)$$
$$P(AC) \neq P(A)P(C)$$
$$P(BC) \neq P(B)P(C)$$

所以 A, B, C 不相互独立。此例表明虽然有 $P(ABC) = P(A)P(B)P(C)$，但是仍不能保证 3 个事件 A, B, C 两两独立。

事件独立性非常重要，它将使概率计算大大化简，因此其应用很广泛。如上述的有放回摸球、有放回取数、重复掷骰子、人寿保险、系统可靠性等问题都用到事件的独立性。下面再给出两个应用。

应用 1（破译密码）　一份密码由 3 个人独立去破译，他们能破译出的概率分别是 $\frac{1}{3}$、$\frac{1}{4}$、$\frac{1}{5}$，求该密码被破译出的概率。

解　设 A_i＝"第 i 个人破译出此密码"，$i = 1, 2, 3$。

则由加法公式和独立性所求概率为

$$\begin{aligned}
P(A_1 \bigcup A_2 \bigcup A_3) &= P(A_1) + P(A_2) + P(A_3) - P(A_1 A_2) \\
&\quad - P(A_1 A_3) - P(A_2 A_3) + P(A_1 A_2 A_3) \\
&= \frac{1}{3} + \frac{1}{4} + \frac{1}{5} - P(A_1)P(A_2) - P(A_1) \\
&\quad \cdot P(A_3) - P(A_2)P(A_3) + P(A_1)P(A_2)(A_3) \\
&= \frac{47 - 12 + 1}{60} = \frac{3}{5}
\end{aligned}$$

或由对立事件概率公式和独立性，得

$$\begin{aligned}
P(A_1 \bigcup A_2 \bigcup A_3) &= 1 - P(\overline{A_1} \overline{A_2} \overline{A_3}) \\
&= 1 - P(\overline{A_1})P(\overline{A_2})P(\overline{A_3}) \\
&= 1 - \frac{2}{3} \cdot \frac{3}{4} \cdot \frac{4}{5} = \frac{3}{5}
\end{aligned}$$

应用 2（化验血清）　某高校为了预防某种疾病每年都要对全校师生员工抽血普查 1 次。医务人员为了节省化验经费和时间，常将若干个血清混合在一起进行化验。如果每个人的血清中含有该病毒的概率为 0.4%，求 100 个人混合血清中含有该病毒的概率。

解　设 A_i＝"第 i 个人的血清中含有该病毒"，$i = 1, 2, \cdots, 100$，可以

认为诸 A_i 是相互独立的。由于 100 个人中只要有一个人的血清中含有该病毒，混合血清中就含有该病毒。所以，所求概率（由对立事件概率公式和独立）为

$$P(\bigcup_{i=1}^{100} A_i) = 1 - P(\overline{\bigcup_{i=1}^{100} A_i}) = 1 - P(\bigcap_{i=1}^{100} \overline{A_i}) = 1 - \prod_{i=1}^{100} P(\overline{A_i})$$
$$= 1 - (1 - 0.004)^{100} = 0.3302$$

3. 随机变量的独立性

设 X, Y 为两个随机变量，如果对任意实数 x 与 y 均有

$$P\{X < x, Y < y\} = P\{X < x\}P\{Y < y\} \qquad (1.45)$$

则称 X 与 Y 相互独立。

其中 $\{X < x, Y < y\}$ 表示事件 $\{X < x\}$ 与事件 $\{Y < y\}$ 的积事件，即 $\{X < x, Y < y\} = \{X < x\} \bigcap \{Y < y\}$。

4. 随机变量独立性的性质

由于 X 的分布函数定义为

$$F_X(x) \equiv P\{X < x\}, x \in (-\infty, +\infty)$$

(X, Y) 的分布函数定义为

$$F(x, y) \equiv P\{X < x, Y < y\}, x, y \in (-\infty, +\infty)$$

故式 (1.45) 与下式等价

$$F(x, y) = F_X(x)F_Y(y) \qquad (1.46)$$

如果 (X, Y) 为二维离散型随机变量，即 (X, Y) 只能取可数多个不同的实数对，则 X 与 Y 相互独立的充要条件是对 (X, Y) 能取的任意实数对 (a, b)，均有

$$P\{X = a, Y = b\} = P\{X = a\}P\{Y = b\} \qquad (1.47)$$

如果 (X, Y) 为二维连续型随机变量，即 (X, Y) 的分布函数 $F(x, y)$ 可以表示为二元非负函数 $f(x, y)$ 的如下积分

$$F(x, y) = \int_{-\infty}^{x} \int_{+\infty}^{y} f(s, t) \, ds \, dt, x, y \in (-\infty, +\infty)$$

则 X 与 Y 相互独立的充要条件是：在 $f(x, y)$ 的连续点 (x, y) 处均有

$$f(x, y) = f_X(x)f_Y(y) \qquad (1.48)$$

其中 $f_X(x)$、$f_Y(y)$ 分别为 X、Y 的密度函数。

随机变量的独立性与事件独立性一样也有广泛的应用，如下面在求随机变量的分布与数字特征中都要用到随机变量的独立性。

1.55 永远年轻

几何分布随机变量常常用来表示元件或产品的寿命。它有一个重要的性质,一般称这个性质为"无记忆性"。即如果随机变量 X 服从几何分布,则

$$P\{X>m+n \mid X>n\}=P\{X>m\},m,n=0,1,2,\cdots, \quad (1.49)$$

这表明:如果已知它活了 n 年,则它再活 m 年的概率与它 n 年以前活 m 年的概率一样。说得直观一点,如果某类灯泡的寿命服从几何分布,现取两个做寿命试验,当试验了 800 小时时,第 1 个灯泡坏了,立即换上一个新的,则没坏的第 2 个灯泡的寿命分布与换上的新灯泡的一样。因此人们又称几何分布随机变量"永远年轻"。

几何分布的无记忆性证明是简单的。因为 $P\{X=k\}=pq^{k-1}, k=1, 2,3,\cdots, 0<p<1, q=1-p$,所以,$P\{X>m\}=\sum_{k=m+1}^{\infty}pq^{k-1}=p\dfrac{q^m}{1-q}=q^m$。又因事件 $\{X>m+n\}$ 是事件 $\{X>n\}$ 的子事件,故它们积事件为 $\{X>m+n\}$,即 $\{X>m+n\}\bigcap\{X>n\}\equiv\{X>m+n,X>n\}=\{X>m+n\}$,再由条件概率定义,有

$$P\{X>m+n \mid X>n\}=P\{X>m+n,X>n\}/P\{X>n\}$$
$$=\frac{P\{X>m+n\}}{P\{X>n\}}$$
$$=\frac{q^{m+n}}{q^n}=q^m=P\{X>m\}$$

从而证明了式(1.49),即证明了几何分布的无记忆性。

有趣的是在取正整数值的离散型随机变量中只有几何分布具有无记忆性。即如果取正整数值的随机变量 X 满足式(1.49),则 X 服从几何分布。

现来证明,因为 X 满足式(1.49),所以

$$P\{X>m+n\}P\{X>n\}=P\{X>m\} \quad (1.50)$$

从而,

$$P\{X>m-1+n\}P\{X>n\}=P\{X>m-1\}$$

$$(1.51)$$

式(1.51)减式(1.50),得

$$P\{X=m+n\}P\{X>n\}=P\{X=m\}$$

即 $$P\{X=m+n\}=P\{X>n\}P\{X=m\} \qquad (1.52)$$

令 $G(m)=P\{X>m\}$，$F(m)=P\{X=m\}$，则式(1.52)变为

$$F(m+n)=G(n)F(m)，且\ G(1)+F(1)=1$$

从而 $P\{X=k\}=F(k)=G(1)F(k-1)$ （递推）

$$=[G(1)]^2F(k-2)$$

$$=\cdots\cdots$$

$$=[G(1)]^{k-1}F(1)，k=1,2,3,\cdots$$

所以，X 服从参数为 $p=F(1)$ 的几何分布，即 $X\sim Geo(F(1))$。

既然在离散型随机变量中，几何分布是唯一具有无记忆性的，我们自然会问：在连续型随机变量中有没有具有无记忆性的分布？答案是肯定的，而且也只有一个，它就是指数分布。即

设 X 为非负连续型随机变量，则下面两命题等价

（1）X 服从指数分布。

（2）对任意非负实数 x,y，有 $P\{X>x+y\mid X>x\}=P\{X>y\}$。

所谓 X 为连续型随机变量是指 X 的分布函数 $F(x)\equiv P\{X<x\}$ 可以表示为一个非负函数 $f(x)$ 的如下积分

$$F(x)=\int_{-\infty}^{x}f(t)\mathrm{d}t，x\in(-\infty,+\infty)$$

并称 $f(x)$ 为 X 的密度函数，且 $f(x)$ 满足 $\int_{-\infty}^{\infty}f(x)\mathrm{d}x=1$。

所谓 X 服从指数分布是指 X 具有如下的密度函数

$$f(x)=\begin{cases}\lambda\mathrm{e}^{-\lambda x}，x>0\\0，x\leqslant0,\end{cases}\qquad\lambda>0$$

指数分布随机变量通常也是用来表示元件寿命的。记为 $X\sim\Gamma(1,\lambda)$。

关于上述（1）与（2）等价的证明跟上述几何分布情形证明类似，有兴趣的读者可以参阅参考文献[4]。

使人惊奇的是，指数分布与几何分布非常相似。它们除都具有无记忆与都表示寿命分布外，还具有如下相似性质：设 $X_1,X_2,\cdots,X_n$ 为独立同分布随机变量（即 $X_1,X_2,\cdots,X_n$ 互不影响且有相同的分布）。

（i）如果 $X_1\sim Geo(p)$，则

$$\min_{1\leqslant i\leqslant n}\{X_i\}\sim Geo(1-(1-p)^n)$$

且 $\sum_{i=1}^{n}X_i$ 服从参数为 n 的帕斯卡分布：$P\{\sum_{i=1}^{n}X_i=k\}=C_{k-1}^{n-1}p^nq^{k-n},k=n,n+1,\cdots,0<p<1,q=1-p$。

（ii）如果 $X_1\sim\Gamma(1,\lambda)$，则

$$\min_{1\leqslant i\leqslant n}\{X_i\}\sim\Gamma(1,n\lambda)$$

且 $\sum_{i=1}^{n}X_i$ 服从参数为 n 与 λ 的伽马分布，即 $\sum_{i=1}^{n}X_i$ 具有密度函数

$$f(x)=\begin{cases}\dfrac{\lambda^n x^{n-1}}{\Gamma(n)}\mathrm{e}^{-\lambda x}, & x>0 \\ 0, & x\leqslant 0\end{cases},\lambda>0$$

其中 $\Gamma(n)=(n-1)!$

证明见参考文献[4]和[7]。

由此，作者猜想指数分布与几何分布定存在某种内在的关系。事实上，因为

$$\int_{k-1}^{k}\lambda\mathrm{e}^{-\lambda x}\mathrm{d}x=-\mathrm{e}^{-\lambda x}\mid_{k-1}^{k}=(1-\mathrm{e}^{-\lambda})(\mathrm{e}^{-\lambda})^{k-1},k=1,2,3,\cdots$$

如果记 $A_k=\{k-1\leqslant X\leqslant k\},p=1-\mathrm{e}^{\lambda},q=1-p$，则事件 A_k 的概率为

$$P(A_k)=pq^{k-1},k=1,2,3,\cdots$$

所以，当令 $\{Y=k\}=\{k-1\leqslant X<k\}$ 时，$Y\sim Geo(1-\mathrm{e}^{-\lambda})$。也就是把指数分布离散化为参数为 $1-\mathrm{e}^{-\lambda}$ 的几何分布，这对利用计算机进行近似计算或许有些作用。但是如何将几何分布转化为指数分布作者还不知如何进行，可能与缩小单位时间有关。

1.56 最大可能值

设随机变量 X 服从二项分布，即 $P\{X=k\}=C_n^k p^k q^{n-k},k=0,1,2,\cdots,n,0<p<1,q=1-p$。记

$$b(k,n,p)=C_n^k p^k q^{n-k}$$

则

$$\frac{b(k,n,p)}{b(k-1,n,p)}=\frac{C_n^k p^k q^{n-k}}{C_n^{k-1}p^{k-1}q^{n-k+1}}=\frac{(n-k+1)p}{kq}$$

$$=1+\frac{(n+1)p-k}{kq}$$

所以

(1) 当 $k < (n+1)p$ 时,则 $b(k,n,p) > b(k-1,n,p)$,此时后项大于前项,$b(k,n,p)$ 随 k 增大而增大。

(2) 当 $k > (n+1)p$ 时,$b(k,n,p) < b(k-1,n,p)$。此时后项小于前项,故这时 $b(k,n,p)$ 随 k 增大而减小。

(3) 当 $k = (n+1)p$ 时,$b(k,n,p) = b(k-1,n,p)$,故这时 $b((n+1)p;n,p)$ 与 $b((n+1)p-1,n,p)$ 两项相等且为最大。

由此我们得下述结论:二项分布的最大可能值(记为 k_0)存在,即 k_0 满足

$$b(k_0,n,p) = \max_{0 \leqslant k \leqslant n} b(k,n,p)$$

其中 $k_0 = \begin{cases} (n+1)p, (n+1)p-1, & \text{当}(n+1)p \text{ 为整数时} \\ [(n+1)p], & \text{当}(n+1)p \text{ 不为整数时} \end{cases}$ \hfill (1.53)

即当 $(n+1)p$ 为整数时,$b((n+1)p;n,p)$ 与 $b((n+1)p-1;n,p)$ 均为最大项,当 $(n+1)p$ 不为整数时,$b([(n+1)p];n,p)$ 为唯一的最大项。

一般称 $b(k_0,n,p)$ 为二项分布的中心项,称 k_0 为二项分布随机变量 X 的最大可能值(即 X 等于 k_0 的概率最大)。

在(离散型)随机变量中除二项分布外,具有最大可能值的还有泊松分布与超几何分布。所谓泊松分布是指:随机变量 X 具有如下分布列(律)

$$P\{X=k\} = \mathrm{e}^{-\lambda} \frac{\lambda^k}{k!}, k = 0,1,2,\cdots, \quad \lambda > 0$$

且记为 $X \sim P(\lambda)$。现记 $p(k,\lambda) = \mathrm{e}^{-\lambda}\frac{\lambda^k}{k!}, k = 0,1,2,\cdots$,则

$\frac{p(k,\lambda)}{p(k-1,\lambda)} = \frac{\lambda}{k}$,所以,

当 $k < \lambda$ 时,$p(k-1;\lambda) < p(k;\lambda)$,故 $p(k;\lambda)$ 随 k 增加而上升;

当 $k > \lambda$ 时,$p(k-1;\lambda) > p(k;\lambda)$,故 $p(k;\lambda)$ 随 k 增加而下降;

当 $k = \lambda$ 时,$p(k-1;\lambda) = p(k;\lambda)$,故 $p(k;\lambda)$ 有最大值 $p(k-1;\lambda) = p(k;\lambda)$。由此知,当 λ 不为整数时,必存在整数 $[\lambda]$ 使 $p([\lambda],\lambda)$ 为最大值,即当 k 由 0 变到 $[\lambda]$ 时 $p(k,\lambda)$ 上升,当 $k = [\lambda]$ 时,$p(k;\lambda)$ 达到最大值,当 $k > \lambda$ 时 $p(k;\lambda)$ 下降,且如果 $\lambda = [\lambda]$,则 $p(k;\lambda)$ 在 $\lambda-1,\lambda$ 两点都达到最大值。如果 $\lambda \neq [\lambda]$,$p(k;\lambda)$ 仅在一点处达到最大值。由此得如下结论:

泊松分布的最大可能值(记为 k_0)存在,即 k_0 满足

$$p(k_0,\lambda) = \max_{k \geqslant 0} p(k,\lambda)$$

且
$$k_0 = \begin{cases} \lambda, \lambda - 1, & \text{当 } \lambda \text{ 为整数时} \\ [\lambda], & \text{当 } \lambda \text{ 不为整数时} \end{cases} \quad (1.54)$$

如果随机变量 X 的分布列为 $P\{X = k\} = C_m^k C_{N-m}^{n-k}/C_N^n, k = \max(0, n+m-N), \cdots, \min(m,n), m \leqslant N, n \leqslant N,$ 且 N, m, n 为正整数。则称 X 服从超几何分布。现记 $p(k,m,n,N) = C_m^k C_{N-m}^{n-k}/C_N^n$,则

$$p(k,m,n,N)/p(k-1,m,n,N)$$

$$= \frac{mn+m+n-2k+1}{Nk}$$

故当 $k < \dfrac{mn+m+n+1}{2+N}$ 时,$p(k,m,n,N) > p(k-1,m,n,N)$,且 $p(k,m, n,N)$ 随 k 增大而上升,当 $k > \dfrac{mn+m+n+1}{2+N}$ 时,$p(k,m,n,N) < p(k-1, m,n,N)$,且 $p(k,m,n,N)$ 随 k 增大而下降;当 $k = \dfrac{mn+m+n+1}{2+N}$ 时,$p(k, m,n,N) = p(k-1,m,n,N)$。故 $p(k,m,n,N)$ 有最大值 $p(k_0-1,m,n,N) = p(k_0,m,n,N)$,其中 $k_0 = \dfrac{mn+m+n+1}{2+N}$,且 $\dfrac{mn+m+n+1}{2+N}$ 为正整数,由此得如下结论

超几何分布的最大可能值(记为 k_0)存在,k_0 满足

$$p(k_0,m,n,N) = \max p(k,m,n,N), \max(0,m+n-N) \leqslant k \leqslant \min(m, n)$$

且
$$k_0 = \begin{cases} \dfrac{mn+m+n+1}{2+N}, \dfrac{mn+m+n-N-1}{2+N}, \\ \qquad\qquad \text{当} \dfrac{mn+m+n+1}{2+N} \text{ 为正整数时} \\ \left[\dfrac{mn+m+n+1}{2+N}\right], \text{当} \dfrac{mn+m+n+1}{2+N} \text{ 不为正整数时} \end{cases} \quad (1.55)$$

现在我们会问:还有没有其他分布也具有最大可能值?回答是到目前为止,除上述 3 个分布外还没发现其他分布有此性质。紧接着我们会问:上述 3 个分布都具有最大可能值,是否它们之间存在着某种内在的关系?是的,它们之间是存在着关系。前面已经提到,泊松分布是作为二项分布

的极限分布而引入的。而在一定条件下,即在 $\lim\limits_{N \to \infty} \dfrac{m}{N} = p$ 条件下,超几何分布又趋于二项分布。直观上,当袋中有无穷多个黑球与无穷多个白球时,不放回从中摸 n 个(有限多个)球近似于有放回从中摸 n 个球,即这时超几何分布近似于二项分布。

最大可能值有不少应用。

应用1 8门高射炮同时向一架入侵的敌机射击一次,如果每门炮射击是相互独立的且一次击中敌机的概率均为 0.4。问最可能击中敌机的高射炮门数是多少?

解 设 X 为击中敌机的高射炮门数,则 $X \sim B(8, 0.4)$ 又由于 $(n+1)p = (8+1) \times 0.4 = 3.6$,由式(1.55)知,最可能击中敌机的高射炮门数是 3。

如果想以不小于 0.999 的概率 1 次击中敌机,至少需要多少门高射炮?

设 n 为所需高射炮门数,则这时 $X \sim B(n, 0.4)$。因为只要有一门击中敌机,敌机就被击中,所以由独立事件概率公式有

$$0.999 \leqslant 1 - P\{X = 0\} = 1 - (0.6)^n$$

故 $(0.6)^n \leqslant 0.001$,从而 $n\ln(0.6) \leqslant \ln(0.001)$

从而 $n \geqslant \dfrac{\ln(0.001)}{\ln(0.6)} = 13.5227$

所以至少需要14门高射炮才能以不小于0.999概率在一次射击中击中敌机。

应用2 某市每3天有2起恶性交通事故,每起恶性交通事故有80%造成人员死亡。问1年中该市最可能发生的恶性交通事故数与造成死亡的(恶性)交通事故数。

解 设 X 为1年中该市发生的恶性交通事故数,Y 为1年中该市发生的造成死亡的恶性交通事故数。且

$$Y_i = \begin{cases} 1, \text{第 } i \text{ 起恶性交通事故造成死亡}, i = 1, 2, 3, \cdots \\ 0, \text{否则} \end{cases}$$

则由参考文献[4],X 近似服从泊松且参数 $\lambda = \dfrac{2}{3} \times 30 \times 12 = 240$(1个月以 30 天计)。即 $X \sim P(240)$。且 $Y_1, Y_2, Y_3, \cdots\cdots$ 相互独立同服从参数为

0.8 的 0—1 分布，即 $P\{Y_1 = 1\} = 0.8, P\{Y_1 = 0\} = 0.2$；以及 $Y = \sum_{i=1}^{X} Y_i$。由式（1.54）知，1 年中该市最可能发生 240 起恶性交通事故。

因为由全概率公式，有

$$P\{Y = k\} = \sum_{n=k}^{\infty} P\{X = n\} P\{Y = k \,|\, X = n\} = \sum_{n=k}^{\infty} P\{X = n\} P\Big\{\sum_{i=1}^{n} Y_i = k \,\Big|\, X = n\Big\}$$

又因 $P\{X = n\} = e^{-\lambda} \dfrac{\lambda^n}{n!}$，再由 X 与诸 Y_i 独立和二项概率公式，有

$$P\Big\{\sum_{i=1}^{n} Y_i = k \,\Big|\, X = n\Big\} = P\Big\{\sum_{i=1}^{n} Y_i = k\Big\} = C_n^k (0.8)^k (0.2)^{n-k}$$

所以 $P\{Y = k\} = \sum_{n=k}^{\infty} e^{-\lambda} \dfrac{\lambda^n}{n!} \cdot \dfrac{n!}{k!(n-k)!} (0.8)^k \cdot (0.2)^{n-k}$

$$= e^{-\lambda} \frac{0.8^k}{k!} \sum_{n=k}^{\infty} \frac{(0.2)^{n-k} \cdot \lambda^k (\lambda)^{n-k}}{(n-k)!}$$

$$= e^{-\lambda} \frac{(0.8\lambda)^k}{k!} \sum_{m=0}^{\infty} \frac{(0.2\lambda)^m}{m!} \qquad (\text{令 } m = n-k)$$

$$= e^{-\lambda} \frac{(0.8\lambda)^k}{k!} \cdot e^{0.2\lambda}$$

$$= e^{-0.8\lambda} \frac{(0.8\lambda)^k}{k!}, k = 0,1,2,\cdots$$

即 $\qquad\qquad\qquad Y \sim P(0.8\lambda) = P(192)$

由式（1.54）知，一年中造成死亡的恶性交通事故数最可能是 192 起。

1.57 再生性

如果相互独立的两个随机变量服从同一类型分布，则其和也服从相同类型的分布，就称该类型分布具有再生性。

具有再生性的分布很多，如泊松分布、正态分布、柯西分布等都具有再生性。而二项分布、伽马分布等都具有半再生性。

1.58 最少进货量

【例 1.51】 设某商品每周的需求量 $X \sim U[10,30]$，而经销商店进货量为区间 $[10,30]$ 中的某一整数，商店每销售一件商品可获利 500 元。

若供大于求则削价处理,每处理一件商品亏损 100 元;若供不应求,则可从外部调剂供应,此时每件商品仅获利 300 元。为使商店所获利润期望值不少于 9280 元,试确定最少进货量。

解 为回答此问题与后面问题先来介绍数学期望与方差。

(1) 设 X 为离散型随机变量,其分布列为

$$P\{X = a_i\} = p_i, i = 1, 2, 3, \cdots$$

如果 $\sum\limits_{i=1}^{\infty} a_i p_i$ 绝对收敛,则称 $\sum\limits_{i=1}^{\infty} a_i p_i$ 为 X 的数学期望或平均值,记为 $E(X)$ 或 EX,即

$$E(X) = \sum_{i=1}^{\infty} a_i p_i$$

如果 $\sum\limits_{i=1}^{\infty} a_i p_i$ 不绝对收敛,则说 X 的数学期望不存在。

(2) 设 $f(x)$ 为连续型随机变量 X 的密度函数,如果积分 $\int_{-\infty}^{\infty} x f(x) \mathrm{d}x$ 绝对收敛(绝对可积),则称它为 X 的数学期望,记为 $E(X)$ 或 EX,即

$$E(X) = \int_{-\infty}^{\infty} x f(x) \mathrm{d}x$$

如果 $\int_{-\infty}^{\infty} x f(x) \mathrm{d}x$ 不绝对收敛,则说 X 的数学期望不存在。

(3) 设 X 为一个随机变量,如果 $E[X - E(X)]^2$ 存在,则称它为 X 的方差,记为 $D(X)$ 或 $\sigma^2(X)$,即

$$D(X) = E[X - E(X)]^2$$

数学期望有如下重要性质:

设 $g(x)$ 为 x 的连续函数,X 为一个随机变量,且 $E[g(X)]$ 存在,则

$$E[g(X)] = \begin{cases} \sum\limits_{i=1}^{\infty} g(a_i) p_i, \text{当 } X \text{ 具有分布律:} \\ P\{X = a_i\} = p_i, i = 1, 2, 3, \cdots \text{ 时} \\ \int_{-\infty}^{\infty} g(x) f(x) \mathrm{d}x, \text{当 } X \text{ 具有密度函数 } f(x) \text{ 时} \end{cases} \tag{1.56}$$

现在来回答最少进货量问题。

设 a 为进货量,则利润为

$$Y = g(X) = \begin{cases} 500a + (X-a)300, a < X \leqslant 30 \\ 500X - 100(a-X), 10 \leqslant X \leqslant a \end{cases}$$

$$= \begin{cases} 300X + 200a, a < X \leqslant 30 \\ 600X - 100a, 10 \leqslant X \leqslant a \end{cases}$$

其中 X 具有密度函数

$$f(x) = \begin{cases} \dfrac{1}{20}, x \in [10,30] \\ \\ 0, x \overline{\in} [10,30] \end{cases}$$

由式(1.56),得

$$E(Y) = E[g(X)] = \int_{-\infty}^{\infty} g(x)f(x)\mathrm{d}x$$

$$= \int_{10}^{a} (600x - 100a)\frac{1}{20}\mathrm{d}x + \int_{a}^{30} (300x + 200a)\frac{1}{20}\mathrm{d}x$$

$$= -7.5a^2 + 350a + 5250 \geqslant 9280$$

即

$$7.5a^2 - 350a + 4030 \leqslant 0$$

解此代数方程,得 $20\dfrac{2}{3} \leqslant a \leqslant 26$,所以最少进货量应为 21 件。

1.59 化验血清的次数

【例 1.52】 在独立性问题的应用 2 中,我们曾指出分组混合血清然后化验可节省人力、物力和时间。现在我们说明分组化验条件、方法和最少的化验次数。

解 设某校共有 n 个人需要验血,检查血中是否含某种病毒。每个人的血单独化验,就需要化验 n 次。把 k 个人的血混合在一起化验,如果结果是阴性的(血中无该病毒),则这 k 个人只化验一次就够了,如果结果是阳性的,则再对这 k 个人的血逐个分别进行化验。那么这 k 个人共化验了 $k+1$ 次。假定每个人化验结果是阳性的概率都为 p,且这 n 个人是否含有该病毒是独立的。记 $q = 1 - p$,则由对立事件概率公式,k 个人的血混合呈阳性反应(即 k 个人中至少有一个人的血清中含有该病毒)的概率为 $1 - q^k$。设 X 为每个人的血需要化验的次数。由于 k 个人的血需要化验的次数为

1 或 $k+1$，所以一个人的血需要化验的次数为 $\frac{1}{k}$ 或 $\frac{k+1}{k}$，即 X 能取的值是 $\frac{1}{k}$ 与 $1+\frac{1}{k}$，而且取这两个值的概率分别为 q^k 与 $1-q^k$，即 $P\left\{X=\frac{1}{k}\right\}=q^n$，$P\left\{X=1+\frac{1}{k}\right\}=1-q^k$。由数学期望定义，一个人的血平均化验次数为

$$E(X)=\frac{1}{k}q^k+\left(1+\frac{1}{k}\right)(1-q^k)=1+\frac{1}{k}-q^k$$

显然当 q 固定时，$E(X)$ 是 k 的函数。使 $E(X)$ 达到最小的 k 值 k_0，就是最理想的每组混合血清数。即把 k_0 个人的血清混合进行化验就能使化验次数最少。即 n 个人只需化验 $\left[n\left(1-q^{k_0}+\frac{1}{k_0}\right)\right]+1$ 次。但是由上式很难求出精确的 k_0，不过，只要当 $E(X)<1$ 时，即当 $q^k>\frac{1}{k}$ 时就能节省化验次数。且由式 $q^k>\frac{1}{k}$ 知：当 q 越大（即 p 越小）越能节省化验次数。例如该校有 3 万人需要验血，$p=0.04$，由 $n\left(1-q^k+\frac{1}{k}\right)+1$，当 k 取不同值时，得节省化验次数如表 1-2。

表 1-2

k 值	3	4	5	10	15	20	50	100
化验次数	13458	12020	11539	13056	15738	18240	26704	29794
节省化验次数	16542	17980	18461	16944	14262	11760	3296	206

由上表可知当 n＝30000，p＝0.04 时，30000 人分成 6000 组，每组 5 人，可减少化验 18461 次，即节省 61.5％ 以上的人力、物力和时间。

1.60 乘客等车（浪费的）时间

【例 1.53】 某地铁站从早晨 6 点到晚上 12 点于每个整数点的第 5、第 25、第 55 分钟均有一列车到达。假设乘客在一个整点内到达是等可能的，求一个乘客由于等车而浪费的平均时间。

解 如果设 X 为该乘客到达的时刻，则 $X\sim\bigcup[0,60]$，即 X 服从区间 $[0,60]$ 上的均匀分布，即 X 有密度函数

$$f(x) = \begin{cases} \dfrac{1}{60}, x \in [0,60] \\ 0, x \in \overline{[0,60]} \end{cases}$$

并设 Y 为他候车时间,于是有

$$Y = g(X) = \begin{cases} 5-X, 0 < X \leqslant 5 \\ 25-X, 5 < X \leqslant 25 \\ 55-X, 25 < X \leqslant 55 \\ 60-X+5, 55 < X \leqslant 60 \end{cases}$$

即 Y 是 X 的函数。由式(1.56),所求平均时间为

$$E(Y) = [g(X)] = \int_{-\infty}^{\infty} g(x) f(x) \mathrm{d}x$$

$$= \int_0^{60} g(x) \frac{1}{60} \mathrm{d}x$$

$$= \int_0^5 \frac{5-x}{60} \mathrm{d}x + \int_5^{25} \frac{25-x}{60} \mathrm{d}x + \int_{25}^{55} \frac{55-x}{60} \mathrm{d}x + \int_{55}^{60} \frac{65-x}{60} \mathrm{d}x$$

$$= \frac{1}{60}(12.5 + 200 + 450 + 37.5)$$

$$= 11.67(分钟)$$

即到达该站的每个乘客由于候车平均要浪费 11.67 分钟。

1.61 巴格达窃贼（矿工脱险）问题

【例1.54】 一矿工在有 3 个门的矿井中迷了路,第 1 个门通到一坑道走 3 小时可使他到达安全地点。第 2 个门通向使他走 5 小时后又回到原地点的坑道,第 3 个门通向使他走 7 小时后又回到原地点的坑道。如果他在任何时刻都等可能地选定其中 1 个门。试问他到达安全地点平均要花多少时间?

解 此问题需要全数学期望公式:

$$E(X) = \begin{cases} \displaystyle\sum_j E(X|Y=y_j) P\{Y=y_j\}, \\ \quad 当(X,Y)为离散型且 P\{Y=y_j\} > 0 时 \\ \displaystyle\int_{-\infty}^{\infty} E(X|Y=y) f_y(y) \mathrm{d}y, \\ \quad 当(X,Y)为连续型且 f_y(y) > 0 时 \end{cases} \quad (1.57)$$

其中 $E(X|Y=y_j)$ 为在随机变量 Y 等于 y_j 条件下随机变量 X 的数学期

望,称为在 $Y = y_j$ 下 X 的条件数学期望。

设 A 为一事件,Y 为一随机变量,则有

$$
P(A) = \begin{cases} \sum_j P(A \mid Y = y_j) P\{Y = y_j\}, \\ \quad \text{当 } Y \text{ 为离散型且 } P\{Y = y_j\} > 0 \text{ 时} \\ \int_{-8}^{\infty} P(A \mid Y = y) f_y(y) \mathrm{d}y, \\ \quad \text{当 } Y \text{ 为连续型且 } f_y(y) > 0 \text{ 时} \end{cases} \quad (1.58)
$$

称上式为(一般)全概率公式。上两式的证明见参考文献[4]或[6]。

现在回答矿工脱险问题。设 X 表示该矿工到达安全地点所需要的时间,Y 表示他最初选定门的号数,则 Y 能取 1,2,3 三个值,且 Y 取其中任一值的概率均为 $\frac{1}{3}$。而所要求的平均时间就是 $E(X)$。由全数学期望公式 (1.57),得

$$
E(X) = \sum_{j=1}^{3} E(X \mid Y = j) P\{y = j\}
$$
$$
= \frac{1}{3}[E(X \mid Y = 1) + E(X \mid Y = 2) + E(X \mid Y = 3)]
$$

又因当他最初选 1 号门时,走 3 个小时就可以到达安全地点,故 $E(X \mid Y = 1) = 3$。当最初他选 2 号门时,走了 5 个小时又回到原地点,要重新开始,故 $E(X \mid Y = 2) = 5 + E(X)$,类似地有 $E(X \mid Y = 3) = 7 + E(X)$。所以

$$
E(X) = \frac{1}{3}[3 + 5 + E(X) + 7 + E(X)]
$$

解此方程得 $E(X) = 15$(小时)

矿工脱险问题,又叫做巴格达窃贼问题。古时候巴格达就是按上述方法惩罚窃贼的。

1.62 虫卵数问题

【例 1.55】 害虫会给农民造成巨大损失。因此人们对防治害虫非常重视,常常要根据以往的统计资料预测虫卵和下一年的害虫数以便准备药物和防治措施。设某地区某段时间能产卵的雌虫数为 Y,第 i 个雌虫所产卵数为 $X_i, i = 1,2,3,\cdots$,可以认为每条雌虫所产卵数是相互独立同分

布随机变量,即诸 X_i 是相互独立同分布随机变量,且与 Y 独立。根据以往统计资料,假设 $E(Y)$ 与 $E(X_1)$ 已知,问该地区该段时间内平均有多少个虫卵?

解 设 Z 为该地区该段时间内的虫卵数,则有

$$Z = \sum_{i=1}^{Y} X_i$$

因为 $E(Z \mid Y = n) = E\left(\sum_{i=1}^{Y} X_i \mid Y = n\right)$

$$= E\left(\sum_{i=1}^{n} X_i \mid Y = n\right) \qquad (由独立性)$$

$$= E\left(\sum_{i=1}^{n} X_i\right)$$

$$= nE(X_i)$$

再由全期望公式,并注意到 $\sum_n nP\{Y = n\} = E(Y)$,得

$$E(Z) = \sum_n E(Z \mid Y = n)P\{Y = n\}$$

$$= \sum_n nE(X_i)P\{Y = n\}$$

$$= E(X_1) \sum_n nP\{Y = n\}$$

$$= E(X_1)E(Y) \qquad\qquad (1.59)$$

如果 $E(X_1) = 5.5, E(Y) = 2500$,则

$$E(Z) = 5.5 \times 2500 = 13750(个)$$

即该地区该段时间内平均有 13750 个虫卵。

1.63 积分的计算

【例 1.56】 在实际当中经常会碰到复杂的积分计算。不过有些积分如果利用概率知识就简单得多。例如下面的 2 个积分

(1) $\displaystyle\int_{-\infty}^{\infty} (2x^2 + 2x + 3)e^{-(x^2 + 2x + 3)} dx$。

(2) $\displaystyle\int_{0}^{\infty} (4x^2 + 5x + 6)e^{-(2x+1)} dx$。

解 直接计算是很麻烦的。现利用随机变量的数学期望与方差公式以及密度函数的性质进行计算。

因为 $x^2 + 2x + 3 = \dfrac{(x+1)^2 + 2}{2 \cdot \left(\dfrac{1}{\sqrt{2}}\right)^2}$,所以 [记 e^x 为 $\exp(x)$]

$$\exp\{-(x^2 + 2x + 3)\} = \exp\left\{-\dfrac{(x+1)^2}{2 \cdot \left(\dfrac{1}{\sqrt{2}}\right)^2}\right\} e^{-2}$$

$$e^{-(2x+1)} = e^{-2x} \cdot e^{-1}$$

从而可利用正态分布随机变量 $X \sim N(-1, \dfrac{1}{2})$ 求积分(1),利用指数分布随机变量 $Y \sim \Gamma(1,2)$ 求积分(2)。即

(1) $\displaystyle\int_{-\infty}^{\infty} (2x^2 + 2x + 3) e^{-(x^2 + 2x + 3)} \mathrm{d}x$

$$= \frac{\sqrt{\pi}}{\sqrt{\pi}} e^{-2} \int_{-\infty}^{\infty} (2x^2 + 2x + 3) e^{-(x+1)^2} \mathrm{d}x$$

$$= \sqrt{\pi} e^{-2} E(2X^2 + 2X + 3)$$

$$= \sqrt{\pi} e^{-2} [2E(X^2) + 2E(X) + E(3)]$$

又因 $E(3) = 3, E(X) = -1, E(X^2) = D(X) + [E(X)]^2 = \dfrac{1}{2} + (-1)^2 = \dfrac{3}{2}$。所以

$$\int_{-\infty}^{\infty} (2x^2 + 2x + 3) e^{-(x^2 + 2x + 3)} \mathrm{d}x = \sqrt{\pi} e^{-2} [3 - 2 + 3] = 4\sqrt{\pi} e^{-2}$$

(2) $\displaystyle\int_{0}^{\infty} (4x^2 + 5x + 6) e^{-(2x+1)} \mathrm{d}x$

$$= e^{-1} E[4Y^2 + 5Y + 6]$$

$$= e^{-1} \{4[D(Y) + E^2(Y)] + 5E(Y) + 6\}$$

$$= \frac{1}{e} \left\{4\left(\frac{1}{2^2} + \frac{1}{4}\right) + 5 \cdot \frac{1}{2} + 6\right\}$$

$$= \frac{10.5}{e}$$

1.64 维尔斯特拉斯定理的大数定律证明

【例 1.57】 维尔斯特拉斯(Weierstrass)定理是数学分析与逼近论中非常著名的定理。该定理叙述如下:

解 设 $f(x)$ 为区间 $[a,b]$ 上的连续函数,则存在多项式序列 $\{N_n(x)\}$ 于 $[a,b]$ 上一致收敛于 $f(x)$。

该定理的证明方法很多,下面打算用伯努利(Bernovlli)大数定律来证明。为此先来介绍伯努利大数定律。

设 $\{X_i\}$ 为独立同分布随机变量序列,且 $X_i \sim B(1,p)$,即 $P\{X_i = 1\} = p, P\{X_i = 0\} = 1 - p, 0 < p < 1, i = 1, 2, 3, \cdots$,则 $\{X_i\}$ 服从(伯努利)大数定律,即对任意正数 ε,有

$$\lim_{n \to \infty} P\left\{\left|\frac{1}{n}\sum_{i=1}^{n}X_i - p\right| \geqslant \varepsilon\right\} = 0$$

简记为 $\dfrac{\mu_n}{n} \xrightarrow{P} p$,其中 $\mu_n = \sum_{i=1}^{n}X_i$。证明见参考文献[4]。

下面利用伯努利大数定律来证明维尔斯特拉斯定理。

证明 不失一般性,我们在区间 $[0,1]$ 上证明维尔斯特拉斯定理,否则作变量变换:$x = (b-a)t + a$,可将 $[a,b]$ 化为 $[0,1]$,$t \in [0,1]$。令多项式 $N_n(x)$ 为

$$N_n(x) = \sum_{k=0}^{n}C_n^k x^k (1-x)^{n-k} f\left(\frac{k}{n}\right)$$

显然有 $N_n(0) = f(0), N_n(1) = f(1)$,故当 $x = 0$ 或 $x = 1$ 时的收敛问题解决。现在考虑 $x \in (0,1)$ 时的收敛问题。

设 $\mu_n \sim B(n,x), n \geqslant 1, x \in (0,1)$,则

$$E\left[f\left(\frac{\mu_n}{n}\right)\right] = \sum_{k=0}^{n}f\left(\frac{k}{n}\right) \cdot C_n^k x^k (1-x)^{n-k} = N_n(x)$$

所以

$$N_n(x) - f(x) = \sum_{k=0}^{n}\left[f\left(\frac{k}{n}\right) - f(x)\right]C_n^k x^k (1-x)^{n-k}$$

从而

$$\mid N_n(x) - f(x) \mid \leqslant \sum_{k=0}^{n}\left|f\left(\frac{k}{n}\right) - f(x)\right|C_n^k x^k (1-x)^{n-k}$$

因为 $f(x)$ 在 $[0,1]$ 上连续,所以 $f(x)$ 在 $[0,1]$ 上有界,设 $\mid f(x) \mid \leqslant k$,且 $f(x)$ 在 $[0,1]$ 上一致连续,所以对于任意的 $\varepsilon > 0$,存在 $\delta > 0$,使得当 $\left|\dfrac{k}{n} - x\right| < \delta$ 时,就有 $\left|f\left(\dfrac{k}{n}\right) - f(x)\right| < \dfrac{\varepsilon}{2}$。

由伯努利大数定律,得 $\dfrac{\mu_n}{n} \xrightarrow{P} x$,所以对 $\delta > 0$,存在 $N > 0$,使得当 $n >$

N 时就有 $P\left\{\left|\dfrac{\mu_n}{n} - x\right| \geqslant \delta\right\} < \dfrac{\varepsilon}{4k}$。

从而当 $n > N$ 时,对一切 $x \in (0,1)$ 有

$$
\begin{aligned}
|N_n(x) - f(x)| \leqslant & \sum_{|\frac{k}{n} - x| < \delta} \left| f\left(\frac{k}{n}\right) - f(x) \right| C_n^k x^k (1-x)^{n-k} \\
& + \sum_{|\frac{k}{n} - x| \geqslant \delta} \left| f\left(\frac{k}{n}\right) - f(x) \right| C_n^k x^k (1-x)^{n-k} \\
< & \frac{\varepsilon}{2} + 2k \sum_{|\frac{k}{n} - x| \geqslant \delta} C_n^k x^k (1-x)^{n-k} \\
= & \frac{\varepsilon}{2} + 2k P\left\{\left|\frac{\mu_n}{n} - x\right| \geqslant \delta\right\} < \frac{\varepsilon}{2} + \frac{\varepsilon}{2} = \varepsilon
\end{aligned}
$$

证毕。

1.65 蒙特卡罗（**Monte Carlo**）模拟

【例 1.58】 在实际当中,经常会碰到复杂函数的(定)积分,虽然积分存在,但是积不出来,这时不得不考虑其数值计算。下面给出的方法是一种行之有效的数值计算法。

解 设 $f(x)$ 为由 $[0,1]$ 到 $[0,1]$ 的连续函数,我们现在考虑用蒙特卡罗(随机)模拟的方法求积分 $\int_0^1 f(x)\mathrm{d}x$ 的数值计算。因为要用到独立同分布强大数定律,所以我们首先来介绍此定律。

设 $\{X_i\}$ 为独立同分布随机变量序列,如果 $D(X_i)$ 存在,即 $D(X_i) < \infty$,则 $\{X_i\}$ 服从强大数定律,即

$$
P\left\{\lim_{n \to \infty} \frac{1}{n} \sum_{i=1}^n [X_i - E(X_i)] = 0\right\} = 1
$$

简记为 $\dfrac{1}{n} \sum_{i=1}^n [X_i - E(X_i)] \xrightarrow{a.s.} 0$

此定律说明随机序列 $\left\{\dfrac{1}{n} \sum_{i=1}^n [X_i - E(X_i)]\right\}$ 当 $n \to \infty$ 时,将依概率为 1 收敛到零。即此序列当 $n \to \infty$ 时不收敛到零的概率是零。此定律的证明见参考文献 [4]。

为计算积分 $\int_0^1 f(x)\mathrm{d}x$(图 1-18),设 $\xi_{11}, \xi_{12}, \xi_{21}, \xi_{22}, \xi_{31}, \xi_{32}, \cdots$ 是独

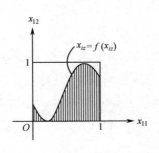

图 1-18

立同分布随机变量,且 $\xi_{11} \sim U[0,1]$,并设

$$\eta_i = I_{\{f(\xi_{i1}) > \xi_{i2}\}}, i = 1,2,3\cdots, \text{即 } \eta_i = \begin{cases} 1, f(\xi_{i1}) > \xi_{i2} \\ 0, \text{否则} \end{cases},$$

$i = 1,2,3,\cdots$

则 $\{\eta_i\}$ 为独立同分布随机序列,由强大数定律知

$$\sum_{i=1}^{n} \eta_i / n \xrightarrow{a.s.} E(\eta_1) = P\{f(\xi_{11}) > \xi_{12}\}$$

$$= \iint\limits_{f(x_{11}) > x_{12}} \mathrm{d}x_{11}\mathrm{d}x_{12}$$

$$= \int_0^1 \left[\int_0^{f(x_{11})} \mathrm{d}x_{12} \right] \mathrm{d}x_{11}$$

$$= \int_0^1 f(x_{11})\mathrm{d}x_{11} = \int_0^1 f(x)\mathrm{d}x$$

其中 ξ_{ij} 可以利用随机数发生器求得其一系列取样值。这样,就给出了求积分 $\int_0^1 f(x)\mathrm{d}x$ 的一个数值方法。一般称这样的方法为蒙特卡罗模拟。

如果 $f(x)$ 为 $[a,b]$ 到 $[0,1]$ 上的连续函数,且 $f(a) = c, f(b) = d$,则 $g(t) = \dfrac{f[(b-a)t+a] - c}{d-c}$ 为由 $[0,1]$ 到 $[0,1]$ 上的连续函数,且

$$\int_a^b f(x)\mathrm{d}x = (b-a)\left[(d-c)\int_0^1 g(t)\mathrm{d}t + c \right]$$

1.66 没校出的印刷错误数

【例 1.59】 一本书共有一百万个印刷符号,在打字时每个符号被打

错的概率为 0.0001,校对时每个被打错的符号被改正的概率为 0.9。求在校对之后错误不多于 15 个的概率。

解 求此概率需要独立同分布场合中心极限定理,先来叙述它。

设 $\{X_i\}$ 为独立同分布随机变量序列,且 $E(X_1)$(记为 a)与 $D(X_1)$(记为 σ^2)都存在,则 $\{X_i\}$ 服从中心极限定理。即对任意实数 x,有

$$\lim_{n \to \infty} P\left\{ \frac{1}{\sigma \sqrt{n}} \sum_{i=1}^{n} (X_i - a) < x \right\}$$

$$= \frac{1}{\sqrt{2n}} \int_{-\infty}^{x} e^{-t^2/2} dt, x \in (-\infty, +\infty)$$

简记为 $\dfrac{1}{\sigma \sqrt{n}} \sum\limits_{i=1}^{n} (X_i - a) \xrightarrow{L} Y \sim N(0,1)$

且对任意实数 x_1 与 $x_2 (x_1 \leqslant x_2)$ 有近似公式

$$P\left\{ x_1 \leqslant \sum_{i=1}^{n} X_i < x_2 \right\} \approx \Phi\left(\frac{x_2 - na}{\sigma \sqrt{n}} \right) - \Phi\left(\frac{x_1 - na}{\sigma \sqrt{n}} \right) \quad (1.60)$$

其中 $\Phi(x)$ 是 Y 的分布函数,即 $\Phi(x) = \int_{-\infty}^{x} \dfrac{1}{\sqrt{2\pi}} e^{-t^2/2} dt, x \in (-\infty, +\infty)$。

在历史上,上述中心极限定理全世界数学家曾把它当成中心课题研究了 200 年,最后借助特征函数才解决。这也是该定理冠以"中心"二字的由来。上定理的证明见参考文献[4]。

现在我们来求上述概率。设

$$X_i = \begin{cases} 1, 第 i 个符号被打错 \\ 0, 否则 \end{cases}$$

$$Y_i = \begin{cases} 1, 第 i 个符号校对之后是错的 \\ 0, 第 i 个符号校对之后是正确的 \end{cases}$$

$i = 1, 2, \cdots, 10^6$

由题设,诸 X_i 独立同分布,具 $X_i \sim B(1, 0.0001)$,诸 Y_i 独立同分布,且由全概率公式有

$$P\{Y_i = 1\} = P\{Y_i = 1 \mid X_i = 1\}P\{X_i = 1\}$$
$$+ P\{Y_i = 1 \mid X_i = 0\}P\{X_i = 0\}$$
$$= P\{Y_i = 1 \mid X_i = 1\}P\{X_i = 1\}$$
$$= 0.1 \times 0.0001 = 0.00001$$

即 $Y_i \sim B(1, 0.00001)$，所以，$E(Y_i) = 0.00001$

$$D(Y_i) = 0.0000099999, \quad \sqrt{D(Y_i)} = 0.003162261$$

由式(1.60)得

$$P\left\{\sum_{i=1}^{10^6} Y_i \leqslant 15\right\} \approx \Phi\left(\frac{15 - 10^6 \times 0.00001}{0.003162261 \times 1000}\right) - \Phi\left(\frac{-10}{3.162261}\right)$$

$$= \Phi(1.5811) - \Phi(-3.1623)$$

$$= 0.943 - 1 + 0.9992$$

$$= 0.9422$$

1.67 至少安装外线数

【例 1.60】 某单位有 200 台电话机，每台电话机大约有 5% 的时间要用外线通话。如果每台电话机是否使用外线是相互独立的，问该单位总机应至少需要安装多少条外线才能以 90% 以上的概率保证每台电话机使用外线时不被占用。

解 把每台电话机在某观察时刻是否使用外线看做一次独立的试验，该问题就可看成为 $n = 200$ 的 n 重伯努利试验。设 X 为观察时刻使用外线的电话机台数，且令

$$X_i = \begin{cases} 1, \text{观察时刻第 } i \text{ 台电话机使用外线} \\ 0, \text{否则} \end{cases} \quad i = 1, 2, \cdots, 200$$

则 $P\{X_i = 1\} = 0.05, P\{X_i = 0\} = 0.95, i = 1, 2, 3, \cdots, 200$

且 $X = \sum_{i=1}^{200} X_i$。我们的问题就是求满足 $P\{0 \leqslant X \leqslant k\} > 0.9$ 的最小正整数 k。

因为 $E(X_i) = 0.05, D(X_i) = 0.05 \times 0.95 = 0.0475, i = 1, 2, \cdots, 200$。所以，由式(1.60)，得

$$0.9 < P\{0 \leqslant X \leqslant k\}$$

$$= P\left\{-\frac{200 \times 0.05}{\sqrt{200 \times 0.0475}} \leqslant \frac{X - 10}{\sqrt{9.5}} \leqslant \frac{k - 10}{\sqrt{9.5}}\right\}$$

$$\approx \Phi\left(\frac{k - 10}{\sqrt{9.5}}\right) - \Phi\left(-\frac{10}{\sqrt{9.5}}\right) \approx \Phi\left(\frac{k - 10}{\sqrt{9.5}}\right)$$

即 $$\Phi\left(\frac{k-10}{\sqrt{9.5}}\right)>0.9$$

查标准正态分布函数值表得$\frac{k-10}{\sqrt{9.5}}>1.285$,于是得 $k\geqslant 14$,故至少安装

14 条外线才能以 90% 以上的概率保证每台电话机使用外线时不被占用。

1.68 每盒至少装多少只螺丝钉

【**例 1.61**】 某螺丝钉厂的废品率为 0.01,问每盒中至少应装多少只螺丝钉才能使其中含有 100 只合格品以上的概率不小于 0.95?

解 设每盒装 n 只,且设 $X_i=\begin{cases}1,\text{第 }i\text{ 只螺丝钉为合格品}\\0,\text{否则}\end{cases}$

$i=1,2,\cdots,n$

则 $X_1,X_2,\cdots,X_n$ 为独立同分布随机变量,且 $X_1\sim B(1,0.99)$,$E(X_1)=0.99$,

$D(X_1)=0.0099$,$\sqrt{D(X_1)}=0.0994987$,且 $\sum\limits_{i=1}^{n}X_i$ 为 n 个一盒的合格品数。

由式(1.60),得

$$0.95\leqslant P\left\{\sum_{i=1}^{n}X_i>100\right\}\approx 1-\Phi\left(\frac{100-0.99n}{0.0994987\sqrt{n}}\right)$$

即 $$\Phi\left(\frac{100-0.99n}{0.0994987\sqrt{n}}\right)\leqslant 0.05,\text{查表得}\frac{100-0.99n}{0.0994987\sqrt{n}}\leqslant -1.645$$

即 $$100-0.99n\leqslant -1.645\times 0.0994987\sqrt{n}$$

两边平方并整理得

$$0.9801n^2-198.0268n+10^4>0$$

解之得 $n_1>102.6858$,$n_2<99.3618$。所以每盒至少装 103 只螺丝钉才能使其中含有 100 只以上合格品的概率不小于 0.95。

1.69 价格预测

【**例 1.62**】 设某农贸市场某商品每日价格的变化是均值为 0,方差为 $\sigma^2=2$ 的随机变量,即有关系式

$$Y_n=Y_{n-1}+X_n,\qquad n\geqslant 1$$

其中 Y_n 表示第 n 天该商品的价格,X_n 表示第 n 天该商品价格比上天的增加数。$X_1,X_2,X_3,\cdots\cdots$ 为独立同分布随机变量,且均值为 0,方差为 2。即

$E(X_1)=0,D(X_1)=2$。如果今天该商品的价格为100,求18天后该商品价格在96与104之间的概率(可能性)。

解 设Y_0为今天该商品的价格,即$Y_0=100$,Y_{18}为18天后该商品的价格,则

$$Y_{18}=Y_{17}+X_{18} \qquad (递推)$$
$$=Y_{16}+X_{17}+X_{18}$$
$$=\cdots\cdots=Y_0+\sum_{i=1}^{18}X_i$$
$$=100+\sum_{i=1}^{18}X_i$$

由式(1.60),得

$$P\{96\leqslant Y_{18}\leqslant 104\}=P\Big\{96\leqslant 100+\sum_{i=1}^{18}X_i\leqslant 104\Big\}$$

$$=P\Big\{-\frac{4}{\sqrt{18\times2}}\leqslant\frac{1}{\sqrt{36}}\sum_{i=1}^{18}X_i\leqslant\frac{4}{\sqrt{36}}\Big\}$$

$$\approx\Phi\Big(\frac{2}{3}\Big)-\Phi\Big(-\frac{2}{3}\Big)=2\Phi\Big(\frac{2}{3}\Big)-1 \qquad (查标准正态分布表)$$

$$=2\times0.747-1=0.494$$

故18天后该商品价格在96与104之间的可能性不大。

1.70 概率巧计算

利用独立同分布中心极限定理推导出的概率计算近似公式(1.60)是一个非常有用的公式。在实际中有广泛的应用。由上述1.66~1.69可以了解它的部分实际应用。现再介绍它在求概率中的几个直接应用。

【例1.63】 (1) 设$X\sim P(100)$,求$P\{X\leqslant80\}$。

(2) 设$Y\sim B(150,0.1)$,求$P\{Y>20\}$。

(3) 设$Z\sim\Gamma\Big(3,\frac{1}{2}\Big)$,求$P\{Z>10\}$。

解 上述3个概率分别为

$$P\{X\leqslant80\}=\sum_{k=0}^{80}e^{-100}\frac{(100)^k}{k!}$$

$$P\{Y>20\}=\sum_{k=21}^{150}C_{150}^k(0.1)^k(0.99)^{150-k}$$

$$P\{Z>10\}=\int_{10}^{\infty}\frac{x^{3-1}\left(\frac{1}{2}\right)^3 e^{-\frac{x}{2}}}{\Gamma(3)}dx$$

由此 3 式直接计算是很麻烦的事情。现利用式（1.60）来计算上述 3 个概率。

（1）设 X_1，X_2，$\cdots$，X_{100} 为独立同分布随机变量，且 $X_1 \sim P$（1），则由再生性，$X = \sum\limits_{i=1}^{100} X_i$，且 E（X_1）$= D$（X_1）$= 1$，由式（1.60）得

$$P\{X\leqslant 80\}=P\left(\sum_{i=1}^{100}X_i\leqslant 80\right)\approx\Phi\left(\frac{80-100}{\sqrt{100}}\right)-\Phi\left(\frac{0-100}{\sqrt{100}}\right)$$

$$\approx\Phi(-2)=1-\Phi(2)\qquad\text{（查表）}$$

$$=1-0.9772=0.0228$$

注意：如果我们设 X_1，X_2，$\cdots$，X_{1000} 为独立同分布随机变量，且 $X_1 \sim P$（0.1），则这时，$X = \sum\limits_{i=1}^{1000} X_i, E(X_1) = D(X_1) = 0.1$,但是所求概率仍不变,即

$$P\{X\leqslant 80\}\approx\Phi\left(\frac{80-na}{\sigma\sqrt{n}}\right)-\Phi\left(\frac{0-na}{\sigma\sqrt{n}}\right)$$

$$=\Phi\left(\frac{80-100}{\sqrt{100}}\right)-\Phi\left(\frac{0-100}{\sqrt{100}}\right)$$

$$=0.0228$$

一般地说 n 越大近似程度越好，不过只要 $n\geqslant 50$，就可以利用式（1.60）。由上述知，当 n 大到可以利用式（1.60）时，n 具体取什么值不影响所求概率的值。不过应注意所取 n 值要便于计算。

（2）设 $Y_1,Y_2,\cdots,Y_{150}$ 为独立同分布随机变量,且 $Y_1 \sim B(1,0.1)$,则由再生性,$Y = \sum\limits_{i=1}^{150} Y_i$,且 $E(Y_1) = 0.1, D(Y_1) = 0.09$,由式(1.60) 得

$$P\{Y>20\}=1-P\{Y\leqslant 20\}\approx 1-\left[\Phi\left(\frac{20-na}{\sigma\sqrt{n}}\right)-\Phi\left(\frac{0-na}{\sigma\sqrt{n}}\right)\right]$$

$$=1-\left[\Phi\left(\frac{20-150\times 0.1}{0.3\sqrt{150}}\right)-\Phi\left(\frac{-15}{0.3\sqrt{150}}\right)\right]$$

$$\approx 1-\Phi(1.36)=0.0869\qquad\text{（查表）}$$

注意：由于二项分布中第 1 个参数必须是正整数，所以本小题中的

n 可以取 50，75，150 这 3 个值。

（3）设 $Z_1,Z_2,\cdots,Z_{100}$ 为独立同分布随机变量，且 $Z_1 \sim \Gamma\left(0.03,\frac{1}{2}\right)$，

则由再生性，$Z=\sum\limits_{i=1}^{100}Z_i$，且 $E(Z_1)=0.06,D(Z_1)=0.12,\sqrt{D(Z_1)}=$ 0.3464，由式（1.60），得

$$P\{Z>10\}=1-P\{Z\leqslant 10\}\approx 1\left[\Phi\left(\frac{10-6}{3.464}\right)-\Phi\left(\frac{0-6}{3.464}\right)\right]$$
$$=1-\Phi(1.15)+1-\Phi(1.73)\quad\text{（查表）}$$
$$=0.1669$$

1.71　离散型随机变量的密度函数定义

设 $F(x)$ 与 $f(x)$ 分别为连续型随机变量 X 的分布函数与密度函数，我们知道，$F(x)$ 与 $f(x)$ 几乎处处有关系

$$\frac{\mathrm{d}F(x)}{\mathrm{d}x}=f(x),a\cdot s$$

现在设 Y 为离散型随机变量，其分布列为

$$P\{Y=x_k\}=p_k,\quad k=1,2,3\cdots$$

设函数 $\mu(x)$ 为

$$\mu(x)=\begin{cases}1,&x>0\\0,&x\leqslant 0\end{cases}$$

则 Y 的分布函数 $G(x)$ 可表示为

$$G(x)=P\{Y<x\}=\sum\limits_{k=1}^{\infty}p_k\mu(x-x_k)\tag{1.61}$$

因为当 $x\neq 0$ 时，$\mu'(x)=0$，而当 $x=0$ 时，$\mu(x)$ 关于 x 的导数在通常意义下不存在，这是因为 $\mu(x)$ 关于 x 的左右导数分别为 $\mu'_-(0)=0$，$\mu'_+(0)=+\infty$。但是在工程上，把 $\frac{\mathrm{d}\mu(x)}{\mathrm{d}x}$ 记为 $\delta(x)$，即 $\delta(x)=\frac{\mathrm{d}\mu(x)}{\mathrm{d}x}$，并称它为狄拉克（Dirac）函数，简称为 δ 函数。实际上它已不是一般函数，而是一种广义函数。它具有如下性质

（i）当 $x\neq 0$ 时，$\delta(x)=0$，当 $x=0$ 时，$\delta(x)=\infty$。

（ii）$\delta(-x)=\delta(x)$。

（iii）对任意连续函数 $f(x)$，有

$$\int_{-\infty}^{\infty} f(x)\delta(x)\mathrm{d}x = f(0)$$

特别
$$\int_{-\infty}^{\infty} \delta(x)\mathrm{d}x = 1$$

有了 δ 函数，对式（1.61）两边关于 x 求导数得

$$\frac{\mathrm{d}G(x)}{\mathrm{d}x} = \sum_{k=1}^{\infty} p_k \delta(x-x_k)$$

仿连续型情形我们给出离散型随机变量的密度函数的如下定义。

定义 1.10 如果离散型随机变量 Y 的分布列为

$$P\{Y = x_k\} = p_k, \quad k = 1,2,3,\cdots$$

则定义 Y 的密度函数为 $\sum_{k=1}^{\infty} p_k \delta(x-x_k)$，记为 $f(x)$，即

$$f(x) = \sum_{k=1}^{\infty} p_k \delta(x-x_k)$$

由此定义知，在 $\delta(x) = \dfrac{\mathrm{d}\mu(x)}{\mathrm{d}x}$ 意义下，显然有

(i) $f(x) \geqslant 0$。

(ii) $\int_{-\infty}^{\infty} f(x)\,\mathrm{d}x = 1$。

此示离散型随机变量的密度函数也具有连续型随机变量密度函数的两条基本性质。

为什么要引进离散型随机变量的密度函数呢？我们说这不仅使两类随机变量（连续型的与离散型的）分布形式一致，而且在求它们的数字特征时便于统一处理。尤其在求特征函数和由特征函数求随机变量的分布时将更加方便。

1.72 母函数

母函数又叫生成函数（generating function）。它可分为 3 类，即特征函数（characteristic function），概率母函数（probability generating function）与矩母函数（moment generating function）。无论在概率论的发展中还是在概率论的应用中，它们都具有极其重要的地位。它们分别简记为 CF、PGF 与 MGF。其中概率母函数只对取非负整数值随机变量适用。

设 X 为随机变量，$f(x)$ 为 X 的密度函数，则

(1) X 的特征函数定义为 $E(e^{jtX})$，记为 $\varphi(t)$，即

$$\varphi(t) = E(e^{jtX}) = \int_{-\infty}^{\infty} e^{jtX} f(x)\mathrm{d}x, t \in R, j = \sqrt{-1}$$

(2) 如果对于 $|t| \leqslant h, h$ 为正实数，$E(e^{tX})$ 存在，则记它为 $M(t)$，即

$$M(t) = E(e^{tX}) = \int_{-\infty}^{\infty} e^{tX} f(x)\mathrm{d}x, \quad |t| \leqslant h$$

并称 $M(t)$ 为 X 的矩母函数。

(3) 如果 X 为离散型随机变量，且具有分布列

$$P\{X=k\} = p_k, \quad k=0,1,2,\cdots, \text{故 } f(x) = \sum_{k=1}^{\infty} p_k \delta(x-k)$$

则称 $E(t^X), t$ 为实数，且 $|t| \leqslant 1$，为 X 的概率母函数，并记为 $\psi(t)$，即

$$\psi(t) = E(t^X) = \int_{-\infty}^{\infty} t^X f(x)\mathrm{d}x, \quad |t| \leqslant 1$$

因为 $e^{jtX} = \cos tX + j\sin tX$，所以 $E|e^{jtX}| = E(\sqrt{\cos^2 tX + \sin^2 tX}) = E(1) = 1$，即 $\varphi(t)$ 总存在。当 $|t| \leqslant 1$ 时，$\psi(t)$ 也存在。

因为 X 的特征函数为 $E(e^{jtX}) = E[(e^{jt})^X]$，所以，如果已知 X 的特征函数 $\varphi(t)$，只需将 $\varphi(t)$ 中的 e^{jt} 换成 t 就可得 X 的概率母函数 $\varphi(t)$，将 $\varphi(t)$ 中的 e^{jt} 换成 e^t 就可得 X 的矩母函数 $M(t)$。例如，设 $X \sim B(n,p)$，由随机变量的特征函数表知，X 的特征函数 $\varphi(t) = (q+pe^{jt})^n$，所以，$X$ 的 PGF 为 $X(t) = (q+pt)^n$，X 的 MGF 为 $M(t) = (q+pe^t)^n$，其中，$q = 1-p$。$\varphi(t)$ 有如下反演公式：

$$f(x) = \frac{1}{2\pi} \int_{-\infty}^{\infty} e^{-jtx} \varphi(t)\mathrm{d}t.$$

母函数（尤其 CF 与 PGF）有广泛的应用。现在介绍其中的一些。

应用1（求随机变量的分布） 已知随机变量 X 与 Y 的特征函数分别为

(1) $\varphi_X(t) = \cos^2 t$；   (2) $\varphi_Y(t) = \dfrac{\sin t}{t}$；

求 X、Y 的分布。

解 (1) 由 CF 的反演公式，得 X 的密度函数

$$f_X(x) = \frac{1}{2\pi} \int_{-\infty}^{\infty} e^{-jtx} \cos^2 t\mathrm{d}t = \frac{1}{2\pi} \int_{-\infty}^{\infty} e^{-jtx} \frac{1+\cos 2t}{2}\mathrm{d}t$$

$$= \frac{1}{4\pi} \int_{-\infty}^{\infty} e^{-jtx}\mathrm{d}t + \frac{1}{4\pi} \int_{-\infty}^{\infty} e^{-jtx} \frac{e^{j2t} + e^{-2jt}}{2}\mathrm{d}t$$

$$= \frac{1}{4\pi}\int_{-\infty}^{\infty} e^{-jtx}dt + \frac{1}{8\pi}\int_{-\infty}^{\infty} e^{-jt(x-2)}dt + \frac{1}{8\pi}\int_{-\infty}^{\infty} e^{-jt(x+2)}dt$$

由广义傅里叶变换知，δ（x）的傅里叶变换为

$$G(\omega) = \int_{-\infty}^{\infty} \delta(x)e^{-j\omega x}dx = 1$$

所以，G（ω）的逆变换为

$$\delta(x) = \frac{1}{2\pi}\int_{-\infty}^{\infty} G(\omega)e^{j\omega x}d\omega$$

$$= \frac{1}{2\pi}\int_{-\infty}^{\infty} e^{j\omega x}d\omega$$

即

$$\int_{-\infty}^{\infty} e^{j\omega x}d\omega = 2\pi\delta(x)$$

从而，$f_X(x) = \frac{1}{2}\delta(-x) + \frac{1}{4}\delta(2-x) + \frac{1}{4}\delta(-x-2)$

$$= \frac{1}{2}\delta(x) + \frac{1}{4}\delta(x-2) + \frac{1}{4}\delta(x+2)$$

故 X 为离散随机变量，其分布列为

X	-2	0	2
P	$\frac{1}{4}$	$\frac{1}{2}$	$\frac{1}{4}$

（2）　由 CF 的反演公式，Y 的密度函数为

$$f_Y(x) = \frac{1}{2\pi}\int_{-\infty}^{\infty} e^{-jtx}\frac{\sin t}{t}dt$$

$$= \frac{1}{2\pi}\int_{-\infty}^{\infty} \frac{\cos tx \cdot \sin t - j\sin tx \sin t}{t}dt$$

$$= \frac{1}{2\pi}\int_{-\infty}^{\infty} \frac{\cos tx \sin t}{t}dt$$

$$= \frac{1}{2\pi}\int_{-\infty}^{\infty} \frac{\sin(tx+t) + \sin(t-tx)}{2t}dt$$

$$= \frac{1}{2\pi}\int_{0}^{\infty} \frac{\sin(x+1)t + \sin(1-x)t}{t}dt$$

由积分公式[19]

$$\int_{0}^{\infty} \frac{\sin ax}{x}dx = \begin{cases} \frac{\pi}{2}, a > 0 \\ -\frac{\pi}{2}, a < 0 \end{cases}$$

得
$$\frac{1}{2\pi}\int_0^\infty \frac{\sin(1+x)t}{t}\mathrm{d}t = \begin{cases} \dfrac{1}{4}, x > -1 \\ 0, x = -1 \\ -\dfrac{1}{4}, x < -1 \end{cases}$$

$$\frac{1}{2\pi}\int_0^\infty \frac{\sin(1-x)t}{t}\mathrm{d}t = \begin{cases} -\dfrac{1}{4}, x > 1 \\ 0, x = 1 \\ +\dfrac{1}{4}, x < 1 \end{cases}$$

故 $f_Y(x) = \begin{cases} \dfrac{1}{2}, \ |x| < 1 \\ 0, \ |x| \geqslant 1 \end{cases}$,即 $Y \sim U[-1,1]$

应用 2（求概率） 从 1，2…，10 这 10 个数字中随机有放回取 5 个数字，求总和为 20 的概率。

解 设 X_i 为第 i 次取出的数字，$i=1$，2，3，4，5，Y 为 5 次取出的数字之和，则诸 X_i 相互独立同分布，且 $Y = \sum_{i=1}^{5} X_i$。所求概率为 $P\{Y = 20\} = P\left(\sum_{i=1}^{5} X_i = 20\right)$。此概率看起来似乎比较简单，实际上直接计算是比较难的，现在利用 PGF 来求此概率。因为 X_1 的分布列为

$$P\{X_1 = k\} = \frac{1}{10}, k = 1,2,\cdots,10$$

所以，X_1 的 PGF 为

$$\psi_{X_1}(t) = E(t^{X_1}) = \int_{-\infty}^{\infty} t^x f_{X_1}(x)\mathrm{d}x$$

$$= \int_{-\infty}^{\infty} t^x \sum_{k=1}^{10} \frac{1}{10}\delta(x-k)\mathrm{d}x$$

$$= \sum_{k=1}^{10} \frac{1}{10}t^k$$

由诸 X_i 独立同分布，所以，Y 的 PGF 为

$$\psi_Y(t) = \frac{1}{10^5}\Big[\sum_{k=1}^{10} t^k\Big]^5$$

由 PGF 的定义知，$P\{Y=20\}$ 就是 $\psi_Y(t)$ 的展开式中含 t^{20} 项的系数。

又因

$$\psi_Y(t) = \frac{t^5}{10^5}(1+t+t^2+\cdots+t^9)^5$$

$$= \frac{t^5}{10^5}\left(\frac{1-t^{10}}{1-t}\right)^5 = \frac{t^5(1-t^{10})^5(1-t)^{-5}}{10^5}$$

$$= \frac{t^5}{10^5} \cdot \sum_{i=0}^{5} C_5^i(-t^{10})^i \cdot \sum_{k=0}^{5} C_{5+k-1}^{5-1}t^k$$

$$= \frac{t^5}{10^5}(1-5t^{10}+\cdots) \cdot (1+\cdots+C_9^4 t^5+\cdots+C_{19}^4 t^{15}+\cdots)$$

所以，t^{20} 项的系数为

$$\frac{1}{10^5}(C_{19}^4 - 5C_9^4) = \frac{3246}{10^5} = 0.03246$$

从而，所求概率为 $P\{Y=20\} = 0.03246$

此题用到公式[19]：$(1-x)^{-r} = \sum_{k=0}^{\infty} C_{k+r-1}^{r-1}x^k = \sum_{k=0}^{\infty} C_{k+r-1}^k x^k$

应用 3（求随机变量和的分布）　设 X_1，X_2，$\cdots$，X_n，独立同分布，且

（1）$X_1 \sim N(a, \sigma^2)$。

（2）$X_1 \sim G_{\text{e}}(p)$。

求 $\sum_{i=1}^{n} X_i$ 的分布。

解　（1）由附表 2 知 X_i 的 CF 为 $e^{jat-\frac{1}{2}\sigma^2 t^2}$，又因诸 X_i 独立，所以诸 e^{jtX_i} 独立，从而 $\sum_{i=1}^{n} X_i$ 的 CF 为

$$\varphi(t) = E(e^{jt\sum_{i=1}^{n}X_i}) = \prod_{i=1}^{n} E(e^{jtX_i}) = \prod_{i=1}^{n}(e^{jat-\sigma^2 t^2/2})$$

$$= e^{jnat-\frac{1}{2}n\sigma^2 t^2}$$

此是正态随机变量的特征函数，由 CF 与分布的一一对应性知，$\sum_{i=1}^{n} X_i$ 服从正态分布。即 $\sum_{i=1}^{n} X_i \sim N(na, n\sigma^2)$。

注意：如果诸 X_i 相互独立不同分布，但是 $X_i \sim N(a_i, \sigma_i^2)$，$i=1$，$2$，$\cdots$，$n$。类似可证：$\sum_{i=1}^{n} X_i \sim N(\sum_{i=1}^{n} a_i, \sum_{i=1}^{n} \sigma_i^2)$。

（2） 因为（由附表 2）X_i 的特征函数为 $p\mathrm{e}^{jt}(1-q\mathrm{e}^{jt})^{-1}$，类似于 (1) 的推导，$\sum\limits_{i=1}^{n} X_i$ 的 CF 为

$$\varphi(t)=\prod_{i=1}^{n} E(\mathrm{e}^{jtX_i})=\prod_{i=1}^{n}\left[p\mathrm{e}^{jt}(1-q\mathrm{e}^{jt})^{-1}\right]$$

$$=p^{n}\mathrm{e}^{jnt}(1-q\mathrm{e}^{jt})^{-n}=\left(\frac{p\mathrm{e}^{jt}}{1-q\mathrm{e}^{jt}}\right)^{n}$$

由附表一知，$\varphi(t)$ 是帕斯卡分布的 CF，再由 CF 与分布的唯一性知：

$$P\left(\sum_{i=1}^{n}X_i=k\right)=C_{k-1}^{n-1}p^{n}q^{k-n}, \quad k=n,\ n+1,\ \cdots,q=1-p\text{。}$$

应用 4（辛钦大数定律证明） 设 $\{X_i\}$ 为独立同分布随机变量序列，且 $E(X_1)=a$ 存在，则 $\{X_i\}$ 服从大数定律。即对于任意正数 ε，有

$$\lim_{n\to\infty}P\left\{\left|\frac{1}{n}\sum_{i=1}^{n}X_i-a\right|\geqslant\varepsilon\right\}=0$$

也即 $\qquad \dfrac{1}{n}\sum\limits_{i=1}^{n}X_i\xrightarrow{P}a \qquad$（当 $n\to\infty$时）

辛钦大数定律的直接证明是很麻烦的，但是利用特征函数进行证明就简单得多。

因为 X_1 的特征函数 $\varphi_{X_1}(t)$ 可展开成

$$\varphi_{X_1}(t)=\varphi_{X_1}(0)+\varphi'_{X_1}(0)t+o(t) \qquad \text{［由 CF 的性质}(vi)\text{］}$$

$$=1+jat+o(t)$$

所以 $\dfrac{1}{n}\sum\limits_{i=1}^{n}X_i$ 的 CF 为

$$\varphi(t)=E(\mathrm{e}^{jt\frac{1}{n}\sum_{i=1}^{n}X_i})=\prod_{i=1}^{n}E(\mathrm{e}^{j\frac{t}{n}X_i})=\prod_{i=1}^{n}\left[\varphi_{X_1}\left(\frac{t}{n}\right)\right]$$

$$=\left[\varphi_{X_1}\left(\frac{t}{n}\right)\right]^{n}=\left[1+ja\frac{t}{n}+o\left(\frac{t}{n}\right)\right]^{n}$$

故对于任意固定的 t，当 $n\to\infty$时，$\varphi(t)\to\mathrm{e}^{jat}$。而 e^{jat} 是常数 a（退化随机变量）的 CF，由连续性定理知[4]，$\dfrac{1}{n}\sum\limits_{i=1}^{n}X_i$ 的分布函数当 $n\to\infty$ 时趋于 a 的分布函数 $F(x)$，其中 $F(x)$ 为

$$F(x) = \begin{cases} 0, & x \leqslant a \\ 1, & x > a \end{cases}$$

从而对任意正数 ε，有

$$P\left\{\left|\frac{1}{n}\sum_{i=1}^{n}X_i - a\right| \geqslant \varepsilon\right\} = P\left\{\frac{1}{n}\sum_{i=1}^{n}X_i \geqslant a + \varepsilon\right\}$$

$$+ P\left\{\frac{1}{n}\sum_{i=1}^{n}X_i \leqslant a - \varepsilon\right\}$$

$$= 1 - P\left\{\frac{1}{n}\sum_{i=1}^{n}X_i < a + \varepsilon\right\} + P\left\{\frac{1}{n}\sum_{i=1}^{n}X_i \leqslant a - \varepsilon\right\}$$

$$\longrightarrow 1 - F(a+\varepsilon) + F(a-\varepsilon+0) = 1 - 1 + 0 = 0, \quad (当 n \to \infty 时)$$

即 $\frac{1}{n}\sum_{i=1}^{n}X_i \xrightarrow{P} a$。

应用 5（独立同分布中心极限定理证明） 设 $\{X_i\}$ 为独立同分布随机变量序列，且 $E(X_1) = a$，$D(X_1) = \sigma^2$ 都存在，则 $\{X_i\}$ 服从中心极限定理。即对任意实数 x，有

$$\lim_{n \to \infty} P\left\{\frac{1}{\sigma\sqrt{n}}\sum_{i=1}^{n}(X_i - a) < x\right\} = \frac{1}{\sqrt{2\pi}}\int_{-\infty}^{x} e^{-\frac{t^2}{2}}dt$$

现利用特征函数进行证明。

设 $\varphi(t)$ 为 $\frac{X_i - a}{\sigma}$ 的特征函数，$Y_n = \frac{1}{\sigma\sqrt{n}}\sum_{i=1}^{n}(X_i - a)$，因为 $E(X_i) = a$，$D(X_i) = \sigma^2$ 都存在，所以，$E\left(\frac{X_i - a}{\sigma}\right) = 0$，$D\left(\frac{X_i - a}{\sigma}\right) = 1$，从而 $\varphi(t)$ 存在二阶导数，且

$$\varphi(0) = 1, \varphi'(0) = 0, \varphi''(0) = j^2 D\left(\frac{X_i - a}{\sigma}\right) = -1$$

从而 $\frac{X_i - a}{\sigma\sqrt{n}}$ 的特征函数 $\varphi\left(\frac{t}{\sqrt{n}}\right)$ 在原点的泰勒（Taylor）展开式为

$$\varphi\left(\frac{t}{\sqrt{n}}\right) = \varphi(0) + \varphi'(0)\frac{t}{\sqrt{n}} + \varphi''(0)\frac{t^2}{2n} + o\left(\frac{t^2}{n}\right)$$

$$= 1 - \frac{t^2}{2n} + o\left(\frac{t^2}{n}\right)$$

故对于任意固定的 t，Y_n 的 CF 为

$$\left[1 - \frac{t^2}{2n} + 0\left(\frac{t^2}{n}\right)\right]^n \longrightarrow e^{-t^2/2}, \qquad (当 n \to \infty 时)$$

而 $e^{-t^2/2}$ 是标准正态分布随机变量 $Z[\sim N(0, 1)]$ 的 CF，由连续性定理[4]（如 Y_n 的 CF 当 $n \to \infty$ 时趋于 Z 的 CF，则 Y_n 的分布函数当 $n \to \infty$ 时趋于 Z 的分布函数），得

$$\lim_{n \to \infty} P\left\{\frac{1}{\sigma\sqrt{n}}\sum_{i=1}^{n}(X_i - a) < x\right\} = \frac{1}{\sqrt{2\pi}}\int_{-\infty}^{x} e^{-t^2/2}\,\mathrm{d}t$$

1.73　反之未必成立

在概率中有很多正定理成立，其逆定理却不成立，其中有的不仅有趣，而且使人惊奇，初学者应有所了解。例如：

（1）事件是样本空间的子集，反之，样本空间的子集却未必是事件。其理由在"全是不可测集惹的麻烦"中已经给出了，这里就不再说明了。不过请读者注意，有个别教科书定义事件为：如果 A 为样本空间 Ω 的子集，则称它为事件。有的对这样的定义还加了说明，有的连说明也不加。

（2）不可能事件的概率为零，反之，概率为零的事件却未必是不可能事件；同样的，必然事件的概率为 1，反之，概率为 1 的事件却未必是必然事件。不可能事件概率为零与必然事件概率为 1 是显然的，也是大家所熟知的。下面举例说明概率为零的事件未必是不可能的事件与概率为 1 的事件未必是必然事件。

在一个均匀的陀螺上均匀地刻上区间 $[0,1)$ 上诸数。旋转这陀螺，则陀螺停止旋转时其圆周上与桌面接触处的刻度 X 取区间 $[0,1)$ 上任一点是等可能的，且总有 $[0,1)$ 上的一点与桌接触。即 $X \sim U[0,1]$，故 X 为连续型随机变量，且 X 具有密度函数

$$f(x) = \begin{cases} 1, & x \in [0,1] \\ 0, & x \bar{\in} [0,1] \end{cases}$$

从而 X 的分布函数为 $F(x) = \begin{cases} 0, & x \leqslant 0 \\ x, & 0 < x \leqslant 1, \\ 1, & x > 1 \end{cases}$ 对 $[0,1]$ 中任一点 x，因

为 $F(x)$ 是连续函数，所以

$$P\{X=x\}=F(x+0)-F(x-0)=0$$

即 $\{X=x\}$ 为概率是 0 的事件，但是 $\{X=x\}$ 不是不可能事件。由此，$X \sim U[a,b]$，也可写为 $X \sim U(a,b)$ 或 $X \sim U(a,b)$。

如果我们设 $A=\{0<X\leqslant 1\}-\{X=x\}$，$x \in [0,1)$ 即 A 为事件 $\{X=x\}$ 的对立事件，所以 A 的概率为

$$P(A)=1-P\{X=x\}=1-0=1$$

但是 A 不是必然事件，这是因为 A 为必然事件 $\{0<X\leqslant 1\}$ 减去可能事件 $\{X=x\}$ 的差事件。

（3）两个随机变量相互独立则它们一定不（线性）相关，反之，两个随机变量不（线性）相关却未必独立。

随机变量 X 与 Y 不（线性）相关是指下式成立

$$\rho(X,Y)=\frac{E[X-E(X)][Y-E(Y)]}{\sqrt{D(X)D(Y)}}=0, \quad D(X)D(Y)>0$$

即

$$E[X-E(X)][Y-E(Y)]=0$$

如果 X 与 Y 独立，因为 $E(X)$ 与 $E(Y)$ 均为常数，所以 $X-E(X)$ 与 $Y-E(Y)$ 也独立，由随机变量相互独立性质知

$$E[X-E(X)][Y-E(Y)]=E[X-E(X)] \cdot E[Y-E(Y)]=0$$

即两随机变量独立则它们一定不（线性）相关。下面举例说明不（线性）相关未必独立。

设 $X \sim U[-1,1]$，则

$$E(X)=0, E(X^2)=D(X)=\frac{1}{3},$$

$$E(X^3)=\int_{-1}^{1}x^3\frac{1}{2}dx=0, E(X^4)=\int_{-1}^{1}x^4\frac{1}{2}dx=\frac{1}{5}$$

$D(X^2)=E(X^4)-[E(X^2)]=\frac{1}{5}-\frac{1}{9}=\frac{4}{45}$，因为 $E[X-E(X)] \cdot [Y-E(Y)]=E(XY)-E(X)E(Y)$

所以，$\rho(X,X^2)=\dfrac{E(X^3)-E(X)E(X^2)}{\sqrt{D(X)D(X^2)}}=0$

即 X 与 X^2 不（线性）相关（但是 $Y \equiv X^2$ 与 X 显然有非线性关系）。设 $x=0.2$，$y=\dfrac{1}{4}$，则

$$P\left\{X < 0.2, X^2 < \frac{1}{4}\right\} = P\left\{X < 0.2, -\frac{1}{2} < X < \frac{1}{2}\right\}$$

$$= P\left\{-\frac{1}{2} < X < 0.2\right\} = \int_{-\frac{1}{2}}^{0.2} \frac{1}{2} dx$$

$$= 0.35$$

而 $P\{X < 0.2\} P\left\{X^2 < \frac{1}{4}\right\} = \int_{-1}^{0.2} \frac{1}{2} dx \cdot \int_{\frac{1}{2}}^{1/2} \frac{1}{2} dx = 0.6 \times 0.5 = 0.3$

所以 $\quad P\left\{X < 0.2, X^2 < \frac{1}{4}\right\} \neq P\{X < 0.2\} P\left\{X^2 < \frac{1}{4}\right\}$

即 X 与 X^2 不（相互）独立。这是因为 X 与 Y 独立的定义是：对于任意实数 x 与 y 均有

$$P\{X < x, Y < y\} = P\{X < x\} P\{Y < y\}$$

注：当 (X, Y) 为二维正态随机变量时，X 与 Y 不（线性）相关同 X 与 Y 独立等价。

（4）联合分布唯一确定边缘分布，反之，边缘分布却未必能唯一确定联合分布。设 (X, Y) 具有密度函数 $f(x, y)$。如果 (X, Y) 为二维离散型随机变量，且有分布列：$P\{X = x_i, Y = y_j\} = p_{ij}$，$i, j = 1, 2, 3, \cdots$

则仿一维离散型随机变量密度函数定义，我们定义

$$f(x, y) = \sum_{j=1}^{\infty} \sum_{i=1}^{\infty} p_{ij} \delta(x - x_i) \delta(y - y_j)$$

其中 $\delta(x)$ 为 δ 函数，且 $\int_{-\infty}^{\infty} \delta(x - x_i) \delta(y - y_j) dy = \delta(x - x_i)$。由边缘度函数定义知，$X$、$Y$ 的密度函数分别为

$$f_X(x) = \int_{-\infty}^{\infty} f(x, y) dy$$

$$f_Y(y) = \int_{-\infty}^{\infty} f(x, y) dx$$

因此，由 $f(x, y)$ 可唯一确定 $f_X(x)$ 与 $f_Y(y)$。反之，我们来看下面两个例子。

【例 1.64】 设 (X_1, Y_1) 有密度函数

$$f_1(x, y) = \frac{9}{25} \delta(x) \delta(y) + \frac{6}{25} [\delta(x) \delta(y-1) + \delta(x-1) \delta(y)]$$

$$+\frac{4}{25}\delta(x-1)\delta(y-1)$$

即 (X_1, Y_1) 具有分布列为

X Y	0	1
0	$\frac{9}{25}$	$\frac{6}{25}$
1	$\frac{6}{25}$	$\frac{4}{25}$

则 X_1，Y_1 的密度分别为

$$f_{X_1}(x)=\frac{3}{5}\delta(x)+\frac{2}{5}\delta(x-1)$$

$$f_{Y_1}(y)=\frac{3}{5}\delta(y)+\frac{2}{5}\delta(y-1)$$

再设 (X_2, Y_2) 具有密度函数

$$f_2(x,y)=\frac{3}{10}\big[\delta(x)\delta(y)+\delta(x)\delta(y-1)+\delta(x-1)\delta(y)\big]$$

$$+\frac{1}{10}\delta(x-1)\delta(y-1),$$

即 (X_2, Y_2) 具有分布列

X Y	0	1
0	$\frac{3}{10}$	$\frac{3}{10}$
1	$\frac{3}{10}$	$\frac{1}{10}$

则 $f_{X_2}(x)=\frac{3}{5}\delta(x)+\frac{2}{5}\delta(x-1)$，$f_{Y_2}(y)=\frac{3}{5}\delta(y)+\frac{2}{5}\delta(y-1)$ 所以，

$$f_{X_1}(x)=f_{X_2}(x),f_{Y_1}(y)=f_{Y_2}(y)$$

但是 $f_1(x,y)\neq f_2(x,y)$

这就说明由边缘分布列不能唯一确定联合分布列。

【例 1. 65】 设 $(X, Y) \sim N(a_1, a_2; \sigma_1^2, \sigma_2^2; \rho)$，$\rho \neq 0$，由边缘密度函数公式可证 X、Y 的密度函数分别为

$$f_X(x) = \frac{1}{\sigma_1 \sqrt{2\pi}} e^{-(x-a_1)^2/2\sigma_1^2}, f_Y(y) = \frac{1}{\sigma_2 \sqrt{2\pi}} e^{-(y-a_2)^2/2\sigma_2^2}$$

显然由 $f_X(x)$ 与 $f_Y(y)$ 不能唯一确定 $f(x, y)$，这是因为 $f_X(x)$ 与 $f_Y(y)$ 中不含有 ρ。参考文献 [6] 中习题一的第 2 题还说明，虽然 X_1，X_2 都是正态随机变量，但是，(X_1, X_2) 不是二维正态随机向量。

（5）如果随机变量 X 与 Y 独立，则 X^2 与 Y^2 一定也独立，反之，如果随机变量 X 与 Y 不独立，却未必 X^2 与 Y^2 也不独立，即 X^2 与 Y^2 独立未必 X 与 Y 也独立。由 X 与 Y 独立证明 X^2 与 Y^2 独立是简单的。对任意实数 x 与 y，当 $x \leqslant 0$ 或 $y \leqslant 0$ 时，均有

$$P\{X^2 < x, Y^2 < y\} = P\{X^2 < x\}P\{Y^2 < y\} = 0$$

当 $x > 0$ 且 $y > 0$ 时，由 $X^2 < x \Leftrightarrow -\sqrt{x} < X < \sqrt{x}$ 与 X 与 Y 独立，有

$$P\{X^2 < x, Y^2 < y\} = P\{-\sqrt{x} < X < \sqrt{x}, -\sqrt{y} < Y < \sqrt{y}\}$$
$$= P\{-\sqrt{x} < X < \sqrt{x}\}P\{-\sqrt{y} < Y < \sqrt{y}\}$$
$$= P\{X^2 < x\}P\{Y^2 < y\}$$

即对任意实数 x 与 y，均有

$$P\{X^2 < x, Y^2 < y\} = P\{X^2 < x\}P\{Y^2 < y\}$$

所以 X^2 与 Y^2 独立。

为说明 X 与 Y 不独立未必 X^2 与 Y^2 也不独立，可看下面的例子。

【例 1. 66】 设 (X, Y) 为二维连续型随机向量，其密度函数为

$$f(x, y) = \begin{cases} \dfrac{1}{4}(1+xy), & |x| < 1, |y| < 1 \\ 0, & \text{其他} \end{cases}$$

则 X 的密度函数为

$$f_X(x) = \int_{-\infty}^{\infty} f(x, y) \mathrm{d}y$$
$$= \begin{cases} \displaystyle\int_{-1}^{1} \frac{1}{4}(1+xy)\mathrm{d}y = \frac{1}{2}, & x \in (-1, 1) \\ 0, & x \in (-1, 1) \end{cases}$$

类似地，Y 的密度函数为

$$f_Y(y) = \begin{cases} \dfrac{1}{2} & , y \in (-1,1) \\ 0 & , y \bar{\in} (-1,1) \end{cases}$$

因为 $\left(\dfrac{1}{2}, \dfrac{1}{2}\right)$ 是 $f(x, y)$ 的连续点，但是

$$f\left(\dfrac{1}{2}, \dfrac{1}{2}\right) = \dfrac{5}{16} \neq f_X\left(\dfrac{1}{2}\right) f_Y\left(\dfrac{1}{2}\right) = \dfrac{1}{4}$$

所以，由式（1.48）知 X 与 Y 不独立。

因为 X^2 的密度函数为

$$f_{X^2}(x) = \begin{cases} \dfrac{1}{2\sqrt{x}}\left[f_X(\sqrt{x}) + f_X(-\sqrt{x})\right], & x > 0 \\ 0, x \leqslant 0 \end{cases}$$

$$= \begin{cases} \dfrac{1}{2\sqrt{x}}, x \in (0,1) \quad (x>0, |\pm\sqrt{x}| < 1) \\ 0, x \bar{\in} (0,1) \end{cases}$$

类似地，Y^2 的密度函数为

$$f_{Y^2}(y) = \begin{cases} \dfrac{1}{2\sqrt{y}}, y \in (0,1) \\ 0, y \bar{\in} (0,1) \end{cases}$$

又因对任意实数 x 与 y，(X^2, Y^2) 的分布函数为

$$F_{X^2, Y^2}(x, y) = P\{X^2 < x, Y^2 < y\}$$

$$= \begin{cases} 0, x < 0 \text{ 或 } y < 0 \\ P\{X^2 < x\} = P\{-\sqrt{x} < X < \sqrt{x}\} = \sqrt{x}, \\ \quad 0 \leqslant x < 1, y > 1 \\ \sqrt{y}, 0 \leqslant y < 1, x > 1 \\ P\{-\sqrt{x} < X < \sqrt{x}, -\sqrt{y} < Y < \sqrt{y}\} \\ \quad = \displaystyle\int_{-\sqrt{x}}^{\sqrt{x}}\left[\int_{-\sqrt{y}}^{\sqrt{y}} \dfrac{1+st}{4} \mathrm{d}t\right]\mathrm{d}s \\ \quad = \sqrt{x}\sqrt{y}, 0 \leqslant x < 1, 0 \leqslant y < 1 \\ 1, x \geqslant 1 \text{ 且 } y \geqslant 1 \end{cases}$$

从而（X^2，Y^2）的密度函数为

$$f_{X^2,Y^2}(x,y)=\frac{\partial^2 F_{X^2,Y^2}(x,y)}{\partial x \partial y}$$

$$=\begin{cases}\dfrac{1}{4\sqrt{x}\sqrt{y}},0<x<1,0<y<1\\0,其他\end{cases}$$

易见在 $f_{X^2,Y^2}(x,y)$ 的任意连续点（x，y）处，均有

$$f_{X^2,Y^2}(x,y)=f_{X^2}(x)f_{Y^2}(y)$$

由式（1.48），X^2 与 Y^2 独立。

1.74 两个母公式

这里的"母公式"是指能产生公式的公式。由随机变量的分布求随机变量的函数的分布是概率论重要内容之一。设（X，Y）为二维随机变量。其密度函数为 $f(x,y)$，a，b，c，d 均为常数，且 a 与 b 不全为零。为了给出两个母公式，先来介绍参考文献［4］中定理 2.7.5：

设二维随机变量（ξ_1，ξ_2）有密度（函数）$f_\xi(x_1,x_2)$，如果函数 $\begin{cases}y_1=g_1(x_1,x_2)\\y_2=g_2(x_2,x_2)\end{cases}$

满足下列两个条件

（1）存在唯一反函数

$$\begin{cases}x_1=h_1(y_1,y_2)\\x_2=h_2(y_1,y_2)\end{cases}$$

（2）$h_1(y_1,y_2)$、$h_2(y_1,y_2)$ 在一切点（y_1，y_2）存在连续偏导数。记

$$J(y_1,y_2)=\begin{vmatrix}\dfrac{\partial x_1}{\partial y_1}&\dfrac{\partial x_1}{\partial y_2}\\\dfrac{\partial x_2}{\partial y_1}&\dfrac{\partial x_2}{\partial y_2}\end{vmatrix}$$

则 $\eta_1=g_1(\xi_2,\xi_2)$ 与 $\eta_2=g_2(\xi_1,\xi_2)$ 的联合密度 $f_\eta(y_1,y_2)$ 为 $f_\eta(y_1,y_2)=f_\xi[h_1(y_1,y_2),h_2(y_1,y_2)]|J(y_1,y_2)|$

证明见参考文献［4］。

现在利用此定理，求 $aX+bY+c$ 与 XY^d 的密度（函数）。为求 aX

$+bY+c$ 的密度，当 $a\neq0$ 时，令

$$\begin{cases} y_1 = ax + by + c \\ y_2 = y \end{cases}, \quad 则 \begin{cases} x = (y_1 - by_2 - c)/a \\ y = y_2 \end{cases}$$

所以, $J(y_1, y_2) = \begin{vmatrix} \dfrac{\partial x}{\partial y_1} & \dfrac{\partial x}{\partial y_2} \\ \dfrac{\partial y}{\partial y_1} & \dfrac{\partial y}{\partial y_2} \end{vmatrix} = \begin{vmatrix} \dfrac{1}{a} & -\dfrac{b}{a} \\ 0 & 1 \end{vmatrix} = \dfrac{1}{a}$

从而 $\eta_1 = aX + bY + c$ 与 $\eta_2 = Y$ 的联合密度为

$$f\left(\frac{y_1 - by_2 - c}{a}, y_2\right)\left|\frac{1}{a}\right|$$

由边缘密度公式，$aX + bY + c$ 的密度为

$$f_{aX+bY+c}(y_1) = \frac{1}{|a|} \int_{-\infty}^{\infty} f\left(\frac{y_1 - by_2 - c}{a}, y_2\right) \mathrm{d}y_2$$

即 $\qquad f_{aX+bY+c}(z) = \dfrac{1}{|a|} \int_{-\infty}^{\infty} f\left(\dfrac{z - by - c}{a}, y\right) \mathrm{d}y$

当 $b\neq0$ 时，类似可得

$$f_{aX+bY+c}(z) = \frac{1}{|b|} \int_{-\infty}^{\infty} f\left(x, \frac{z - ax - c}{b}\right) \mathrm{d}x$$

于是得

$$f_{aX+bY+c}(z) = \frac{1}{|a|} \int_{-\infty}^{\infty} f\left(\frac{z - by - c}{a}, y\right) \mathrm{d}y \quad (a\neq0)$$

$$= \frac{1}{|b|} \int_{-\infty}^{\infty} f\left(x, \frac{z - ax - c}{b}\right) \mathrm{d}x, \quad (b\neq0), \qquad (1.62)$$

为求 XY^d 的密度，令

$$\begin{cases} y_1 = xy^d \\ y_2 = y \end{cases}, 则 \begin{cases} x = y_1/y_2^d \\ y = y_2 \end{cases}, \quad 从而 \ J(y_1, y_2) = \frac{1}{y_2^d}$$

所以，$\eta_1 = XY^d$ 与 $\eta_2 = Y$ 的联合密度为

$$f\left(\frac{y_1}{y_2^d}, y_2\right)\left|\frac{1}{y_2^d}\right|$$

于是 XY^d 的密度为

$$f_{XY^d}(y_1) = \int_{-\infty}^{\infty} f\left(\frac{y_1}{y_2^d}, y_2\right) \frac{1}{|y_2^d|} \mathrm{d}y_2$$

即 $\qquad f_{XY^d}(z) = \displaystyle\int_{-\infty}^{\infty} f\left(\frac{z}{y^d}, y\right) \frac{1}{|y|^d} \mathrm{d}y, (P\{Y=0\}=0) \qquad (1.63)$

上述两公式不仅给出函数 $aX+bY+c$ 与 XY^d 的密度（函数）公式，而且由此两公式可以产生很多公式。例如，令

$a=b=1$，$c=0$，由式（1.62）得 $X+Y$ 的密度（函数）

$$f_{X+Y}(z)=\int_{-\infty}^{\infty}f(z-y,y)\mathrm{d}y$$

$$=\int_{-\infty}^{\infty}f(x,z-x)\mathrm{d}x \qquad (1.64)$$

令 $a=1$，$b=-1$，$c=0$，由式（1.62），得 $X-Y$ 的密度

$$f_{X-Y}(z)=\int_{-\infty}^{\infty}f(z+y,y)\mathrm{d}y$$

$$=\int_{-\infty}^{\infty}f(x,x-z)\mathrm{d}x \qquad (1.65)$$

令 $a=1$，$b=0$，$c=0$，由式（1.62）的第一式得 X 的边缘密度

$$f_X(z)=\int_{-\infty}^{\infty}f(z,y)\mathrm{d}y \qquad (1.66)$$

令 $a=c=0$，$b=1$，由式（1.62）的第二式得 Y 的密度

$$f_Y(z)=\int_{-\infty}^{\infty}f(x,z)\mathrm{d}x \qquad (1.67)$$

令 $d=1$，由式（1.63）得 XY 的密度

$$f_{XY}(z)=\int_{-\infty}^{\infty}f\left(\frac{z}{y},y\right)\frac{1}{|y|}\mathrm{d}y \quad （由对称性）[P\{Y=0\}=0]$$

$$=\int_{-\infty}^{\infty}f\left(x,\frac{z}{x}\right)\frac{1}{|x|}\mathrm{d}x,[P\{X=0\}=0] \qquad (1.68)$$

令 $d=-1$，由式（1.63）得 X/Y 的密度

$$f_{X/Y}(z)=\int_{-\infty}^{\infty}f(zy,y)|y|\mathrm{d}y,[P\{Y=0\}=0] \qquad (1.69)$$

令 $d=\frac{1}{2}$（当 $Y\geqslant0$ 时），由式（1.63）得 $\frac{X}{\sqrt{Y}}$ 的密度

$$f_{X/\sqrt{Y}}(z)=\int_{-\infty}^{\infty}f\left(\frac{z}{\sqrt{y}},y\right)\frac{1}{\sqrt{|y|}}\mathrm{d}y,[P\{Y=0\}=0] \qquad (1.70)$$

令 $d=0$，由式（1.63）得 X 的密度

$$f_X(z)=\int_{-\infty}^{\infty}f(z,y)\mathrm{d}y \qquad (1.71)$$

显然式（1.71）与式（1.66）相同。

令 $b=0$，当 $a \neq 0$ 时，由式（1.62）的第一式得 $aX+c$ 的密度

$$f_{aX+c}(z) = \frac{1}{|a|} \int_{-\infty}^{\infty} f\left(\frac{z-c}{a}, y\right) \mathrm{d}y$$

$$= \frac{1}{|a|} f_x\left(\frac{z-c}{a}\right) \qquad a \neq 0 \tag{1.72}$$

令 $d=2$，由式（1.63）得 XY^2 的密度

$$f_{XY^2}(z) = \int_{-\infty}^{\infty} f\left(\frac{z}{y^2}, y\right) \frac{1}{y^2} \mathrm{d}y \tag{1.73}$$

令 $d=-2$，由式（1.63）得 X/Y^2 的密度

$$f_{X/Y^2}(z) = \int_{-\infty}^{\infty} f(zy^2, y) y^2 \mathrm{d}y \tag{1.74}$$

令 a，b，c，d 取其他不同的值还可以得其他许多公式，这里就不再详述了。

由上述可知，式（1.62）与式（1.63）可以产生许多公式，因此，只要记住式（1.62）与式（1.63），其他公式可以由它们立刻得到。不过需注意，上述公式仅适用于连续型随机变量。更准确地说，式（1.62）以及由它产生的诸式对连续型随机变量与离散型随机变量都适用，而式（1.63）以及由它产生的诸式对离散型随机变量就不适用。现在来说明式（1.62）对离散型随机变量也适用。

设二维离散型随变量 (X, Y) 的分布列为

$$P\{X=x_i, Y=y_j\} = p_{ij}, i,j=1,2,3,\cdots$$

则由问题 1.71，类似地，(X, Y) 的密度（函数）为

$$f(x,y) = \sum_{j=1}^{\infty} \sum_{i=1}^{\infty} \delta(x-x_i)\delta(y-y_j)p_{ij}$$

由式（1.62），当 $a \neq 0$ 时，$aX+bY+c$ 的密度为

$$f_{aX+bY+c}(z) = \frac{1}{|a|} \int_{-\infty}^{\infty} f\left(\frac{z-by+c}{a}, y\right) \mathrm{d}y$$

$$= \frac{1}{|a|} \sum_{j=1}^{\infty} \sum_{i=1}^{\infty} p_{ij} \int_{-\infty}^{\infty} \delta\left(\frac{z-by-c}{a} - x_i\right)\delta(y-y_j)\mathrm{d}y$$

$$= \frac{1}{|a|} \sum_{j=1}^{\infty} \sum_{i=1}^{\infty} p_{ij} \delta\left(\frac{z-by_j-c}{a} - x_i\right)$$

$$= \sum_{i=1}^{\infty} \left[\sum_{j=1}^{\infty} p_{ij} \delta\left(\frac{z-by_j-c}{a} - x_i\right) \right] \tag{1.75}$$

所以，式（1.62）及其诸子式对离散型随机变量也适用。

然而，对于式（1.63），这时碰到积分

$$\int_{-\infty}^{\infty} \delta\left(\frac{z}{y^d} - x_i\right) \delta(y - y_j) \frac{1}{|y|^d} \mathrm{d}y$$

这个积分等于什么？作者现在还不知道，故式（1.63）及其诸子式对离散型随机变量现在还不适用。

例如，设（X，Y）有分布列为

Y \ X	0	1
0	0.3	0.3
1	0.3	0.1

则由式（1.75），$X+Y$ 的密度为

$$f_{X+Y}(Z) = \sum_{i=0}^{1} \sum_{j=0}^{1} p_{ij} \delta(Z - j - i)$$

$$= \sum_{i=0}^{1} \left[p_{i0} \delta(Z - i) + p_{i1} \delta(Z - 1 - i) \right]$$

$$= p_{00} \delta(Z) + p_{01} \delta(Z-1) + p_{10} \delta(Z-1) + p_{11} \delta(Z-2)$$

$$= 0.3\delta(Z) + 0.6\delta(Z-1) + 0.1\delta(Z-2)$$

即 $X+Y$ 有分布列

$X+Y$	0	1	2
P	0.3	0.6	0.1

由式（1.75），$X-Y$ 的密度为

$$f_{X-Y}(z) = \sum_{i=0}^{1} \sum_{j=0}^{1} p_{ij} \delta(Z + j - i)$$

$$= p_{00} \delta(Z) + p_{01} \delta(Z+1) + p_{10} \delta(Z-1) + p_{11} \delta(Z)$$

$$= 0.3\delta(Z+1) + 0.4\delta(Z) + 0.3\delta(Z-1)$$

即 $X-Y$ 分布列

$X+Y$	-1	0	1
P	0.3	0.4	0.3

由式（1.75），$2X+3Y+4$ 的密度为

$$f_{2X+3Y+4}(Z) = \sum_{i=0}^{1} \sum_{j=0}^{1} p_{ij} \delta \left(\frac{Z-3j-4}{2} - i \right)$$

$$= p_{00} \delta \left(\frac{Z-4}{2} \right) + p_{01} \delta \left(\frac{Z-7}{2} \right) + p_{10} \delta \left(\frac{Z-4}{2} - 1 \right)$$

$$+ p_{11} \delta \left(\frac{Z-9}{2} \right)$$

$$= 0.3\delta(Z-4) + 0.3\delta(Z-7) + 0.3\delta(Z-6)$$

$$+ 0.1\delta(Z-9)$$

即 $2X+3Y+4$ 有分布列

$2X+3Y+4$	4	6	7	9
P	0.3	0.3	0.3	0.1

02 数理统计篇

考虑到有些读者对数理统计了解不多或不了解，先来介绍与后面内容相关的一些概念。详细内容请见参考文献 [5]。

1. 总体、样本与统计量

所谓总体就是一个随机变量 X（或一个随机向量）。在进行 n 次重复独立试验之后，就得到总体 X 的 n 个观察值 x_1，x_2，$\cdots$，x_n，而在试验之前，x_1，x_2，$\cdots$，x_n 实际上是相互独立均与总体 X 同分布的 n 个随机变量 X_1，X_2，$\cdots$，X_n。称 X_1，X_2，$\cdots$，X_n 或 $(X_1$，X_2，$\cdots$，$X_n)$ 为总体 X 的容量为 n 的简单随机样本，简称为样本；称 x_1，x_2，$\cdots$，x_n 或 $(x_1$，x_2，$\cdots$，$x_n)$ 为样本的（一个）观察值，简称为样本值；称每个 X_i 为样品。如果 $g(x_1$，x_2，$\cdots$，$x_n)$ 为 $(x_1$，x_2，$\cdots$，$x_n)$ 的连续（或可测[4]）函数，且其中不含有任何未知参数，则称 $g(X_1$，X_2，$\cdots$，$X_n)$ 为一个统计量。记

$$\overline{X} = \frac{1}{n} \sum_{i=1}^{n} X_i, \qquad\qquad S^2 = \frac{1}{n} \sum_{i=1}^{n} (X_i - \overline{X})^2,$$

$$M_k = \frac{1}{n} \sum_{i=1}^{n} X_i^k, \qquad\qquad M'_k = \frac{1}{n} \sum_{i=1}^{n} (X_i - \overline{X})^k, k = 1,2,3,\cdots$$

$$S = \sqrt{\frac{1}{n} \sum_{i=1}^{n} (X_i - \overline{X})^2}, \qquad \hat{S}^2 = \frac{1}{n-1} \sum_{i=1}^{n} (X_i - \overline{X})^2$$

则称 $\overline{X}$、S^2、M_k、M'_k、S、$\hat{S}^2$ 分别为样本均值、样本方差、样本 k 阶原点矩、样本 k 阶中心矩、样本标准差、样本修正方差。并统称它们为样本的数字特征。

2. 点估计

概念。设 X_1，X_2，$\cdots$，X_n 为总体 X 的样本，$F(x; \theta)$ 为 X 的分布函数，$\theta \in \Theta$，Θ 为参数空间（θ 的取值范围）。构造一个适当的统计量

$\hat{\theta}(X_1, X_2, \cdots, X_n)$，当样本获得观察值 $x_1, x_2, \cdots, x_n$ 时，如果用统计量的观察值 $\hat{\theta}(x_1, x_2, \cdots, x_n)$ 作为未知参数 θ 的估计值，则称这样的估计方法为点估计，并称 $\hat{\theta}(X_1, X_2, \cdots, X_n)$ 为 θ 的估计量。

（1）点估计常用的两种方法。

① 矩法。设 $X_1, X_2, \cdots, X_n$ 为总体 X 的样本，$F(x; \theta_1, \theta_2, \cdots, \theta_k)$ 为 X 的分布函数，$\theta_1, \theta_2, \cdots, \theta_k$ 为 k 个未知参数。如果 $E(X^k)$ 存在，则记 $h_j(\theta_1, \theta_2, \cdots, \theta_k) = E(X^j)$，并令

$$h_j(\theta_1, \theta_2, \cdots, \theta_k) = M_j \left(= \frac{1}{n} \sum_{i=1}^{n} X_i^j \right), j = 1, 2, \cdots, k.$$

由此 k 个方程解出 k 个未知参数，记其解为 $\hat{\theta}_j(X_1, X_2, \cdots, X_n)$，则称 $\hat{\theta}_j(X_1, X_2, \cdots, X_n)$ 为 θ_j 的矩（法）估计量，$j = 1, 2, \cdots, k$。

由上方程组，有

$$E(X) = \overline{X}, E(X^2) = M_2$$

从而

$$D(X) = E(X^2) - [E(X)]^2 = M_2 - \overline{X}^2$$

$$= \frac{1}{n} \sum_{i=1}^{n} (X_i - \overline{X})^2 = S^2.$$

总体分布函数中的未知参数一般不超过两个，所以，求矩估计量的常用方法是解如下的两个方程构成的方程组

$$\begin{cases} \widehat{E(X)} = \overline{X} \\ \widehat{D(X)} = S^2 \end{cases} \tag{2.1}$$

② 极大似然法。设总体 X 的概率分布为 $p(x; \theta_1, \theta_2, \cdots, \theta_k)$（当 X 为连续型时，$p(x; \theta_1, \theta_2, \cdots, \theta_k)$ 为 X 的密度函数；当 X 为离散型时，$p(x, \theta_1, \theta_2, \cdots, \theta_k)$ 为 X 的概率函数，即 $p(x; \theta_1, \theta_2, \cdots, \theta_k) = P_{\theta_1, \theta_2, \cdots, \theta_k} \{X = x\}$），$\theta_1, \theta_2, \cdots, \theta_k$ 为 k 个未知参数，记 $\theta = (\theta_1, \theta_2, \cdots, \theta_k), \theta \in \Theta$，$\Theta$ 为参数空间，$X_1, X_2, \cdots, X_n$ 为 X 的样本，$x_1, x_2, \cdots, x_n$ 为样本观察值。记

$$L(\theta) = \prod_{i=1}^{n} P(X_i; \theta) \left[\text{或} L(\theta) = \prod_{i=1}^{n} P(x_i; \theta) \right]$$

称 $L(\theta)$ 为 θ 的似然函数，称使 $L(\theta)$ 取到最大值的 θ 的值 $\hat\theta$ 为 θ 的最大似然估计值。即如果有 $\hat\theta = \hat\theta(x_1, x_2, \cdots, x_n)$，使得

$$L(\hat\theta) = \sup_{\theta \in \Theta}\{L(\theta)\} \qquad (2.2)$$

则称 $\hat\theta(x_1, x_2, \cdots, x_n)$ 为 θ 的极（最）大似然估计值，而称 $\hat\theta(X_1, X_2, \cdots, X_n)$ 为 θ 的极大似然估计量。

由于 $L(\theta)$ 与 $\ln L(\theta)$ 在参数空间 Θ 上同时取到最大值，所以求 $L(\theta)$ 的最大值点，等价于求 $\ln L(\theta)$ 的最大值点。如果 $\ln L(\theta)$ 关于 θ 可微，$\hat\theta$ 必满足似然方程

$$\frac{\partial \ln L(\theta)}{\partial \theta_j} = 0, j = 1, 2, \cdots, k \qquad (2.3)$$

（2）点估计的评价标准。

设 $X_1, X_2, \cdots, X_n$ 为总体 X 的样本，$F(x; \theta)$ 为 X 的分布函数，θ 为未知参数，$\hat\theta_n \equiv \hat\theta(X_1, X_2, \cdots, X_n)$ 为 θ 的一个估计量，Θ 为参数空间。

①如果对任意 $\theta \in \Theta$ 和一切 n，均有 $E_\theta(\hat\theta_n) = \theta$，则称 $\hat\theta_n$ 为 θ 的无偏估计量。

②如果 $\hat\theta_n \xrightarrow{P} \theta$，即对任意正数 ε，有

$$\lim_{n\to\infty} P\{|\hat\theta_n - \theta| \geqslant \varepsilon\} = 0$$

则称 $\hat\theta_n$ 为 θ 的相合（一致）估计量。

③如果 $\hat\theta_1$ 与 $\hat\theta_2$ 均为 θ 的无偏估计量，且对任意 $\theta \in \Theta$ 和一切 n，均有 $D_\theta(\hat\theta_1) \leqslant D_\theta(\hat\theta_2)$，则称 $\hat\theta_1$ 比 $\hat\theta_2$ 有效。如果存在 θ 的无偏估计量 $\hat\theta^*$，使得对 θ 的任意无偏估计量 $\hat\theta$，均有 $D_\theta(\hat\theta^*) \leqslant D_\theta(\hat\theta)$，则称 $\hat\theta^*$ 为 θ 的一致最小方差无偏估计量（UMVUE），简称为最优无偏估计量。

④有效估计量。

[罗（Rao）-克拉默（Cramer）不等式] 设总体 X 的概率分布为 $p(x; \theta)$，θ 为未知参数，$\theta \in \Theta$，Θ 为参数空间，$(X_1, X_2, \cdots, X_n)$ 为 X 的样本，$T(X_1, X_2, \cdots, X_n)$ 为待估计（可估计）函数 $g(\theta)$ 的无

偏估计量。如果

(i) 集合 $\{x: p(x; \theta) > 0\}$ 与 θ 无关。

(ii) $\dfrac{\partial p(x; \theta)}{\partial \theta}$ 存在，且 $I(\theta) \equiv E_\theta \left[\dfrac{\partial}{\partial \theta} \ln p(x; \theta) \right]^2 > 0$。

(iii) $g'(\theta)$ 存在，且

$$g'(\theta) = \int_{-\infty}^{\infty} \cdots \int_{-\infty}^{\infty} T(x_1, x_2, \cdots, x_n)$$

$$\cdot \frac{\partial}{\partial \theta} \left[\prod_{i=1}^{n} p(x_i; \theta) \right] \mathrm{d}x_1 \cdots \mathrm{d}x_n,$$

$$\frac{\partial}{\partial \theta} \int_{-\infty}^{\infty} \cdots \int_{-\infty}^{\infty} \prod_{i=1}^{n} p(x_i; \theta) \mathrm{d}x_1 \cdots \mathrm{d}x_n$$

$$= \int_{-\infty}^{\infty} \cdots \int_{-\infty}^{\infty} \frac{\partial}{\partial \theta} \left[\prod_{i=1}^{n} p(x_i; \theta) \right] \mathrm{d}x_1 \cdots \mathrm{d}x_n$$

则

$$D_\theta(T) \geqslant \frac{[g'(\theta)]^2}{nI(\theta)}, \text{对一切} \theta \in \Theta \qquad (2.4)$$

特别，当 $g(\theta) = \theta$ 时，有 $D_\theta(T) \geqslant \dfrac{1}{nI(\theta)}$。

上两不等式称为 R－C 不等式。$\dfrac{[g'(\theta)]^2}{nI(\theta)} \left(\text{或} \dfrac{1}{nI(\theta)} \right)$ 称为 $g(\theta)$（或 θ）的 R－C 下界。$I(\theta)$ 称为费歇耳（Fisher）信息量。如果 R－C 不等式中等号成立，即 $D_\theta(T) = \dfrac{[g'(\theta)]^2}{nI(\theta)}$，则称 $T(X_1, X_2, \cdots, X_n)$ 为 $g(\theta)$ 的有效估计量。

⑤在罗-克拉默不等式条件下，有

(i) 待估计函数 $g(\theta)$ 的有效估计量存在且为 $T(X_1, X_2, \cdots, X_n)$ 的充要条件是 $\dfrac{\partial}{\partial \theta}[\ln L(\theta)]$ 可化为形式 $C(\theta)[T - g(\theta)]$，即

$$\frac{\partial}{\partial \theta}[\ln L(\theta)] = C(\theta)[T - g(\theta)] \qquad (2.5)$$

其中 $C(\theta) \neq 0$ 是与样本无关的 θ 的函数，且 T 是 $g(\theta)$ 的无偏估计量。

(ii) 如果 (i) 成立，则

$$\frac{[g'(\theta)]^2}{nI(\theta)}=\frac{g'(\theta)}{C(\theta)}=D_\theta(T),I(\theta)=\frac{C(\theta)g'(\theta)}{n} \tag{2.6}$$

当 $g(\theta)=\theta$ 时，$\dfrac{1}{nI(\theta)}=\dfrac{1}{C(\theta)}=D_\theta(T)$，$I(\theta)=\dfrac{C(\theta)}{n}$。

（iii）待估计函数 $g(\theta)$ 的有效估计量是唯一的。

（iv）$g(\theta)$ 的有效估计量一定是 $g(\theta)$ 的唯一极大似然估计量。

（3）贝叶斯（Bayes）估计量。

设 $F(x,\theta)$ 为总体 X 的分布函数，θ 为未知参数，$(X_1,X_2,\cdots,X_n)$ 为 X 的样本，$g(x_1,x_2,\cdots,x_n)$ 为样本的密度函数（或概率函数），$\hat\theta\equiv\hat\theta(X_1,X_2,\cdots,\theta)$ 为 θ 的估计量。当 θ 为随机变量时，设 $\pi(y)$ 为 θ 的密度函数（或概率函数）。$f(x_1,x_2,\cdots,x_n\mid y)$ 为在 $\theta=y$ 下样本的条件密度函数（或条件概率函数）。则在二次损失函数 $(\theta-\hat\theta)^2$ 情况下［以后如不特别声明，损失函数均为 $(\theta-\hat\theta)^2$］，θ 的贝叶斯估计量［记为 $\widetilde d(X_1,X_2,\cdots,X_n)$］为 $\widetilde d\equiv\widetilde d(X_1,X_2,\cdots,X_n)=E(\theta\mid X_1,X_2,\cdots,X_n)$

$$=\begin{cases}\displaystyle\int_{-\infty}^{\infty}yh(y\mid X_1,X_2,\cdots,X_n)\mathrm dy,&\text{当 }\theta\text{ 为连续型随机变量时}\\[2mm]\displaystyle\sum_j y_j h(y_j\mid X_1,X_2,\cdots,X_n),&\text{当 }\theta\text{ 为离散型且取诸值 }y_j\text{ 时}\end{cases}$$

$$\tag{2.7}$$

其中
$$h(y\mid x_1,x_2,\cdots,x_n)=\frac{\pi(y)f(x_1,x_2,\cdots,x_n\mid y)}{g(x_1,x_2,\cdots,x_n)} \tag{2.8}$$

而称 $B(\widetilde d)\equiv E(E\{[\theta-\widetilde d]^2\mid X_1,X_2,\cdots,X_n\})$ 为用 $\widetilde d$ 估计 θ 的最小贝叶斯风险，即最小平均损失。

3. 区间估计

（1）概念。设 $X_1,X_2,\cdots,X_n$ 为总体 X 的样本，$F(x;\theta)$ 为 X 的分布函数，θ 为未知参数。构造两个统计量 $\hat\theta_1$ 与 $\hat\theta_2$，$\hat\theta_1<\hat\theta_2$。如果把 θ 估计在 $\hat\theta_1$ 与 $\hat\theta_2$ 之间写成 $\hat\theta_1<\theta<\hat\theta_2$，称这样估计未知参数的方法为区间估计。

（2）区间估计的评价标准。区间估计有两个评价标准：

① 精度：用 $\hat\theta_2-\hat\theta_1$ 表示，$\hat\theta_2-\hat\theta_1$ 越小精度越高。

② 置信度（可靠度）：用概率 $P\{\hat\theta_1<\theta<\hat\theta_2\}$ 表示，$P\{\hat\theta_1<\theta<\hat\theta_2\}$ 越大

置信度越高。

当 n 固定后，精度与置信度不能同时提高。在实际中，是先根据具体问题的要求确定置信度为 $1-\alpha$，即

$$P\{\hat{\theta}_1 < \theta < \hat{\theta}_2\} = 1-\alpha, 0 < \alpha < 1, \tag{2.9}$$

其中 α 一般是很小的正数，如 $\alpha = 0.1$，0.05，0.01 等，然后再通过增大 n 来提高精度 $\hat{\theta}_2 - \hat{\theta}_1$，使它满足实际要求，这时称 $(\hat{\theta}_1, \hat{\theta}_2)$ 为 θ 的置信度为 $1-\alpha$ 的置信区间，称 $\hat{\theta}_2$、$\hat{\theta}_1$ 分别为上、下置信限。

2.1 白球多还是黑球多

【例 2.1】 一袋中有一些白球和黑球，不知白球多还是黑球多。现有放回从袋中摸 3 个球，试根据摸出的 3 个球中的黑球数判断袋中白球多还是黑球多。

解 设 p 为黑球数占袋中球数的比例，根据 p 的情况，有多种方法回答这个问题。

(1) 矩法。设 X 为 1 次摸球中摸到的黑球数，则 X 只能取 0 与 1 两个值，且 $P\{X=1\} = p$，$P\{X=0\} = 1-p$，即 $X \sim B(1, p)$。再设 X_i 为第 i 次摸到的黑球数，$i=1$，2，3。则 X_1，X_2，X_3 为总体 X 的容量为 3 的样本。即 X_1，X_2，X_3 相互独立且均与 X 同分布。因为 $E(X) = p$，所以，由矩法知，p 的矩法估计量为 $\hat{p} = \overline{X} = \dfrac{X_1+X_2+X_3}{3}$。因为每个 X_i 只能取 0 与 1 两个值，从而 $X_1+X_2+X_3$ 只能取 0，1，2，3 四个值，故 $\hat{p}$ 相应取 0，$\dfrac{1}{3}$，$\dfrac{2}{3}$，1 四个值。又因 0，$\dfrac{1}{3}$ 均小于 0.5，而 $\dfrac{2}{3}$ 与 1 均大于 0.5。从而得：当取出的 3 个球中黑球数为 0 或 1 时，$\hat{p} < 0.5$，判定白球多；当取出的 3 个球中黑球数为 2 或 3 时，$\hat{p} > 0.5$，判定黑球多。

(2) 极大似然法。利用矩法中的符号，因为 $P\{X=k\} = p^k(1-p)^{1-k}$，$k=0$，1。所以，似然函数为

$$L(p) = \prod_{i=1}^{3} p^{X_i}(1-p)^{1-X_i} = p^{3\overline{X}}(1-p)^{3-3\overline{X}}$$

从而似然方程为

$$\frac{\partial \ln L(p)}{\partial p} = \frac{n\overline{X}}{p} - \frac{n - n\overline{X}}{1-p} = \frac{n}{p(1-p)}(\overline{X} - p) = 0 (n = 3)$$

解出 p 得 $\hat{p} = \overline{X}$。因此所得结论与上法相同。

（3）如果已经知道两种球数之比为 $1:3$，但不知哪种球数多，这时可利用极大似然原理回答该问题。

设 X 为摸出的 3 个球中的黑球数，显然，在摸球之前 X 是随机变量；又由摸球是有放回的，故有

$$P\{X = k\} = C_3^k p^k (1-p)^{3-k}, k = 0,1,2,3$$

即 $X \sim B(3, p)$，也就是 X 服从参数为 3 与 p 的二项分布。

再根据二项分布，p 为 $\frac{1}{4}$ 或 $\frac{3}{4}$ 与摸球后 X 的数值可得表 2-1。

表 2-1

概率\X值 p值	0	1	2	3
$\frac{3}{4}$	$\frac{1}{64}$	$\frac{9}{64}$	$\frac{27}{64}$	$\frac{27}{64}$
$\frac{1}{4}$	$\frac{27}{64}$	$\frac{27}{64}$	$\frac{9}{64}$	$\frac{1}{64}$

即当 $p = \frac{3}{4}$ 时，$X=0$、1、2、3 的概率分别为 $\frac{1}{64}$、$\frac{9}{64}$、$\frac{27}{64}$、$\frac{27}{64}$；当 $p = \frac{1}{4}$ 时，$X=0$、1、2、3 的概率分别为 $\frac{27}{64}$、$\frac{27}{64}$、$\frac{9}{64}$、$\frac{1}{64}$。由极大似然估计原理：使样本获得最大概率的参数值作为未知参数的估计值。于是得：如果 $X=0$ 或 1 均判定 $p = \frac{1}{4}$；如果 $X=2$ 或 3，均判定 $p = \frac{3}{4}$。即

$$\hat{p}(X) = \begin{cases} \frac{1}{4}, & \text{当 } X = 0,1 \text{ 时} \\ 3/4, & \text{当 } X = 2,3 \text{ 时} \end{cases}$$

也即，当摸出的 3 个球中有 0 个或 1 个黑球时判定白球多；当摸出 3 个球中有 2 个或 3 个黑球时判定黑球多。

（4）如果对 p 一无所知，这时可设 p 服从区域 $(0, 1)$ 上的均匀分布，可利用贝叶斯法估计 p。因为这时 p 具有密度函数

$$\pi(y) = \begin{cases} 1, y \in (0,1) \\ 0, y \overline{\in} (0,1) \end{cases}$$

X 与诸 X_i $(i=1,2,3)$ 如 (1) 所设，则 $X \sim B(1,p)$，即
$$P\{X = k\} = p^k(1-p)^{1-k}, k = 0,1$$
从而在 $p = y$ 下，样本 (X_1, X_2, X_3) 的条件概率函数为
$$f(x_1, x_2, x_3 \mid y) = \prod_{i=1}^{3} y^{x_i}(1-y)^{1-x_i} = y^{3\bar{x}}(1-y)^{3-3\bar{x}}, y \in (0,1)$$
为了使计算简单，现在引进函数核的定义：如果函数 $\varphi(x)$ 与函数 $f(x)$ 只相差一个常数因子，则称 $\varphi(x)$ 为 $f(x)$ 的核记为
$$f(x) \propto \varphi(x)$$

由贝叶斯估计知，求 p 的贝叶斯估计量，关键是求 p 的条件密度函数 $h(y \mid x_1, x_2, x_3) \equiv \dfrac{\pi(y)f(x_1, x_2, x_3 \mid y)}{g(x_1, x_2, x_3)}$。因为当 $y \in (0,1)$ 时，$\pi(y) = 1$。又当试验（摸球）后样本 (X_1, X_2, X_3) 的概率函数 $g(x_1, x_2, x_3)$ 为常数，所以，当 $y \in (0,1)$ 时
$$h(y \mid x_1, x_2, x_3) \propto f(x_1, x_2, x_3 \mid y) = y^{3\bar{x}}(1-y)^{3-3\bar{x}}$$
当 $y \overline{\in} (0,1)$ 时，$\pi(y) = 0$，从而 $h(y \mid x_1, x_2, x_3) = 0$，即 $h(y \mid x_1, x_2, x_3)$ 的核记为
$$\varphi(y \mid x_1, x_2, x_3) = \begin{cases} y^{3\bar{x}}(1-y)^{3-3\bar{x}}, & y \in (0,1) \\ 0, & y \overline{\in} (0,1) \end{cases}$$
此是贝塔分布密度函数的核，且参数为 $3\bar{x}+1$ 与 $3-3\bar{x}+1$，故 p 的贝叶斯估计量为
$$\hat{p} = E(p \mid X_1, X_2, X_3) = \dfrac{3\bar{X}+1}{(3\bar{X}+1)+(3-3\bar{X}+1)} = \dfrac{3\bar{X}+1}{5}$$
从而当 $X_1+X_2+X_3 = 0,1,2,3$ 时，$\hat{p}$ 分别等于 $\frac{1}{5}$，$\frac{2}{5}$，$\frac{3}{5}$，$\frac{4}{5}$。即摸出的 3 个球中有 0 个或 1 个黑球时，$\hat{p} < 0.5$，判定白球多，当摸出的 3 个球中有 2 个或 3 个黑球时，$\hat{p} > 0.5$，判定黑球多。

2.2 湖中有多少条鱼

为估计湖中鱼数 N，同时自湖中捕出 r 条鱼，做上记号后又都放回湖中，当做记号的与设做记号的充分混合后再自湖中捕出 s 条鱼，结果发现有 x 条标有记号，试根据此信息估计 N 的值。

估计 N 的方法很多，常用的有如下 3 种。

（1）极大似然法。因为在第 2 次捕鱼之前 x 取哪个数值无法准确预言，故用 X 表示捕出的 s 条中标有记号的条数，显然 X 是随机变量。由于第 2 次捕鱼是不放回的，所以，X 服从超几何分布：

$$P\{X = x\} = C_r^x C_{N-r}^{s-x}/C_N^s, \max\{0, s-(N-r)\} \leqslant x \leqslant \min(r,s)$$

且 x 为非负整数。令似然函数 $L(N)$ 为 $P\{X = x\}$，即

$$L(N) = C_r^x C_{N-r}^{s-x}/C_N^s$$

由极大似然原理，应选取使 $L(N)$ 达到最大值的 N 值 $\hat{N}$ 作为 N 的估计值。因为对 $L(N)$ 关于 N 求导数很困难，现考虑 $L(N)$ 与 $L(N-1)$ 的比值

$$\frac{L(N)}{L(N-1)} = \frac{N-r}{N} \cdot \frac{N-s}{(N-r)-(s-x)}$$

$$= \frac{N^2 - (r+s)N + rs}{N^2 - (r+s)N + xN}$$

故当 $rs > xN$ 时，即 $N < \dfrac{rs}{x}$ 时，$L(N) > L(N-1)$，$L(N)$ 随 N 增大而增大，当 $rs < xN$ 时，即 $N > \dfrac{rs}{x}$ 时，$L(N) < L(N-1)$，$L(N)$ 随 N 增大而增小，从而 $L(N)$ 在 $N = \dfrac{rs}{x}$ 时取到最大值。再考虑到 N 为正整数，故取 $\hat{N} = \left[\dfrac{rs}{x}\right]$ 为 N 的（极大似然）估计值。即湖中的鱼数不超过 $\dfrac{rs}{x}$ 的最大整数。

（2）矩法。由（1）知

$$P\{X = x\} = C_r^x C_{N-r}^{s-x}/C_N^s, \max(0, s-N+r) \leqslant x \leqslant \min(r,s)$$

由组合约定，当 $x > r$ 时，$C_r^x = 0$，所以 x 的取值可以写为 $x = 0, 1, 2, \cdots, r$。再由数学期望定义。X（视为总体）的数学期望为

$$E(X) = \sum_{x=0}^{r} x \cdot C_r^x C_{N-r}^{s-x}/C_N^s = \sum_{x=1}^{r} x C_r^x C_{N-r}^{s-x}/C_N^s$$

$$= \sum_{x=1}^{r} \frac{x \cdot r!(N-r)!s!(N-s)!}{x!(r-x)!(s-x)!(N-r-s+x)!N!}$$

$$= \sum_{x=1}^{r} s C_{s-1}^{x-1} C_{N-s}^{r-x}/C_N^r \qquad (\text{令 } x-1 = n)$$

$$= \sum_{n=0}^{r-1} \frac{s}{C_N^r} C_{s-1}^{n} C_{N-s}^{r-1-n} \qquad [\text{由式}(1.20)]$$

$$= sC_{N-1}^{r-1}/C_N^r = \frac{sr}{N}$$

设 X_1 为总体 X 的容量为 1 的样本，即表示（第二次）捕出的 s 条鱼中标有记号的鱼数，X_1 与 X 同分布，X_1 的观察值也为 x。且因为容量为 1，所以 $\overline{X} = X_1 = x$。由矩估计法总体一阶原点矩［即 $E(X)$］等于样本一阶原点矩，得 $E(X) = \overline{X}$，即 $\frac{sr}{N} = x$。从而 $N = \frac{sr}{x}$，再考虑到 N 为整数，于是同样得 $\hat{N} = \left[\dfrac{sr}{N}\right]$。

（3）比例法。设想第 2 次捕鱼之前，r 条做记号的和其余没做记号的鱼是充分混合的。因此，第 2 次捕鱼之前，湖中做了记号的鱼数与总鱼数之比 $\dfrac{r}{N}$ 应等于捕出的做了记号的鱼数与（捕出的）总鱼数之比 $\dfrac{x}{s}$，即 $\dfrac{r}{N} = \dfrac{x}{s}$，从而 $N = \dfrac{rs}{x}$，于是亦得 $\hat{N} = \left[\dfrac{rs}{x}\right]$。

2.3　有效估计量的简易计算

在罗-克拉默不等式中，当式（2.4）等号成立时，称估计量 $T(X_1, X_2, \cdots, X_n)$ 为待估计函数 $g(\theta)$ 的有效估计量。如果根据罗-克拉默不等式求有效估计量，则要先求出费歇耳信息量 $I(\theta)$，即求出 $E_\theta \left[\dfrac{\partial}{\partial \theta} \ln p(x; \theta)\right]^2$（这往往是很麻烦的事情），于是得到 $R-C$ 不等式的下界 $\dfrac{[g'(\theta)]^2}{nI(\theta)}$，然后再在 $g(\theta)$ 的很多无偏估计量中去寻找有无其方差等于 $\dfrac{[g'(\theta)]^2}{nI(\theta)}$，如果有则该无偏估计量就是 $g(\theta)$ 的有效估计量，如果无，则 $g(\theta)$ 的有效估量是否存在都很难说。即根据 $R-C$ 不等式求 $g(\theta)$ 的有效估计量不仅带有很大的盲目性，而且也是件非常麻烦的事情。作者在参考文献［5］中不仅给出了 $g(\theta)$ 的有效估计存在唯一性定理，而且同时给出了求 $g(\theta)$ 的有效估计量的一种简易方法。现举例如下。

【例 2.2】　设总体 $X \sim \Gamma(1, \lambda)$，$\lambda$ 为未知参数，$X_1, X_2, \cdots, X_n$ 为 X 的样本。试讨论可估计函数 $g(\lambda) \equiv \dfrac{4}{\lambda}$ 的有效估计量。

解 因为 λ 的似然函数为 $L(\lambda)=\prod\limits_{i=1}^{n}(\lambda e^{-\lambda X_i})=\lambda^n e^{-n\overline{X}}$，所以

$$\frac{\mathrm{d}}{\mathrm{d}\lambda}\ln L(\lambda)=\frac{n}{\lambda}-n\overline{X}=-\frac{n}{4}\left(4\overline{X}-\frac{4}{\lambda}\right)$$

又因 $C(\lambda)=-\dfrac{n}{4}\neq 0$，且 $E(4\overline{X})=4E(X)=\dfrac{4}{\lambda}$。所以，由式 (2.5)，$g(\lambda)$ 的有效估计量存在唯一，且为 $4\overline{X}$，即 $\hat{g}(\lambda)=4\overline{X}$。由式 (2.6)，$g(\lambda)$ 的 $R-C$ 下界为 $\dfrac{g'(\lambda)}{C(\lambda)}=\dfrac{16}{n\lambda^2}$，即 $D[\hat{g}(\lambda)]=\dfrac{16}{n\lambda^2}$。实际上，$D[\hat{g}(\lambda)]=D(4\overline{X})=16D(\overline{X})=16\dfrac{D(X)}{n}=\dfrac{16}{n\lambda^2}$（因为 $D(X)=\dfrac{1}{\lambda^2}$）而且费歇耳信息量为 $I(\lambda)=\dfrac{C(\lambda)g'(\lambda)}{n}=-\dfrac{n}{4}\cdot\left(-\dfrac{4}{\lambda^2}\right)\cdot\dfrac{1}{n}=\dfrac{1}{\lambda^2}$。

因为当 $n\to\infty$ 时，$D[\hat{g}(\lambda)]=\dfrac{1b}{n\lambda^2}\to 0$，所以 $\hat{g}(\lambda)$ 还是 $g(\lambda)$ 的一致估计量。

【例 2.3】 设总体 $X\sim N(a,\sigma^2)$，a，σ^2 均为未知参数，X_1，X_2，$\cdots$，X_n 为 X 的样本，试讨论 a，σ^2 的有效估计量。

解 由于 (a,σ^2) 的似然函数为

$$L(a,\sigma^2)=\prod_{i=1}^{n}\left[\frac{1}{\sigma\sqrt{\pi}}e^{-(X_i-a)^2/2\sigma^2}\right]=\frac{1}{(\sigma\sqrt{2\pi})^n}e^{-\sum\limits_{i=1}^{n}(X_i-a)^2/2\sigma^2}$$

所以

$$\frac{\partial}{\sigma a}\ln L(a,\sigma^2)=\frac{1}{\sigma^2}\sum_{i=1}^{n}(X_i-a)=\frac{n}{\sigma^2}(\overline{X}-a)$$

又因 $C(a,\sigma^2)=\dfrac{n}{\sigma^2}\neq 0$，且 $E(\overline{X})=E(X)=a$，由式 (2.5)，a 的有效估计量存在唯一且为 $\overline{X}$，即 $\hat{a}=\overline{X}$。而且由式 (2.6)，a 的 $R-C$ 下界为 $\dfrac{g'(a)}{C(a,\sigma^2)}=\dfrac{1}{C(a,\sigma^2)}=\dfrac{\sigma^2}{n}$，即 $D(\hat{a})=\dfrac{\sigma^2}{n}$。其费歇耳信息量为 $I(a)=\dfrac{C(a,\sigma^2)}{n}=\dfrac{1}{\sigma^2}$。因为 $D(\hat{a})\to 0$（当 $n\to\infty$ 时），所以 $\hat{a}=\overline{X}$ 是 a 的一致估计量。

因为 $\dfrac{\partial}{\partial\sigma^2}\ln L(a,\sigma^2)=\dfrac{n}{2\sigma^4}\left[\dfrac{1}{n}\sum_{i=1}^{n}(X_i-a)^2-\sigma^2\right]$ 且 $C(a,\sigma^2)=\dfrac{n}{2\sigma^4}\neq 0$，

$$E\left[\frac{1}{n}\sum_{i=1}^{n}(X_i-a)^2\right]=E(X-a)^2=\sigma^2,$$ 但是 $\dfrac{1}{n}\sum_{i=1}^{n}(X_i-a)^2$ 中含有未知参数 a，故 $\dfrac{1}{n}\sum_{i=1}^{n}(X_i-a)^2$ 不是统计量，从而它也就不能作为 σ^2 的估计量。即 $\dfrac{1}{n}\sum_{i=1}^{n}(X_i-a)^2$ 不是 σ^2 的估计量，所以，这时 σ^2 的有效估计量不存在。

如果 a 为已知时，则 σ^2 的有效估计量存在唯一，且为 $\hat{\sigma}^2=\dfrac{1}{n}\sum_{i=1}^{n}(X_i-a)^2$。这时 σ^2 的 $R-C$ 下界为 $\dfrac{1}{nI(\sigma^2)}=\dfrac{2\sigma^4}{n}$，费歇耳信息为 $I(\sigma^2)=\dfrac{1}{2\sigma^4}$。又因 $D(\hat{\sigma}^2)=\dfrac{2\sigma^4}{n}\to 0$（当 $n\to\infty$ 时），故 $\hat{\sigma}^2$ 是 σ^2 的一致估计量。

【例 2.4】 设总体 $X\sim U[0,\theta]$，θ 为未知参数，X_1，X_2，$\cdots$，X_n 为 X 的样本，试讨论 θ 的有效估计量。

解 因为 X 的密度函数为 $f(x)=\begin{cases}\dfrac{1}{\theta}, & x\in[0,\theta]。\\ 0, & x\overline{\in}[0,\theta]。\end{cases}$

所以 θ 的似然函数为 $L(\theta)=\dfrac{1}{\theta^n}$，从而

$$\frac{\mathrm{d}}{\mathrm{d}\theta}\ln L(\theta)=-\frac{n}{\theta}\neq C(\theta)[T-\theta]$$

由式（2.5）知，θ 的有效估计量不存在。

在"白球多还是黑球多"的（2）中，因为

$$\frac{\partial}{\partial p}\ln L(p)=\frac{3}{p(1-p)}(\overline{X}-p)$$

且 $C(p)=\dfrac{3}{p(1-p)}\neq 0$，$E(\overline{X})=E(X)=p$。故 $\overline{X}$ 还是 p 的有效估计量，且其 $R-C$ 下界为 $\dfrac{1}{3I(p)}=\dfrac{1}{C(p)}=\dfrac{p(1-p)}{3}$。

2.4 贝叶斯估计量的简易计算

由式（2.7）与（2.8）知，贝叶斯估计量是条件数学期望 $E(\theta\mid X_1,$ $X_2,\cdots,X_n)$，而求 $E(\theta\mid X_1,X_2,\cdots,X_n)$ 的关键是求条件密度函

数（或条件概率函数）$h(y \mid x_1, x_2, \cdots, x_n)$，而它又由式（2.8）给出，即

$$h(y \mid x_1, x_2, \cdots, x_n) = \frac{\pi(y) f(x_1, x_2, \cdots, x_n \mid y)}{g(x_1, x_2, \cdots, x_n)}$$

而计算上式右端是件很麻烦的事情。但是当 $\pi(y)$ 为连续型随机变量的密度函数时，求贝叶斯估计量可以用简易的方法。这是因为在试验之后 $g(x_1, x_2, \cdots, x_n)$ 是常数，所以

$$h(y \mid x_1, x_2, \cdots, x_n) \propto \pi(y) f(x_1, x_2, \cdots, x_n \mid y)$$

【例 2.5】 设总体 $X \sim P(\lambda)$，X_1，X_2，$\cdots$，X_n 为 X 的样本，$\lambda \sim \Gamma(\alpha, \beta)$，$\alpha$ 与 β 已知。求 λ 的贝叶斯估计量。

解 由于在 $(X_1, X_2, \cdots, X_n) = (x_1, x_2, \cdots, x_n)$ 下，λ 的条密度函数为 $h(y \mid x_1, x_2, \cdots, x_n) \propto \pi(y) f(x_1, x_2, \cdots, x_n \mid y)$

$$\propto y^{\alpha-1} \mathrm{e}^{-\beta y} \cdot y^{n\bar{x}} \mathrm{e}^{-ny} = y^{\alpha + n\bar{x} - 1} \mathrm{e}^{-(\beta+n)y}, \quad y > 0$$

即在 $y > 0$ 时 $h(y \mid x_1, x_2, \cdots, x_n)$ 的核为 $y^{\alpha + n\bar{x} - 1} \cdot \mathrm{e}^{-(n+\beta)y}$，在 $y \leqslant 0$ 时，$h(y \mid x_1, x_2, \cdots, x_n) = 0$。而 $y^{\alpha + n\bar{x} - 1} \mathrm{e}^{-(n+\beta)y}$ 是伽马分布密度函数的核，且参数为 $\alpha + n\bar{x}$ 与 $n + \beta$。即在 $(X_1, X_2, \cdots, X_n) = (x_1, x_2, \cdots, x_n)$ 下，$\lambda \sim \Gamma(\alpha + n\bar{x}, n + \beta)$，再由伽马分布数学期望公式，得 $E(\lambda \mid x_1, x_2, \cdots, x_n) = \dfrac{\alpha + n\bar{x}}{n + \beta}$，于是 λ 的贝叶斯估计量为 $\tilde{\lambda} = E(\lambda \mid X_1, X_2, \cdots, X_n) = \dfrac{\alpha + n\bar{X}}{n + \beta}$。

【例 2.6】 设总体 $X \sim N(\theta, 1)$，$\theta \sim N(a_0, \sigma_0^2)$，$a_0$ 与 σ_0^2 均已知，X_1，X_2，$\cdots$，X_n 为 X 的样本。求 θ 的贝叶斯估计量。

解 因为 θ 的条件密度函数为

$$h(y \mid x_1, x_2, \cdots, x_n) \propto \pi(y) f(x_1, x_2, \cdots, x_n \mid y)$$

$$\propto \mathrm{e}^{-(y-a_0)^2 / 2\sigma_0^2} \cdot \mathrm{e}^{-n(y-\bar{x})^2 / 2}$$

$$= \exp\left\{ -\frac{1 + n\sigma_0^2}{2\sigma_0^2} \left[y - \frac{a_0 + n\bar{x}\sigma_0^2}{1 + n\sigma_0^2} \right]^2 \right\}$$

其中 $\exp\{t\} = \mathrm{e}^t$，$f(x_1, x_2, \cdots, x_n \mid y) = \left(\dfrac{1}{\sqrt{2\pi}}\right)^n \mathrm{e}^{-\frac{1}{2}\sum\limits_{i=1}^{n}(x_i - y)^2}$

$$\propto \exp\left\{ -\frac{1}{2} \sum_{i=1}^{n}(x_i - y)^2 \right\} \propto \exp\left\{ -\frac{1}{2}(ny^2 - 2n\bar{x}y) \right\} \propto \mathrm{e}^{-n(y-\bar{x})^2 / 2}$$

而 $\exp\left\{-\dfrac{1+n\sigma_0^2}{2\sigma_0^2}\left[y-\dfrac{a_0+n\bar{x}\sigma_0^2}{1+n\sigma_0^2}\right]^2\right\}$ 是正态分布密度函数的核，且参数为

$\dfrac{a_0+n\bar{x}\sigma_0^2}{1+n\sigma_0^2}$ 与 $\dfrac{\sigma_0^2}{1+n\sigma_0^2}$ 从而由正态分布数学期望公式，θ 的贝叶斯估计量为

$$\tilde{\theta}=E(\theta\mid X_1,X_2,\cdots,X_n)=\dfrac{a_0+n\bar{X}\sigma_0^2}{1+n\sigma_0^2}$$

2.5 一般离散型分布参数的极大似然估计

【例 2.7】 设总体 X 具有分布律 $\dfrac{X\ \begin{array}{|ccc}x_1 & x_2 & x_3\end{array}}{P\ \begin{array}{|ccc}p_1 & p_2 & 1-p_1-p_2\end{array}}$ p_1，p_2 为

未知参数，X_1，X_2，$\cdots$，X_n 为 X 的样本，求 p_1 与 p_2 的极大似然估计

量。

解 求 p_1 与 p_2 的极大似然估计的关键是求似然函数 $L(p_1$，$p_2)$。为

此引进克罗内克尔（Kronecker）函数

$$\mu(x)=\begin{cases}1,x=0\\0,x\neq 0\end{cases}$$

再设 n 个样品中取值 x_1，x_2，x_3 的次数分别为 n_1，n_2，$n_3(n_1+n_2+n_3=n)$，

因为 $P\{X=x\}=p_1^{\mu(x-x_3)}\,p^{\mu(X-X_1)}\,(1-p_1-p_2)^{\mu(x-x_3)}$，$x=x_1$，$x_2$，$x_3$，所以

$L(p_1$，$p_2)=\displaystyle\prod_{i=1}^{n}p_1^{\mu(X_i-x_1)}\,p_2^{\mu(X_i-x_2)}\,(1-p_1-p_2)^{\mu(X_i-x_3)}=p_1^{n_1}p_2^{n_2}\,(1-p_1-$

$p_2)^{n_3}$。

其中 $n_1=\displaystyle\sum_{i=1}^{n}\mu\,(X_i-x_1)$，$n_2=\displaystyle\sum_{i=1}^{n}\mu\,(X_i-x_2)$，$n_3=\displaystyle\sum_{i=1}^{n}\mu\,(X_i-x_3)$。

从而，极大似然方程为

$$\begin{cases}\dfrac{\partial}{\partial p_1}\ln L(p_1,p_2)=\dfrac{n_1}{p_1}-\dfrac{n_3}{1-p_1-p_2}=0\\[3mm]\dfrac{\partial}{\partial p_2}\ln L(p_1,p_2)=\dfrac{n_2}{p_2}-\dfrac{n_3}{1-p_1-p_2}=0\end{cases}$$

解出 p_1 与 p_2 得 p_1，p_2 的极大似然估计量分别为

$$\hat{p}_1=\dfrac{n_1}{n},\hat{p}_2=\dfrac{n_2}{n}$$

求似然函数的另一方法。因为 n_1，n_2，n_3 在试验之前均为随机变量，不妨分别记为 N_1，N_2，N_3，又因 $n_1+n_2+n_3=n$，即 $N_1+N_2+N_3=n$，所以，n 次独立重复试验中出现 n_1 个 x_1，n_2 个 x_2，$n-n_1-n_2$ 个 x_3 的概率为

$$P\{N_1=n_1,N_2=n_2\}=C_n^{n_1}p_1^{n_1}C_{n-n_1}^{n_2}p_2^{n_2}(1-p_1-p_2)^{n-n_1-n_2}$$

由极大似然原理，令似然函数为

$$L(p_1,p_2)=C_n^{n_1}p_1^{n_1}C_{n-n_1}^{n_2}p_2^{n_2}(1-p_1-p_2)^{n-n_1-n_2}$$

于是极大似然方程为

$$\begin{cases} \dfrac{\partial}{\partial p_1}\ln L(p_1,p_2)=\dfrac{n_1}{p_1}-\dfrac{n-n_1-n_2}{1-p_1-p_2}=0 \\ \dfrac{\partial}{\partial p_2}\ln L(p_1,p_2)=\dfrac{n_2}{p_2}-\dfrac{n-n_1-n_2}{1-p_1-p_2}=0 \end{cases}$$

解出 p_1 与 p_2 同样得 $\hat{p}=\dfrac{n_1}{n}$，$\hat{p}=\dfrac{n_2}{n}$。

2.6　袋中有多少个普通硬币

【例 2.8】　一袋中有 N 个均匀硬币，其中有 θ 个普通的，其余 $N-\theta$ 个两面都是正面。现从袋中随机摸出一个把它连掷两次，记下结果，但是不查看它属于哪种硬币，又把它放回袋中，如此重复 n 次。如果掷出 0 次，1 次，2 次正面的次数分别是 n_0，n_1，n_2，$n_0+n_1+n_2=n$，试估计袋中普通硬币数 θ。

解　现用两种方法估计 θ。

（1）矩法。设 X 为从袋中任摸一个硬币重复掷两次出现正面的次数，则 X 能取的值为 0，1，2。再设

$A=$ "摸出的是普通硬币"。

由全概率公式，有

$$P\{X=0\}=P(A)P\{X=0\mid A\}+P(\overline{A})P\{X=0\mid \overline{A}\}$$
$$=\frac{\theta}{N}C_2^0\left(\frac{1}{2}\right)^0\left(\frac{1}{2}\right)^{2-0}+0=\frac{\theta}{4N}$$

$$P\{X=1\}=P(A)P\{X=1\mid A\}+P(\overline{A})P\{X=1\mid \overline{A}\}$$
$$=\frac{\theta}{N}C_2^1\left(\frac{1}{2}\right)^1\left(\frac{1}{2}\right)^{2-1}+0=\frac{\theta}{2N}$$

$$P\{X=2\}=P(A)P\{X=2 \mid A\}+P(\overline{A})P\{X=2 \mid \overline{A}\}$$

$$=\frac{\theta}{N}C_2^2\left(\frac{1}{2}\right)^2\left(\frac{1}{2}\right)^{2-2}+\frac{N-\theta}{N}\cdot 1=\frac{4N-3\theta}{4N}$$

所以

$$E(X)=0\times\left(\frac{\theta}{4N}\right)+1\times\left(\frac{\theta}{2N}\right)+2\times\left(\frac{4N-3\theta}{4N}\right)=\frac{2N-\theta}{N}。$$

再由矩法估计原理：用样本的各阶原点矩估计总体相应阶原点矩。得 $\frac{2N-\theta}{N}=\overline{X}$，其中 $\overline{X}=\frac{1}{n}\sum\limits_{i=1}^{n}X_i$，而 X_i 为第 i 次摸出的硬币连掷两次出现的正面次数。所以 $\overline{X}=\frac{1}{n}\sum\limits_{i=1}^{n}X_i=\frac{1}{n}$ $(0\times n_0+1\times n_1+2\times n_2)=$ $\frac{n_1+2n_2}{n}$，从而得 $\frac{2N-\theta}{N}=\frac{n_1+2n_2}{n}$，故 θ 的矩法估计为 $\hat{\theta}_1=$ $\frac{N}{n}(2n_0+n_1)$。

（2）极大似然法。由于在试验之前，n_0，n_1，n_2 均为随机变量，不妨分别记为 N_0，N_1，N_2。由（1），θ 的似然函数为

$$L(\theta)=\prod_{i=1}^{n}\left(\frac{\theta}{4N}\right)^{\mu(X_i)}\left(\frac{\theta}{2N}\right)^{\mu(X_i-1)}\left(\frac{4N-3\theta}{4N}\right)^{\mu(X_i-2)}$$

$$=\left(\frac{\theta}{4N}\right)^{N_0}\left(\frac{\theta}{2N}\right)^{N_1}\left(\frac{4N-3\theta}{4N}\right)^{N_2}$$

其中，X_1，X_2，$\cdots$，X_n 为总体 X 的样本。从而似然方程为

$$\frac{\partial}{\partial\theta}\ln L(\theta)=\frac{N_0}{\theta}+\frac{N_1}{\theta}-\frac{3N_2}{4N-3\theta}$$

$$=\frac{3n}{\theta(4N-3\theta)}\left[\frac{4N}{3n}(N_0+N_1)-\theta\right]=0 \qquad (2.10)$$

解之，得 θ 的极大似然估计量为 $\hat{\theta}_2=\frac{4N}{3n}(N_0+N_1)$。

因为每次试验出现 2 次正面的概率为 $P\{X=2\}=\frac{4N-3\theta}{4N}$，故 $P\{X<2\}=1-\frac{4N-3\theta}{4N}=\frac{3\theta}{4N}$。所以，在 n 次试验中有 n_0+n_1 次没出现 2 次正面的概率为 $P\{N_0+N_1=n_0+n_1\}=C_n^{n_0+n_1}\left(\frac{3\theta}{4N}\right)^{n_0+n_1}\cdot$ $\left(1-\frac{3\theta}{4N}\right)^{n-n_0+n_1}$，即 $N_0+N_1\sim B\left(n,\frac{3\theta}{4N}\right)$，所以，$E(N_0+N_1)=\frac{3n\theta}{4N}$，

也即

$$E\left(\hat{\theta}_2\right)=E\left[\frac{4N}{3n}\left(N_0+N_1\right)\right]=\frac{4N}{3n}E\left(N_0+N_1\right)=\theta,\ \text{又在式（2.10）}$$

中 $C(\theta)=\dfrac{3n}{\theta\ (4N-3\theta)}\neq0$，由式（2.5）知，$\hat{\theta}_2$ 还是 θ 的有效估计量，

且 $\hat{\theta}_2$ 的方差正好等于 $R-C$ 不等式的下界：$\dfrac{1}{C(\theta)}=\dfrac{\theta(4N-3\theta)}{3n}\to0$（当

$n\to\infty$ 时），故 $\hat{\theta}_2$ 还是 θ 的一致估计量。

2.7 收藏家买画问题

【例 2.9】 一个收藏家正在考虑买一幅名画，这幅画标价为 5000 美元。如果是真品，它可值 1 万美元；如果是赝品，它就一钱不值。此外，买一幅假画或没能买下一幅真画都会损害她的名誉，其价值分别是 6000 美元与 3000 美元。如果由卖画者以往的资料知这幅画以概率 0.75 是真品，以概率 0.25 是赝品，她是否应买这幅画？一位鉴赏家能以概率 0.95 识别一幅真画，以概率 0.7 识别一幅假画。如果他说这幅画是真品，她买下这幅画将要冒多少风险？如果该鉴赏家的咨询费为 500 美元，问她是否请该鉴赏家鉴别？

解 这是一个贝叶斯决策（估计）问题。设 θ 表示该幅画的真与假，θ_1，θ_2 分别表示该幅画是真品与赝品两种状态，即 θ 能取的两个值。a_1，a_2 分别表示她买与不买这幅画的两个行动（决策），则由题意，有

$$P\{\theta=\theta_1\}=0.75,P\{\theta=\theta_2\}=0.25$$

且收益函数由如下矩阵 $Q(\theta,a)$（称为收益矩阵 $Q(\theta,a)$）给出（表 2-2）。

表 2-2

$Q(\theta,a)$ 品别 买否	真品（θ_1）	赝品（θ_2）
买（a_1）	5000（美元）	-6000（美元）
不买（a_2）	-3000（美元）	0

故 $\max\limits_{a'\in\mathscr{A}}Q\ (\theta,\ a')=\begin{bmatrix}5000 & 0\\5000 & 0\end{bmatrix}$。

在实际当中损失函数往往由具体问题的收益函数（矩阵）$Q(\theta,$

a）按下式确定

$$L(\theta,a) = \max_{a'\in\mathscr{A}}Q(\theta,a') - Q(\theta,a)$$

其中 $\mathscr{A}$ 为 A 的花写，是决策空间，由所有可能的决策（行动）组成的集合。从而，损失函数由如下矩阵 $L(\theta,a)$（称为损失矩阵）给出（表 2-3）。

表 2-3

$L(\theta,a)$ ＼ θ a	θ_1（真品）	θ_2（赝品）
a_1（买）	0	6000
a_2（不买）	8000	0

于是采取行动 a_1 风险为

$$R(\theta,a_1) \equiv E[L(\theta,a_1)] = L(\theta_1,a_1)P\{\theta=\theta_1\} + L(\theta_2,a_1)P\{\theta=\theta_2\}$$
$$= 0\times0.75 + 6000\times0.25 = 1500（美元）$$

采取 a_2 的风险为

$$R(\theta,a_2) \equiv E[L(\theta,a_2)] = L(\theta_1,a_2)P\{\theta=\theta_1\}$$
$$+ L(\theta_2,a_2)P\{\theta=\theta_2\} = 6000（美元）$$

因为 $R(\theta,a_1) < R(\theta,a_2)$，所以，她先验最优行动是 a_1（买下这幅画）。

或因为采取行动 a_1 的平均收益为

$$E[Q(\theta,a_1)] = Q(\theta_1,a_1)P\{\theta=\theta_1\} + Q(\theta_2,a_1)P\{\theta=\theta_2\}$$
$$= 5000\times0.75 + (-6000)\times0.25 = 2250（美元）$$

采取行动 a_2 的平均收益为

$$E[Q(\theta,a_2)] = -2250（美元） < E[Q(\theta,a_1)]$$

所以，她先验最优行动仍是 a_1（买下这幅画）。

设 x_1，x_2 分别表示鉴赏家说这幅画是真与假（两个情报值），ξ 表示鉴赏家的鉴别可能结果。则得条件分布矩阵（条件似然分布矩阵）如表 2-4：

表 2-4

θ	P	$P\{\xi=x_1\mid\theta\}$	$P\{\xi=x_2\mid\theta\}$
θ_1	0.75	0.95	0.05
θ_2	0.25	0.30	0.70

由全概率公式，得

$$P\{\xi=x_1\}=P\{\xi=x_1\mid\theta=\theta_1\}P\{\theta=\theta_1\}$$
$$+P\{\xi=x_1\mid\theta=\theta_2\}P\{\theta=\theta_2\}$$
$$=0.95\times0.75+0.30\times0.25=0.7875$$

$$P\{\xi=x_2\}=0.2125$$

从而 $P\{\theta=\theta_1\mid\xi=x_1\}=P\{\xi=x_1\mid\theta=\theta_1\}P\{\theta=\theta_1\}/P\{\xi=x_1\}=0.9048$

$P\{\theta=\theta_2\mid\xi=x_1\}=P\{\xi=x_1\mid\theta=\theta_2\}P\{\theta=\theta_2\}/P\{\xi=x_1\}=0.0952$

$P\{\theta=\theta_1\mid\xi=x_2\}=0.17640588$

$P\{\theta=\theta_2\mid\xi=x_2\}=0.82359412$

因为贝叶斯风险 $B(d)\equiv E\{E[L(\theta,d)\mid\xi]\}$ 达到最小几乎处处等价于 $E[L(\theta,d)\mid\xi]$ 达到最小，而

$$E[L(\theta,a_1)\mid\xi=x_1]=L(\theta_1,a_1)P\{\theta=\theta_1\mid\xi=x_1\}$$
$$+L(\theta_2,a_1)P\{\theta=\theta_2\mid\xi=x_1\}$$
$$=6000\times0.0952=571.12$$

类似地，$E[L(\theta,a_2)\mid\xi=x_1]=7238.4>571.2$，

$E[L(\theta_1,a_1)\mid\xi=x_2]=4941$

$E[L(\theta,a_2)\mid\xi=x_2]=1411.6704<4941$，因此，当鉴赏家说这幅画是真品时她（最优行动是 a_1）买下这幅画所冒风险为 571.2 美元。当鉴赏家说这幅画是赝品时，她（最优行动是 a_2）不买这幅画，所冒风险为 1412 美元。

或由收益矩阵得条件平均收益如下：

$$E[Q(\theta,a_1)\mid\xi=x_1]=Q(Q_1,a_1)P\{\theta=\theta_1\mid\xi=x_1\}$$
$$+Q(\theta_2,a_1)P\{\theta=\theta_2\mid\xi=x_1\}$$
$$=5000\times0.9048+(-6000)\times0.0952=3952.8$$

$E[Q(\theta,a_2)\mid\xi=x_1]=-2714.4<3952.8$

$E[Q(\theta,a_1)\mid\xi=x_2]=-4058.5<E[Q(\theta,a_2)\mid\xi=x_2]=-529.374$

故亦得上述结论：当鉴赏家说该幅画是真品时她应买下该幅画，否则她不买。

由全数学期望公式，得

$$B(\tilde{d})\equiv E[L(\theta,\tilde d)]=E[L(\theta,a_1)\mid\xi=x_1]P\{\xi=x_1\}$$

$$+E[L(\theta,a_2)\mid\xi=x_2]P\{\xi=x_2\}$$
$$=571.2\times0.7875+1411.6704\times0.2125=749.8$$

即最小风险为 749.87 美元，而先验（行动）最小风险为 1500 美元，所以补充情报价值为

$$R(\theta,a_1)-B(\tilde{d})=1500-749.8\approx750(\text{美元})>500(\text{美元})$$

故她应该请鉴赏家鉴别。或由收益矩阵得

$$E[Q(\theta,\tilde{d})]=E[Q(\theta,a_1)\mid\xi=x_1]P\{\xi=x_1\}$$
$$+E[Q(\theta,a_2)\mid\xi=x_2]P\{\xi=x_2\}$$
$$=3952.8\times0.7855-529.3764\times0.2125=3000.3375$$

所以补充情报价值也为

$$E\left[Q\left(\theta,\tilde{d}\right)\right]-E\left[Q\left(\theta,a_1\right)\right]=3000.3275-2250\approx750（美元）$$

她也应该请鉴赏家来鉴别。

2.8 福利彩票

1. 游戏规则

目前我国几乎所有省会一级的城市都定期出售福利彩票。虽然各城市的游戏规则不完全相同，有的是 35 选 7，有的是 30 选 7，有的是 37 选 7，有的是 30 选 6 等等。设奖等级与每等奖的给奖金额也不尽相同，但是基本原理是一样的。现以重庆为例，其游戏规则之一是：号码总数为 35(01-35)，基本号码数为 7，特别号码数为 1，设奖等级数为 7（1-7）。各等奖设置如下：

一等奖：选 7 中 7，二等奖：选 7 中 6+1

三等奖：选 7 中 6，四等奖：选 7 中 5+1

五等奖：选 7 中 5，六等奖：选 7 中 4+1

七等奖：选 7 中 4 或选 7 中 3+1

各等奖奖金设置如下：每注彩票价 2 元，每期将销售彩票总金额的 50%用来给奖，每注四、五、六、七等奖的奖金分别为 500 元、50 元、10 元、5 元。在剩余的金额中，一、二、三等奖的奖金分别占 75%、10%、15%。而且通常还规定（有时会改变）：每期一等奖保底金额为 200 万元，封顶金额为 500 万元（有些地方不封顶）。如果某期没有一等奖，一等奖的奖金累积到下一期一等奖的奖金中。如果某期有几注中

一（二、三）等奖，则这几注平分该期一（二、三）等奖的奖金。

2. 单注获奖概率

彩民买彩票一是为了资助福利事业，二是投资，赚钱。而绝大多数是二者兼而有之，即既为了资助福利事业，也为了赚钱。既然为了赚钱，就不得不对中各等奖的概率有所了解。

这一类型游戏实质是古典概型中的有限不放回摸球问题，可用同一方法计算单注中奖概率。为了求单注中奖概率，现考虑如下的摸球问题。

【例 2.10】 一袋中有 N 个（同类型）球，其中有 M 个红球 L 个黄球 $N-M-L$（>0）个白球。现不放回从袋中摸 M 个球，求摸出的 M 个球中恰有 i 个红球 j 个黄球的概率，$i=0,1,\cdots M$；$j=0,1,\cdots,L$。记此摸球模型为 $C(N,M,L)$。

解 设

$A_i=$"摸出的 M 个球中恰有 i 个红球"，$i=0,1,\cdots,M$；

$B_j=$"摸出的 M 个球中恰有 j 个黄球"，$j=0,1,\cdots,L$。

则从 N 个球中不放回摸出 M 个球其中恰有 i 个红球 j 个黄球的概率为

$$P(A_iB_j)=P(A_i)P(B_j\mid A_i)=\frac{C_M^i C_{N-M}^{M-i}}{C_N^M}\cdot\frac{C_L^j C_{N-M-L}^{M-i-j}}{C_{N-M}^{M-i}}$$

$$=\frac{C_M^i C_L^j C_{N-M-L}^{M-i-j}}{C_N^M},i=0,1,\cdots,M;j=0,1,\cdots,L,\quad(2.11)$$

注意：当 $n<k$ 时，有 $C_n^k=0$。

本游戏是 $N=35$，$M=7$，$L=1$ 的模型 $C(N,M,L)$ 的特殊情形。这时，组合数 $C_{35}^7=6724520$，上式变为

$$P(A_iB_j)=C_7^i C_1^j C_{27}^{7-i-j}/C_{35}^7,i=0,1,\cdots,7;j=0,1,\quad(2.12)$$

由此式可得单注中 k 等奖的概率 p_k，$k=1,2,\cdots,7$，它们分别为

$$p_1=P(A_7B_0)=1.487095\times10^{-7}$$

$$p_2=P(A_6B_1)=1.0409665\times10^{-6}$$

$$p_3=P(A_6B_0)=2.810061\times10^{-5}$$

$$p_4=P(A_5B_1)=8.4318\times10^{-5}$$

$$p_5=P(A_5B_0)=1.0961737\times10^{-3}$$

$$p_6 = P(A_4 B_1) = 1.826896 \times 10^{-3}$$

$$p_7 = P(A_4 B_0) + P(A_3 B_1) = 3.0448269 \times 10^{-2}$$

从而单注中奖概率为 $\sum_{k=1}^{7} p_k = 0.033485$。

3. 各等奖奖金占总奖金的比例

由概率论[4]知，如果随机变量 X 服从二项分布 $B(n, p)$，即 $X \sim B(n, p)$，则 X 的平均值为 $E(X) = np$。由游戏规则知，当一期销售 n 注彩票且彩民选购各注彩票互不影响（相互独立）时，如果设 X_k 为 n 注中出现 k 等奖的注数，则 $X_k \sim B(n, p_k)$，且

$$E(X_k) = np_k, k = 1, 2, \cdots, 7$$

从而获四、五、六、七等奖的（总）奖金分别为：$500np_4$、$50np_5$、$10np_6$、$5np_7$（元）。故四、五、六、七等奖的奖金占总奖金（n 元）的比例分别为：$500p_4 = 4.2159\%$、$50p_5 = 5.4807\%$、$10p_6 = 1.8269\%$、$5p_7 = 15.2241\%$，从而四、五、六、七等奖的奖金之和占总奖金比例为 26.747634%。而一、二、三等奖的奖金之和占总奖的比例就为 73.2523659%，由此可知，一、二、三等奖的奖金占总奖金的比例分别为：54.9393%、7.3253%、10.9878%。

因此，当一期销售注数 n 取不同值时，由上可分别求出中一到七等奖的平均中奖数，各等奖的奖金额、一、二、三等奖单注奖金额等，比如，当 $n = C_{35}^7$（200 万）且一等奖不保底也不封顶时，可得表 2-5。

表 2-5

奖级	一	二	三	四	五	六	七
平均 中奖数	1 (0.30)	7 (2.08)	189 (56.21)	567 (168.64)	7371 (2192.28)	12285 (3653.79)	204750 (60896.54)
总奖 金额	3694404 (1098786)	492584 (146504)	738877 (219756)	283499 (84318)	368551 (109614)	122850 (36538)	1023748 (304482)
单注 奖金额	3694404 (1098786)	70369 (73252)	3909 (3924)	500 (500)	50 (50)	10 (10)	5 (5)

当 $n = C_{35}^7$（200 万）时，单注平均获奖金额为

$3694404p_1 + 70369p_2 + 3909p_3 + 500p_4 + 50p_5 + 10p_6 + 5p_7 \approx 1$（元）

$10987786p_1 + 73252p_2 + 3924p_3 + 500p_4 + 50p_5 + 10p_6 + 5p_7 \approx 0.61$（元）

144

由表 2-5 可知，当一期销售 200 万注时，如果一等奖保底金额 200 万元，则福彩中心可能要拿出 2000000－1098786＝901214（元）来补贴一等奖。不过不是每期拿这么多钱补贴，而是 3～4 期才拿这么多钱补贴一次。

4. 中一等奖分析

无论对彩民还是对福彩中心来说，一等奖是大家非常关注的事情，如果连续很多期都没出现一等奖，则将影响彩民的积极性；如果连续多期都出现一等奖，或一期出现多个一等奖，在保底的情况下，福彩中心将会得不到多少盈余，尤其在一期销售彩票很少时，甚至会亏本。因此，对一等奖的分析不得不引起重视。

设 X 表示一期卖 n 注彩票中一等奖的注数，在彩民选购每注彩票互不影响的情况下，则 $X \sim B(n, p)$，其中 $p = \dfrac{1}{C_{35}^7}$，即 $P\{X=k\} = C_n^k p^k (1-p)^{n-k}$，$k=0, 1, \cdots, n$。也即，当一期销售 n 注彩票时，其中有 k 注中一等奖的概率为 $C_n^k p^k (1-p)^{n-p}$。显然，这个概率依赖于 n，当 n 取不同值时它将取不同值。如表 2-6 所示。

表 2-6

概率 中一等奖注数（k） 销售注数（n）	0	1	2	3	4	5	6
300 万	0.6401	0.2856	0.0637	0.0095	0.0011	<0.0001	
4326175	0.5255	0.3381	0.1088	0.0233	0.0038	<0.0005	
500 万	0.4754	0.3535	0.1314	0.0326	0.00605	0.0009	
C_{35}^7	0.3679	0.3679	0.1839	0.0613	0.0153	0.0031	0.0005

由表 2-6 可知，当一期销售 300 万注、4326175 注、500 万注、C_{35}^7 注时，一等奖出现一注的概率分别为 28.56％、33.81％、35.35％、36.79％。

在一期销售 4326175 注、C_{35}^7 注情况下，一等奖连续数期出现（每期出现一注）的概率见表 2-7。

表 2-7

概率 连续出现期数 销售注数	2	3	4
4326175	0.1143	0.0386	0.0131
C_{35}^7	0.1354	0.0498	0.0183

一等奖连续数期没出现的概率见表 2-8。

表 2-8

概率 连续没出现期数 销售注数	2	3	4
4326175	0.2766	0.1451	0.0763
C_{35}^7	0.1354	0.0498	0.0183

5. 随机性检验

为什么同样的游戏在有些地方会一期有几个一等奖出现或连续几期一等奖都出现？这很可能与抽奖机或球的随机性不好有关，如何检验抽奖机或球的随机性好坏呢？这可用皮尔逊卡方检验法来检验[5]。该方法的具体做法之一可为：设从 35 个球中每抽（打）出一个数（球）为一次试验，然后将球放回重复这样的试验。记在 n（n 应很大，一般要求 $n > 3500$）次这样的试验中数 i 出现的次数为 r_i，$i = 1, 2, \cdots, 35$。如果对于具体的 n，均有 $\sum_{i=1}^{35} \frac{35r_i^2}{n} - n < 48.602 = \chi_{0.95}^2$ (34)，（$i = 1, 2, \cdots, 35$），则可认为该抽奖机与该套球随机性较好，否则，该抽奖机或该套球随机性显著较差，该抽奖机或该套球将有问题，不能用来抽奖。

如果抽奖机或球有问题，某些球被抽出的频数将会大些，彩民将会根据以往的信息填写数码，中奖率将会高。因此，每部抽奖机、每套球在使用之前都必须做上述试验，不合格的不能用来抽奖，否则，对福彩中心是不利的。

6. 如何选购彩票

由于购买彩票的目的多数是投资，因此如何选购就是个很重要的问题。又由于一等奖的奖金实行累积制，因此可能出现一等奖的奖金累积得很多，几千万元，甚至几亿元。又因从 35 个号码中取 7 个的组合数只有 C_{35}^7 个不相同的组合数，每个组合数为一注彩票的号码，每注彩票 2 元，所以只需花 $2C_{35}^7$ 元，即 13449040 元就可买到所有可能（号码）的彩票。如果一等奖的奖金不封顶，且累积到 $2C_{35}^7$ 元以上，则对于大户彩民（资本超过 $2C_{35}^7$ 元的彩民）来说，买下所有可能（号码）的彩票将百分之百的赚钱。不过，这里还有个具体的操作问题。选购一注（号码）彩票一般要 5 秒钟，购买 C_{35}^7 注不同号码的彩票共需 $5C_{35}^7$ 秒，即 9339.6 个小时。如果一个售票点每天工作 10 小时，且该售票点只为该彩民一个人服务，购买 C_{35}^7 注彩票，则需 934 天。如果 7 天一期彩票，则需要派 134 个人到 134 个售票点（这 134 个售票点均只为该彩民服务）连续工作 7 天才能购买到 C_{35}^7 注彩票，这是件很困难的事情。此外，35 选 7 的 C_{35}^7 个不同组合号码逐一打出来也要很多时间，不过这可在购票之前先准备好。这些意见仅供大户彩民们参考。

一般小户彩民如何选购彩票呢？小户彩民购买彩票大多数是独立的随机的，这不利于提高中奖率。下面提出两点建议，仅供参考。

（1）联合选购。

从理论上说，C_{35}^7 注彩票中平均（注意：平均不意味着一定）有一注中一等奖。但是，在实际中，虽然每期售出的彩票接近或不少于 C_{35}^7 注，然而却会有连续多期未出现一等奖，为什么？主要原因是各彩民选购彩票是独立的，使得很多注彩票号码相同。为了破坏选购彩票的独立性，若干个小户彩民可以组织起来联合选购。比如 10 个彩民，每期每人拿出 20 元（拿出的钱不能影响日常生活）购买彩票，总共 100 注，这 100 注彩票的号码各不相同，获得的奖金 10 个人平分。这比每个人各自购买获奖的概率将大得多。

（2）根据以往的信息选号码。

很多彩民购买彩票选取号码是随机的，这不能提高中奖率。我们说抽奖机和球使用前必须经过随机性检验（有的福彩中心未必这样做），随机性不好的抽奖机和球不能用来抽奖。但是这个随机性（检验）仅是相对的，不是绝对的。这是因为抽奖机和球是工厂生产的，工厂生产的产品仅是相对的合格，没有绝对的合格，总有误差。这样抽奖机抽出的球就有一定程度的非随机性，即每个号码出现的频率就不同。所以，选取彩票的号码不能随机地选，而应根据该福彩中心以往抽出的号码频率来选取号码，即选取出现频率大的号码。这样才能减少（破坏）随机性，增加中奖率。

2.9　截尾试验中指数分布参数的估计

为了搞清楚产品的寿命分布和推断其分布中的参数，常常要进行寿命试验。由于寿命试验常是破坏性试验，因此，只能从被试产品中随机抽取部分样品进行。寿命试验按样品的失效情况可分为两类。一类叫做完全寿命试验，这类试验要进行到投试样品全部失效为止。这类试验优点是可以获得比较完整的数据，统计分析结果也比较可靠。缺点是往往要很长时间，有的甚至要几年、几十年时间。实际当中一般不被采用（也很难采用），而采用截尾寿命试验。截尾寿命试验只要进行到投试样品中有部分失效就停止。这类试验的缺点是只能获得部分数据，但是，如果能充分利用这些数据提供的信息，其统计分析的结果仍然是比较可靠的。截尾寿命试验分为定时截尾寿命试验与定数截尾寿命试验两种。考虑到试验中失效样品是否允许用相同产品替换，定时截尾寿命试验又分为无替换与有替换两种，定数截尾寿命试验也分为无替换与有替换两种，即

$(n，无，时)$——取 n 个产品进行无替换定时截尾寿命试验。

$(n，无，数)$——取 n 个产品进行无替换定数截尾寿命试验。

$(n，有，时)$——取 n 个产品进行有替换定时截尾寿命试验。

$(n，有，数)$——取 n 个产品进行有替换定数截尾寿命试验。

注意：这里"替换"是指对失效样品立即用相同产品把它替换下来。

为了后面内容的需要，现介绍如下两个定理。

定理 1[7]　设 T_1，T_2，$\cdots$，T_n 为 n 个相互独立同分布随机变量，且 $T_1 \sim \Gamma(1，\lambda)$，则

(1) $Y_{n-i} \equiv \min\{T_1，T_2，\cdots，T_{n-i}\} \sim \Gamma(1，(n-i)\lambda)$ $i=0,1,2,\cdots,n-1$。

(2) 对任意实数，$x，y > 0$，有

$$P\{T_1 > x+y \mid T_1 > x\} = P\{T_1 > y\}$$

(3) $\sum\limits_{i=1}^{n} T_i \sim \Gamma(n,\lambda)$。

定理 2[6]   设$\{N(t), t \geqslant 0\}$是一事件流，$\{T_n, n \geqslant 1\}$为其相应的事件到达间隔时间序列。则$\{N(t), t \geqslant 0\}$是参数为λ泊松事件流（泊松过程）的充要条件是$\{T_n, n \geqslant 1\}$为独立同分布随机变量序列，且$T_1 \sim \Gamma(1,\lambda)$。

(1) λ 的点估计。

(i) (n，无，时)试验。

设产品的寿命$T \sim \Gamma(1,\lambda)$，现抽取n个产品进行无替换定时截尾寿命试验，即（n，无，时）试验。

现来讨论λ的极大似然估计。对（n，无，时）试验，设截尾时间为τ_0。观察结果是：在$[0, \tau_0]$内有r个产品失效，失效时间依次为$t_1 \leqslant t_2 \leqslant \cdots \leqslant t_r \leqslant \tau_0$。用极大似然法估计$\lambda$的关键是如何构造$\lambda$的似然函数$L(\lambda)$。现用上述观察结果出现的概率来构造$L(\lambda)$。

由于$Y_{n-i} \equiv t_{i+1} - t_i \sim \Gamma(1, (n-i)\lambda)$，因此，由定理2，$Y_{n-i}$可视为参数是$(n-i)\lambda$的泊松过程$\{N_{n-i}(t), t \geqslant 0\}$的到达间隔时间，$i = 0, 1, \cdots, n-1$，由上述观察结果知在每个区间$(t_i, t_{i+1}]$的右端点有一个产品失效，$i = 0,1,2,\cdots,r-1, (t_0 = 0)$，而在$(t_r, \tau_0]$中无产品失效，由定理1与定理2，其概率为

$$
\begin{aligned}
L(\lambda) &= \prod_{i=0}^{r-1} P\{N_{n-i}(t_{i+1}) - N_{n-i}(t_i) = 1\} P\{N_{n-r}(\tau_0) - N_{n-r}(t_r) = 0\} \\
&= \prod_{i=0}^{r-1} e^{-(n-i)\lambda(t_{i+1} - t_i)} \cdot (n-i)\lambda(t_{i+1} - t_i) \cdot e^{-(n-r)\lambda(\tau_0 - t_r)} \\
&= e^{-\lambda[t_1 + t_2 + \cdots + t_r + (n-r)r_0]} \lambda^r \prod_{i=1}^{r-1} \left[(n-i)(t_{i+1} - t_i) \right]
\end{aligned}
$$

所以，似然方程为[记$S(\tau_0) = t_1 + t_2 + \cdots + t_r + (n-r)\tau_0$]

$$\frac{\partial \ln L(\lambda)}{\partial \lambda} = -r\left[\frac{S(\tau_0)}{r} - \frac{1}{\lambda}\right] = 0 \tag{2.13}$$

从而λ与平均寿命$\dfrac{1}{\lambda}$的极大似然估计量分别为

$$\hat{\lambda} = \frac{r}{S(\tau_0)}, \quad \widehat{\frac{1}{\lambda}} = \frac{S(\tau_0)}{r} \tag{2.14}$$

(ii) (n，无，数)试验。

现抽取n个产品进行（n，无，数）试验，设截尾数为r（$r < n$），

前 r 个产品的失效时间依次为 $t_1 \leqslant t_2 \leqslant \cdots \leqslant t_r$，$t_r$ 为试验停止时间，设 $t_0 = 0$，类似于（n，无，时）试验的分析，出现上述结果的概率为 $[t_{i+1} - t_i = Y_{n-i} \sim \Gamma(1,(n-i)\lambda)]$。

$$L(\lambda) = \prod_{i=0}^{r-1} P\{N_{n-i}(t_{i+1}) - N_{n-i}(t_i) = 1\}$$
$$= \prod_{i=0}^{r-1} \mathrm{e}^{-(n-i)\lambda(t_{i+1}-t_i)} \cdot (n-i)\lambda(t_{i+1}-t_i)$$
$$= \mathrm{e}^{-\lambda[t_1+t_2+\cdots+t_r+(n-r)t_r]} \lambda^r \prod_{i=1}^{r-1} [(n-i)(t_{i+1}-t_i)]$$

从而，似然方程为 $[$记 $S(t_r) = t_1 + t_2 + \cdots + t_r + (n-r)t_r]$。

$$\frac{\partial \ln L(\lambda)}{\partial \lambda} = -r\left[\frac{S(t_r)}{r} - \frac{1}{\lambda}\right] = 0 \qquad (2.15)$$

解之，得 λ 与 $\frac{1}{\lambda}$ 的极大似然估计量分别为

$$\hat{\lambda} = \frac{r}{S(t_r)}, \quad \hat{\frac{1}{\lambda}} = \frac{S(t_r)}{r} \qquad (2.16)$$

（iii）（n，有，时）试验。

现抽取 n 个产品进行（n，有，时）试验，截尾时间定为 τ_0。设观察结果是：在 $[0, \tau_0]$ 中有 r 个产品失效，失效时间依次为 $t_1 \leqslant t_2 \leqslant \cdots \leqslant t_r$。由于这时一旦有产品失效，立刻换上新的同样产品，由指数分布的无记忆性，新换上的产品寿命与原来没失效的产品寿命仍相互独立同服从参数为 λ 的指数分布，记

$Y = \min\{T_1, T_2, \cdots T_n\}$，其中诸 T_i 为相互独立同分布随机变量，且 $T_1 \sim \Gamma(1, \lambda)$，则由定理 1，$Y \sim \Gamma(1, n\lambda)$，由定理 2，$Y$ 可视为参数为 $n\lambda$ 的泊松过程 $\{N(t), t \geqslant 0\}$ 的到达间隔时间。从而，观察到上述结果的概率为（$t_0 = 0$）

$$L(\lambda) = \prod_{i=0}^{r-1} P\{N(t_{i+1}) - N(t_i) = 1\} P\{N(\tau_0) - N(t_r) = 0\}$$
$$= \prod_{i=0}^{r-1} \mathrm{e}^{-n\lambda(t_{i+1}-t_i)} n\lambda(t_{i+1}-t_i) \mathrm{e}^{-n\lambda(\tau_0-t_r)}$$
$$= \mathrm{e}^{-n\lambda\tau_0} \lambda^r n^r \prod_{i=0}^{r-1} (t_{i+1}-t_i)$$

故似然方程为

$$\frac{\partial \ln L(\lambda)}{\partial \lambda} = -n\tau_0 + \frac{r}{\lambda} = -r\left(\frac{n\tau_0}{r} - \frac{1}{\lambda}\right) = 0 \qquad (2.17)$$

从而 λ 与 $\dfrac{1}{\lambda}$ 的极大似然估计量分别为

$$\hat{\lambda} = \frac{r}{n\tau_0}, \quad \hat{\frac{1}{\lambda}} = \frac{n\tau_0}{r} \tag{2.18}$$

(iv) $(n, 有, 数)$ 试验。

现抽取 n 个产品进行 $(n, 有, 数)$ 试验,截尾数定为 r。前 r 个产品的失效时间依次为 $t_1 \leqslant t_2 \leqslant \cdots \leqslant t_r$。试验停止时间这时为 t_r,类似于 $(n, 有, 时)$ 试验,观察到上述结果的概率为 $(t_0 = 0)$

$$\begin{aligned} L(\lambda) &= \prod_{i=0}^{r-1} P\{N(t_{i+1}) - N(t_i) = 1\} \\ &= \prod_{i=0}^{r-1} \mathrm{e}^{-n\lambda(t_{i+1}-t_i)} n\lambda(t_{i+1}-t_i) \\ &= \mathrm{e}^{-n\lambda t_r} n^r \lambda^r \prod_{i=0}^{r-1} (t_{i+1}-t_i) \end{aligned}$$

所以,似然方程为

$$\frac{\partial \ln L(\lambda)}{\partial \lambda} = -r\left[\frac{nt_r}{r} - \frac{1}{\lambda}\right] = 0 \tag{2.19}$$

从而,λ 与平均寿命 $\dfrac{1}{\lambda}$ 的极大似然估计量分别为

$$\hat{\lambda} = \frac{r}{nt_r}, \qquad \hat{\frac{1}{\lambda}} = \frac{nt_r}{r} \tag{2.20}$$

(2) 点估计量的性质。

在 $(n, 无, 数)$ 试验中,因为

$$t_{i+1} - t_i = Y_{n-i} \equiv \min\{T_1, T_2, \cdots, T_{n-i}\} \sim \Gamma(1, (n-i)\lambda)$$

所以 $(n-i)(t_{i+1}-t_i) = (n-i)Y_{n-i} \sim \Gamma(1, \lambda)$,从而

$$S(t_r) = \sum_{i=0}^{r-1} (n-i)(t_{i+1}-t_i) \sim \Gamma(r, \lambda)$$

故

$$2\lambda S(t_r) \sim \Gamma\left(r, \frac{1}{2}\right) \equiv \chi^2(2r)$$

于是 $\quad 2\lambda E[S(t_r)] = 2r, 4\lambda^2 D[S(t_r)] = 4r$,即

$$E\left[\frac{S(t_r)}{r}\right] = \frac{1}{\lambda}, \quad D\left[\frac{S(t_r)}{r}\right] = \frac{1}{r\lambda^2} \tag{2.21}$$

由式 (2.15) 与式 (2.5) 知,$\dfrac{S(t_r)}{r}$ 是 $\dfrac{1}{\lambda}$ 的有效估计量,且 $\dfrac{1}{\lambda}$ 的 R-C 下界为

$$\frac{g'(\lambda)}{C(\lambda)} = \frac{1}{r\lambda^2} \quad \left[\text{因 } g(\lambda) = \frac{1}{\lambda}, \ C(\lambda) = -r \right]$$

此与（2.21）中第 2 式相同。

由于当 $r \longrightarrow \infty$ 时，$D\left[\dfrac{S(t_r)}{r}\right] = \dfrac{1}{r\lambda^2} \longrightarrow 0$，所以，$\dfrac{S(t_r)}{r}$ 也是 $\dfrac{1}{\lambda}$ 的一致估计量。

类似地，在（n，有，数）试验中，因为 $t_{i+1} - t_i = Y_{n-i} \equiv \min\limits_{1 \leqslant i \leqslant n}\{T_i\} \sim \Gamma(1, n\lambda)$，$2n\lambda t_r = 2n\lambda \sum\limits_{i=0}^{r-1}(t_{i+1} - t_i) \sim \Gamma\left(r, \dfrac{1}{2}\right) = \chi^2(2r)$，由式（2.19）与式（2.5）可证 $\dfrac{nt_r}{r}$ 是 $\dfrac{1}{\lambda}$ 的有效一致估计量（当 $r \longrightarrow \infty$ 时）。

（3）例子。

【例 2.10】 设产品寿命 $\xi \sim \Gamma(1, \lambda)$，抽 9 个产品进行（$n$，无，时）试验，截尾时间 $\tau_0 = 800$ 小时，到 800 小时，有 6 个产品失效，6 个产品失效时间依次为第 120，600，650，700，780 小时。

求 λ 与 $\dfrac{1}{\lambda}$ 的极大似然估计值。

解 ① 由于 $S(\tau_0) = 620 + 750 + 120 + 600 + 700 + 780 + (9-6) \times 800 = 6000$，所以由式（2.14）得 λ 与 $\dfrac{1}{\lambda}$ 的极大似然估计值分别为

$$\hat{\lambda} = \frac{r}{S(\tau_0)} = \frac{6}{6000} = 0.001,$$

$$\hat{\frac{1}{\lambda}} = \frac{S(\tau_0)}{r} = 1000（\text{小时}）$$

【例 2.11】 设产品的寿命 $\zeta \sim \Gamma(1, \lambda)$，现抽 9 个产品进行（$n$，有，数）试验，截尾数定为 10，产品失效时间依次为 120，250，350，400，530，550，600，650，700，750。

求 $\dfrac{1}{\lambda}$ 的有效估计和 $\dfrac{1}{\lambda}$ 的信息量 $I(\lambda)$；

解 ①因为 $n=9$，$r=10$，$t_r = 750$，$nt_r = 6750$，由（2.20）得 $\dfrac{1}{\lambda}$ 的有效估计为 $\hat{\dfrac{1}{\lambda}} = \dfrac{nt_r}{r} = 675$（小时）。

由（2.19）得 $C(\lambda) = -r$，由式（2.6）得 $\left[g(\lambda) = \dfrac{1}{\lambda} \right]$

$$I(\lambda) = \frac{C(\lambda)g'(\lambda)}{n} = \frac{r}{n\lambda^2} = \frac{10}{9\lambda^2}$$

2.10　今天生产的滚球是否合格

某厂生产的滚球直径服从正态分布 N（15.1，0.05），现从今天生产的滚球中随机抽取 6 个，测得直径（单位：毫米）为

14.6，15.1，14.9，14.8，15.2，15.1，

于是得均值 $\bar{x}=14.95$。假定方差不变，问今天生产的滚球是否符合要求，即是否可以认为今天生产的滚球平均直径为 15.1 毫米？

这个问题是参数假设检验问题。

由题意知，今天生产的滚球直径 $X \sim N(a,0.05)$，所要回答的问题是 $a=15.1$ 吗？我们可以先假设 $a=a_0 \equiv 15.1$，称假设"$a=a_0$"为原假设或零假设，记为 H_0：$a=a_0$。这种原假设可能成立也可能不成立。当原假设不成立时，称 a 能取的值为备选假设，本例可取"$a \neq a_0$"，记为 H_1：$a \neq a_0$。所谓假设检验问题，就是由样本提供的信息检验原假设 H_0 是否成立。

如何检验 H_0 是否成立呢？由于 $\bar{X}$ 是 a 的有效估计量，如果 H_0 成立，即 $a=a_0$，则 $\bar{X}$ 与 a_0 通常应很接近，即通常 $|\bar{X}-a_0|$ 应很小，否则，不能认为 H_0 成立，由此我们得如下检验方法：当 $|\bar{X}-a_0|>C$ 时，我们拒绝 H_0，当 $|\bar{X}-a_0| \leqslant C$ 时，我们不拒绝 H_0，其中 C 是一个待定的数。这时，H_0 的拒绝（否定）域（记为 $\mathscr{X}_0$）为 $\mathscr{X}_0 = \{|\bar{X}-a_0|>C\}$。

如何选择（确定）C 呢？这与假设检验的两类错误有关。由于抽样的随机性，由上述检验方法无论做出拒绝 H_0 的判断还是做出不拒绝 H_0 的判断都会犯错误。我们称拒绝 H_0 时可能犯的错误为第 1 类（弃真）错误，而称不拒绝 H_0 时可能犯的错误为第 2 类（纳伪）错误，其概率分别记为 α 与 β，即

$\alpha = P\{$犯第 1 类错误$\} = P\{$拒绝 $H_0 | H_0$ 真$\}$，

$\beta = P\{$犯第 2 类错误$\} = P\{$接受 $H_0 | H_0$ 伪$\}$。

当然希望 α 与 β 都尽可能的小，但是，由于当样本容量 n 固定时，α 与 β 不能同时变小，通常是先根据实际问题的要求指定一个较小的数（如

0.05，0.01，0.001 等）作为 α 的值。有了 α 的值就可以确定上述的数 C，从而确定拒绝域 $\mathscr{X}_0$，然后再利用备选假设 H_1 可确定 β 的值或 β 的取值范围。如果 β 的值太大，则可通过增大 n 使 β 变小。如何由 α 确定 C 呢？现仍以此例说明。当 α 给定后，因为当 H_0 成立时，有 $\dfrac{\overline{X}-a_0}{\sigma_0/\sqrt{n}} \sim N(0,1)$，其中 $\sigma_0^2 = 0.05$，由 α 的定义（记 $P_0\{\cdot\} = P\{\cdot \mid H_0 \ \text{真}\}$），有

$$\alpha = P\{\text{拒绝} H_0 \mid H_0 \ \text{真}\} = P_0\{|\overline{X}-a_0| > C\}$$

$$= P_0\left\{\left|\frac{\overline{X}-a_0}{\sigma_0/\sqrt{n}}\right| > \frac{\sqrt{n}C}{\sigma_0}\right\} = 1 - P_0\left\{\left|\frac{\overline{X}-a_0}{\sigma/\sqrt{n}}\right| \leqslant \frac{\sqrt{n}C}{\sigma_0}\right\}$$

$$= 1 - \left[\Phi\left(\frac{\sqrt{n}C}{\sigma_0}\right) - \Phi\left(-\frac{\sqrt{n}C}{\sigma_0}\right)\right] = 2 - 2\Phi\left(\frac{\sqrt{n}C}{\sigma_0}\right)$$

即 $\Phi\left(\dfrac{\sqrt{n}C}{\sigma_0}\right) = 1 - \dfrac{\alpha}{2}$，查表，得 $u_{1-\alpha/2}$，使得 $\Phi(u_{1-\alpha/2}) = 1 - \dfrac{\alpha}{2}$，所以，

$u_{1-\alpha/2} = \dfrac{\sqrt{n}C}{\sigma_0}$，即 $C = u_{1-\alpha/2}\dfrac{\sigma_0}{\sqrt{n}}$，从而

$$\mathscr{X}_0 = \left\{|\overline{X}-a_0| > u_{1-\alpha/2}\frac{\sigma_0}{\sqrt{n}}\right\} = \left\{\left|\frac{\overline{X}-a_0}{\sigma_0/\sqrt{n}}\right| > u_{1-\alpha/2}\right\} \tag{2.22}$$

当由样本观察值求得 $\overline{X}$ 的观察值 $\overline{x}$ 时，如果 $\left|\dfrac{\overline{x}-a_0}{\sigma_0/\sqrt{n}}\right| > u_{1-\alpha/2}$，则拒绝 H_0；否则，不能拒绝 H_0，即认为 $a = a_0$，这是因为当 H_0 成立时，$\left\{\left|\dfrac{\overline{X}-a_0}{\sigma_0/\sqrt{n}}\right| > u_{1-\alpha/2}\right\}$ 是概率为 α（或不超过 α）的小概率事件，而小概率事件在一次抽样试验中是几乎不可能发生的，而现在居然在一次抽样试验中出现了 $\left|\dfrac{\overline{x}-a_0}{\sigma_0/\sqrt{n}}\right| > u_{1-\alpha/2}$，这说明"假设 H_0 成立"是错误的，因此，我们拒绝 H_0。如果 $\left|\dfrac{\overline{x}-a_0}{\sigma_0/\sqrt{n}}\right| \leqslant u_{1-\alpha/2}$，我们没有推出矛盾，就没有理由拒绝 H_0，一般就认为 $a = a_0$。

对于本问题，由于 $a_0 = 15.1$，$n = 6$，$\sigma_0^2 = 0.05$，$\overline{x} = 14.95$，如果取犯第 1 类（弃真）错误的概率 $\alpha = 0.05$，查标准正态分位数表得 $u_{1-\alpha/2} = u_{0.975} = 1.96$，所以

$$\left|\frac{\overline{X}-a_0}{\sigma_0/\sqrt{n}}\right| = \left|\frac{14.95 - 15.1}{\sqrt{0.05}/\sqrt{6}}\right| = 1.6432 < 1.96 = u_{1-\alpha/2}$$

由式（2.23），不拒绝原假设 H_0，即认为 $a=15.1$，也就是认为今天生产的滚球合格。

通过这个问题，我们已介绍了假设检验的基本概念、基本思想和主要步骤。

2.11 如何减小犯第 2 类（纳伪）错误的概率 β

由上问题知，在假设检验中，犯两类错误是不可避免的，而且犯两类错误的概率 α 和 β 不能同时减小，当容量 n 固定时，减小一个另一个将会变大，只有当 n 变大时，α 和 β 才能同时变小。α 和 β 应取多大没有统一标准，要根据具体问题来定。如果采金矿，犯弃真错误概率 α 一般取得比较小。如果提炼药物，犯纳伪错误的概率 β 一般取得比较小，虽然对于不同的具体问题 α、β 的取值不同，但是对于每个具体问题，对 α、β 又有具体的要求，如果超过了一定的限度，则要设法使它们变小。α 的大小是试验之前给定的。关键是在做出不拒绝原假设 H_0 后如何变小（减小）β。要变小 β，先要求出 β，如果 β 很小，已经达到要求就不需变小 β，如果 β 较大超出了限度，则要增大 n 使 β 变小。现在要问如何增大 n 使 β 变小？使 β 达到具体的较小值 n 至少应取多大？这里还需注意，并不是 β 的值越小越好，如果 β 太小，可减少 n，即减少做试验的次数，以便节省人力、物力和时间。

现在对于上述问题 2.10，我们先来求犯第 2 类错误的概率 β。我们说不拒绝原假设 $H_0:a=a_0$，则认为 $a=a_0$，但是不能说 a 就等于 a_0。这里"认为"的含义是 a 与 a_0 相差不大，在允许的公差范围内。如果 a 与 a_0 相差超出了公差范围就不能认为 $a=a_0$，而要认为 H_1 成立，即认为 $a\neq a_0$。因为 $\bar{X}$ 是 a 的有效估计量，故在一定程度上又可以代表 a，由式（2.22），当 $|\bar{X}-a_0|\geq 0.2$ 时，即当 $|a-a_0|\geq 0.2$ 时原假设就不成立，就认为 H_1 成立。而 $|a-a_0|\geq 0.2$ 等价于 $a\geq a_0+0.2=15.3$ 或 $a\leq a_0-0.2=14.9$，即假设：$H_0:a=a_0$，$H_1:a\neq a_0$ 可以变为 $H_0:a=a_0$，$H_1:a\leq 14.9$ 或 $a\geq 15.3$，为了求 β，我们可以先考虑假设：

$$H_0:a=a_0, \quad H_1':a=15.3 \quad\quad (a_0=15.1)$$

对于此假设，先来求 H_0 的拒绝域。因为 $\bar{X}$ 是 a 的有效估计量，所以在通常情况下，$\bar{X}$ 与 a 相差很小，当 H_0 成立时，$\bar{X}$ 与 a_0 相差很小，

考虑到 H'_1，$\overline{X}$ 不能太大，否则不能认为 H_0 成立，而应认为 H'_1 成立，所以 H_0 的拒绝域这时为 $\mathscr{X}_0 = \{\overline{X} > C\}$，其中 C 由犯第一类错误概率 α 确定。当 α 给定后，由于当 H_0 成立时，$\dfrac{\overline{X}-a_0}{\sigma_0/\sqrt{n}} \sim N(0，1)$，类似于式（2.22）的推导，可得

$$\mathscr{X}_0 = \left\{ \frac{\overline{X}-a_0}{\sigma_0/\sqrt{n}} > u_{1-\alpha} \right\} \tag{2.23}$$

现利用上式来求 β。当 $n=6$，$\sigma_0 = \sqrt{0.05}$，$\alpha = 0.05$ 时，式（2.23）变为

$$\mathscr{X}_0 = \{\overline{X} > 15.25\} \tag{2.24}$$

因为当 H'_1 成立时，$\dfrac{\overline{X}-15.3}{\sigma_0/\sqrt{n}} \sim N(0，1)$，所以由 β 的定义，有

$$\beta = P\{接受\ H_0 \mid H'_1\ 成立\} = P\{\overline{X} \leqslant 15.25 \mid H'_1\ 成立\}$$

$$= P\left\{ \frac{\overline{X}-15.3}{\sigma_0/\sqrt{n}} \leqslant \frac{15.25-15.3}{\sigma_0/\sqrt{n}} \mid H'_1\ 成立 \right\}$$

$$= \Phi\left(-\frac{0.05}{\sigma_0/\sqrt{n}}\right) = \Phi(-0.548) = 1 - \Phi(0.548)\quad（查表）$$

$$= 1 - 0.7081 = 0.2919$$

显然这个 β 值太大，如果想使 $\beta \leqslant 0.05$。n 至少应取多大？因为当 H'_1 成立时，$\dfrac{\overline{X}-15.3}{\sigma_0/\sqrt{n}} \sim N(0，1)$，所以，由式（2.24）和 $\alpha = 0.05$，得

$$0.05 \geqslant \beta = P\left\{ \frac{\overline{X}-a_0}{\sigma_0/\sqrt{n}} \leqslant u_{1-\alpha} \mid H'_1\ 成立 \right\}$$

$$= P\left\{ \overline{X} \leqslant a_0 + \frac{\sigma_0}{h}u_{1-\alpha} \mid H'_1\ 成立 \right\}$$

$$= P\left\{ \frac{\overline{X}-15.3}{\sigma_0/\sqrt{n}} \leqslant \frac{a_0-15.3}{\sigma_0/\sqrt{n}} + u_{1-\alpha} \mid H'_1\ 成立 \right\}$$

$$= \Phi\left(\frac{-0.2}{\sigma_0/\sqrt{n}} + 1.645\right)$$

$$= 1 - \Phi\left(\frac{0.2}{\sigma_0/\sqrt{n}} - 1.645\right)$$

即

$$\Phi\left(\frac{0.2}{\sigma_0/\sqrt{n}}-1.645\right)\geqslant 0.95$$

查表得

$$\frac{0.2}{\sigma_0/\sqrt{n}}-1.645\geqslant u_{0.95}=1.645$$

所以

$$n\geqslant\left(\frac{3.29\sqrt{0.05}}{0.2}\right)^2=13.53$$

从而，$n\geqslant 13.53$，即 n 至少为 14，即取 $n=14$。

对于假设 $H_0: a=a_0$，$H''_1: a=14.9$，类似可得 H_0 的拒绝域为

$$\mathscr{X}_0=\left\{\frac{\overline{X}-a_0}{\sigma_0/\sqrt{n}}<u_\alpha\right\} \tag{2.25}$$

当 $\alpha=0.05$，$n=6$ 时，由于当 H''_1 成立时，$\frac{\overline{X}-14.9}{\sigma_0/\sqrt{n}}\sim N(0,1)$，类似可求得 $\beta=0.2918$。

这个 β 值太大。如果想使 $\beta\leqslant 0.05$，类似可求得 n 至少应取 14。

2.12 原假设的"惰性"

假设检验的方法实际上是一种反证法。我们先假设原假设 H_0 成立，然后利用小概率事件在一次抽样试验中几乎不可能发生的原理进行推理。如果该小概率事件发生了（即推出矛盾），我们就拒绝 H_0，认为 H_0 不成立，H_1 成立，这时我们是理直气壮地拒绝 H_0，且我们犯错误的概率是很小的 α_0；如果没推出矛盾，我们就认为 H_0 成立，这是无可奈何地认为 H_0 成立，并不是说 H_0 就一定成立。因此，当不拒绝 H_0 时，我们应进一步进行检验，否则，我们犯错误的概率可能是较大的 β。原假设 H_0 一般是根据实际问题的背景和已知信息提出来的，没有充分的理由是不能拒绝它的，也是很难拒绝它的，这就是原假设的"惰性"。我们现在来看下面的例子。

【例 2.12】 某电子元件寿命 $X\sim N(a,100^2)$，现测得 16 件元件的寿命（小时）如下：

159，280，101，212，224，379，179，264，222，362，168，

250，149，260，485，170

问是否有理由认为该种元件平均寿命大于 220（小时）（$\alpha = 0.05$）？

解 此题是要检验假设

$$H_0 : a \leqslant a_0 \equiv 220, \quad H_1 : a > a_0$$

类似式（2.22）与（2.23）[5]的推导，H_0 的拒绝域为

$$\mathscr{X}_0 = \left\{ \frac{\overline{X} - a_0}{\sigma_0 / \sqrt{n}} > u_{1-\alpha} \right\} \tag{2.26}$$

因为 $n = 16$，$a_0 = 220$，$\sigma_0 = 100$，$\overline{X} = 241.5$，$\alpha = 0.05$，（查表）$u_{1-\alpha} = u_{0.95} = 1.645$，$\dfrac{\overline{X} - a_0}{\sigma_0 / \sqrt{n}} = 0.86 < 1.645$。所以，不拒绝 H_0，即认为元件的平均寿命不大于 220 小时。如果检验假设

$$H'_0 : a > a_0, \qquad\qquad H'_1 : a \leqslant a_0$$

类似于式（2.22）与式（2.23）[5]的推导，H'_0 的拒绝域为

$$\mathscr{X}_0 = \left\{ \frac{\overline{X} - a_0}{\sigma_0 / \sqrt{n}} < u_\alpha \right\} \tag{2.27}$$

因为

$$\frac{\overline{X} - a_0}{\sigma_0 / \sqrt{n}} = 0.86 > u_\alpha = u_{0.05} = -u_{1-0.05}{}^{[5]} = -1.645$$

所以，不拒绝 H'_0，即认为元件的平均寿命大于 220 小时。

对于上例，我们通过检验不同的原假设，得出两种完全相反的结果。这是为什么？实际上这里有个着眼点的问题。当我们提出原假设 H_0 时，我们的着眼点是（根据以往这种元件的情况或生产这种元件的厂方不好的信誉）认为平均寿命不超过 220 小时，只有非常有利于厂方的观察结果才能改变我们对这种元件不信任的看法。同样，当我们提出原假设 H'_0 时，我们的着眼点是（根据这种元件以往好的信誉）认为其平均寿命大于 220 小时，没有非常充分的理由是不能改变我们对这种元件的好的看法。也就是说原假设是根据以往的信息和经验提出的，没有充分的理由或非常不利于原假设的观察结果是不能拒绝原假设的。即原假设具有较大的"惰性"，没有非常充分的理由是拒绝不了它的。因此，当我们的观察数据既不拒绝 H_0，也不拒绝 H'_0 时，我们的着眼点就决定了最后的结论。这样，提出什么样的原假设就比较重要了，应该根据

以往的信息仔细地考虑，提出适当的原假设，当根据试验数据拒绝了原假设时，说明原假设是显著不成立的，因此原假设的检验称为显著性检验。

解决例2.12中出现的这一类矛盾有两个办法，一个办法是根据以往的信息，即上述的"着眼点"。另一个办法是增大α，也就是增大犯第一类（弃真）错误的概率α。例如，如果取$\alpha=0.25$，则

$$u_{0.75}=0.6750,\ u_{0.25}=-0.6750$$

从而

$$0.6750=u_{0.75}<\frac{\overline{X}-a_0}{\sigma_0/\sqrt{n}}=0.86>-0.6750=u_{0.25}$$

所以，拒绝H_0，但不拒绝H_0'。于是两种检验结果一致：即当$\alpha=0.25$时，最后结论是：此类元件平均寿命大于220小时。

2.13 验收（鉴定）抽样方案

产品在出厂之前，一般要进行检查，以断定整批产品的质量。检查是要花费时间、人力和物力的。由于种种原因一般不对整批产品逐件进行检查，而是从中随机抽查n件。n太大，会造成浪费，n太小，抽查的结果又不那么可靠。因此在做抽查之前应确定出样本容量n的大小。又因为一般厂方只给出产品质量指标的合格与不合格标准，且不对产品逐一检查，当然会提出如下的问题：什么情况允许整批产品出厂？或什么情况拒绝整批产品出厂？这在抽查之前就应确定。

由于产品的质量指标有3种不同的表现形式，即计量（如尺寸长度，重量等）、计件（如次品件数）与计点（如一件或一批产品上的疵点数），所以产品的质量指标就有3种典型分布（即正态分布、二项分布和泊松分布），从而验收控制（即抽样检查方案）也可分为计量、计件、计点3种类型。

下面我们根据产品质量指标三种不同的形式，通过例子来说明制定抽样检查方案的方法。

【例2.13】 今要验收一批水泥，如果这种水泥制成混凝土后断裂强度为5000（单位），验收者希望100次试验中有95次被"接收"。如果断裂强度为4600（单位），验收者希望100次试验中只有10次被"接

收"。已知断裂强度服从正态分布 $N(a,600^2)$，试为验收者制定验收抽样方案。

解 由题意知总体（断裂强度）$X \sim N(a,600^2)$，$a=E(X)$ 为未知参数，方差 $D(X)=600^2 \overset{\triangle}{=} \sigma_0^2$，需要对如下的假设进行检验

$$H_0:a \geqslant 5000=a_0, \quad H_1:a \leqslant 4600=a_1$$

且犯两类错误的概率分别为 $\alpha=0.05$，$\beta=0.1$。

由式（2.27），H_0 的拒绝为 $\mathscr{X}_0 = \left\{ \dfrac{\overline{X}-a_0}{\sigma_0/\sqrt{n}} < u_\alpha \right\}$，其中 $\dfrac{\overline{X}-a_0}{\sigma_0/\sqrt{n}} \sim$

$N(0,1)$。因为 $\alpha=0.05$，所以，$u_\alpha=u_{0.05}=-1.645$

又因当 H_1 成立时，$\overline{X} \sim N\left(a,\dfrac{\sigma_0^2}{n}\right)$，即 $\dfrac{\overline{X}-a}{\sigma_0/\sqrt{n}} \sim N(0,1)$，所以

$$0.1=\beta=P\left\{ \frac{\overline{X}-a_0}{\sigma_0/\sqrt{n}} > u_\alpha \,\middle|\, H_1 \text{ 成立} \right\}$$

$$=P\left\{ \frac{\overline{X}-a}{\sigma_0/\sqrt{n}} > \frac{a_0-a}{\sigma_0/\sqrt{n}}+u_\alpha \,\middle|\, H_1 \text{ 成立} \right\}$$

$$=1-\Phi\left(\frac{a_0-a}{\sigma_0/\sqrt{n}}+u_\alpha \right) \leqslant 1-\Phi\left(\frac{a_0-a_1}{\sigma_0/\sqrt{n}}+u_\alpha \right)$$

即

$$\Phi\left(\frac{a_0-a_1}{\sigma_0/\sqrt{n}}+u_\alpha \right) \leqslant 0.90$$

查表得

$$\frac{a_0-a_1}{\sigma_0/\sqrt{n}}+u_\alpha \leqslant u_{0.9}=1.28$$

于是得

$$\begin{cases} u_\alpha=-1.645 \\ \dfrac{a_0-a_1}{\sigma_0/\sqrt{n}}+u_\alpha \leqslant 1.28 \end{cases}$$

解之，得 $\quad n \leqslant 19.25, u_\alpha=-1.645$，取 $n=19$，从而得

$$\overline{x} < a_0+\frac{\sigma_0 u_\alpha}{\sqrt{n}}=5000+\frac{600 \times (-1.645)}{\sqrt{19}}=4774$$

于是 H_0 的拒绝域变为 $\mathscr{X}_0=\{\overline{X}<4774\}$。

最后得：在每批待检的成品中只需抽 19 件进行试验，如果这 19 件混凝土断裂强度的平均值不小于 4774（单位）便"接收"这批产品，否则就不接收这批产品。

【例 2.14】 今要验收一批产品，如果该批产品的次品率 $p \leqslant 0.04$

就"接收"这批产品，如果 $p \geqslant 0.1$，就拒绝"接收"这批产品，且要求当 $p \leqslant 0.04$ 时不接收这批产品的概率为 $\alpha = 0.1$，当 $p \geqslant 0.1$ 时接收这批产品的概率为 $\beta = 0.1$，试为验收者制定验收抽样方案。

解 这是要对如下假设

$$H_0 : \ p \leqslant 0.04, \ H_1 : \ p \geqslant 0.1$$

进行检验和确定容量 n 的问题，上述检验问题可简化为简单假设

$$H'_0 : \ p = p_0 \overset{\triangle}{=} 0.04, \ H'_1 : \ p = p_1 \overset{\triangle}{=} 0.1$$

设总体 X 的次品率为 p，随机抽检 n 件，其中次品数 $\zeta \equiv \sum\limits_{i=1}^{n} X_i \sim$

$B(n, \ p)$, $X_i = \begin{cases} 1, & \text{第 } i \text{ 件是次品} \\ 0, & \text{否则}, \ i=1, \ 2, \ \cdots, \ n \end{cases}$。

当 H_0（即 H'_0）成立时，如果次品数 $\sum\limits_{i=1}^{n} X_i$ 较大，考虑到 H_1，我们就不能认为 H_0 成立，而应认为 H_1（即 H'_1）成立，所以，H_0 的拒绝域为

$$\mathscr{X}_0 = \{\sum_{i=1}^{n} X_i > b\} \tag{2.28}$$

由于犯两类错误的概率 α 与 β 已知，故 b 与 n 可由以下两式确定

$$\begin{cases} \alpha = P\left\{\zeta > b \,\middle|\, H'_0 \text{ 成立}\right\} = \sum\limits_{k=[b+1]}^{n} C_n^k p_0^k (1-p_0)^{n-k} \\ \beta = P\left\{\zeta \leqslant b \,\middle|\, H'_1 \text{ 成立}\right\} = \sum\limits_{k=0}^{[b]} C_n^k p_1^k (1-p_1)^{n-k} \end{cases}$$

但是一般地说精确求解上两式是困难的。由独立同分布中心极限定理，当 n 较大时，由于 $U \overset{\triangle}{=} \dfrac{\zeta - np}{\sqrt{np(1-p)}}$ 近似服从正态分布 $N(0, \ 1)$，于是

$$\alpha = P\left\{\zeta > b \,\middle|\, p = p_0\right\} \approx P\left\{U > \frac{b - np_0}{\sqrt{np_0(1-p_0)}} \,\middle|\, p = p_0\right\}$$

$$= 1 - \Phi\left(\frac{b - np_0}{\sqrt{np_0(1-p_0)}}\right)$$

$$\beta = P\left\{\zeta \leqslant b \,\middle|\, p = p_1\right\}$$

$$\approx P\left\{U \leqslant \frac{b-np_1}{\sqrt{np_1\ (1-p_1)}}\ \middle|\ p=p_1\right\}=\Phi\left(\frac{b-np_1}{\sqrt{np_1\ (1-p_1)}}\right)$$

即
$$\begin{cases} 0.9=\Phi\left[\dfrac{b-np_0}{\sqrt{np_0\ (1-p_0)}}\right] \\ 0.1=\Phi\left[\dfrac{b-np_1}{\sqrt{np_1\ (1-p_1)}}\right] \end{cases}$$

查表得
$$\begin{cases} (b-np_0)\ /\ \sqrt{np_0\ (1-p_0)}=1.28 \\ -(b-np_1)/\ \sqrt{np_1\ (1-p_1)}=1.28 \end{cases}$$

解上述方程组得 $n=112$，$b=7.1345$，取 $b=8$。

于是得应抽查 112 件产品，如果 $\sum\limits_{i=1}^{112} X_i>8$，则否定 H'_0（从而否定 H_0），如果 $\sum\limits_{i=1}^{112} x_i \leqslant 8$，则接受 H'_0（从而接受 H_0）。

【例 2.15】 今要接收一批铸件，当五件铸件上的疵点（气孔、砂眼、裂纹等）数（之和）不大于 1 时，希望 100 次试验中有 95 次被接收，当五件铸件上疵点数大于 3 时，希望 100 次试验中只有 2 次被接收。已知五件铸件疵点数（之和）服从泊松分布 $P(\lambda)$。试为验收者制定抽样方案。

解 设 X 为五件铸件上疵点数，则 $X \sim P(\lambda)$，$E(X)=D(X)=\lambda$，λ 为未知数。由题意需检验假设

$$H_0: \lambda \leqslant 1, \quad H_1: \lambda \geqslant 3$$

为简单考虑假设 $\qquad H'_0: \lambda=1, \quad H'_1: \lambda=3$

且 $\alpha=0.05, \beta=0.02$。随机抽取 n，得样本 X_1，X_2，$\cdots$，X_n，因诸 X_i 相互独立且均与 X 同分布，由泊松分布的再生性知，n 次抽样中疵点数之和 $\sum\limits_{i=1}^{n} X_i \sim P\ (n\lambda)$。因为当 H'_0 成立时，$\sum\limits_{i=1}^{n} X_i$ 应较小，如果 $\sum\limits_{i=1}^{n} X_i$ 较大，考虑到 H'_1，就不能认为 H'_0 成立，而应为 H'_1 成立，所以，H'_0（即 H_0）的拒绝域为

$$\mathscr{X}_0 = \left\{ \sum_{i=1}^{n} X_i > C \right\}$$

其中 C 与 n 可由下两式确定

$$\begin{cases} \alpha = P\left\{ \sum_{i=1}^{n} X_i > C \middle| \lambda = 1 \right\} = \sum_{k=C+1}^{\infty} e^{-n} \dfrac{(n)^k}{k!} \\ \beta = P\left\{ \sum_{i=1}^{n} X_i \leqslant C \middle| \lambda = 3 \right\} = \sum_{k=0}^{C} e^{-3n} \dfrac{(3n)^k}{k!} \end{cases}$$

由上两式精确求解 C 与 n 是很困难的。但是当 n 充分大时，由独立同分布中心极限定理，$\left(\sum\limits_{i=1}^{n} X_i - n\lambda \right) / \sqrt{n\lambda}$ 近似服从标准正态分布，由 α 与 β 的定义，得

$$\begin{cases} \alpha = P\left\{ \sum_{i=1}^{n} X_i > C \middle| \lambda = 1 \right\} \approx 1 - \Phi\left(\dfrac{C-n}{\sqrt{n}} \right) \\ \beta = P\left\{ \sum_{i=1}^{n} \leqslant C \middle| \lambda = 3 \right\} \approx \Phi\left(\dfrac{C-3n}{\sqrt{3n}} \right) \end{cases}$$

即

$$\begin{cases} 0.05 \approx 1 - \Phi\left(\dfrac{C-n}{\sqrt{n}} \right) \\ 0.02 \approx \Phi\left(\dfrac{C-3n}{\sqrt{3n}} \right) \end{cases}$$

于是　$\Phi\left(\dfrac{C-n}{\sqrt{n}} \right) = 0.95$，$\Phi\left(\dfrac{C-3n}{\sqrt{3n}} \right) = 0.02$，查表得

$$\dfrac{C-n}{\sqrt{n}} = 1.645, \qquad \dfrac{C-3n}{\sqrt{3n}} = -2.054$$

即

$$\begin{cases} C-n = 1.645\sqrt{n} & (2.29) \\ C-3n = -2.054\sqrt{3n} & (2.30) \end{cases}$$

式（2.30）－（2.29）得　$2n = 5.2026\sqrt{n}$，故 $n = 6.7668$。

$C = n + 1.645\sqrt{n} = 10.947$，取 $n = 7$，$C = 11$。最后得抽样方案：每次取 5 个铸件进行检查，共取 7 次。如果疵点数之和大于 11 就拒绝接收这批铸件，否则接收这批铸件。

2.14　第 5 次掷出几点

重复掷一颗骰子，已知前 4 次的结果都是 6 点，问第 5 次掷出

163

几点？

这个问题的答案是：第 5 次仍然掷出 6 点。为什么？因为如果这颗骰子是对称均匀的，每次掷出 i（$i=1$，2，…，6）点的概率均为 $\dfrac{1}{6}$，前 4 次都掷出 6 点的概率为 $\left(\dfrac{1}{6}\right)^4 < 0.0008$，是很小的。即"4 次都掷出 6 点"是小概率事件，由小概率事件原理：小概率事件在一次试验中是几乎不可能发生的，而现在居然发生了，因此这颗骰子是不对称均匀的，很可能被做了手脚的，故认为第 5 次仍然掷出 6 点。

这里有个问题：无论工艺条件如何好，制造出的每颗骰子都不是绝对对称均匀的，即对称均匀是相对的，不对称均匀是绝对的。因此，一颗骰子不对称均匀到什么样的程度才叫做不对称均匀？以及如何检验一颗骰子是不对称均匀的？这可用皮尔逊（Karl Pearson）卡方检验法回答这两个问题。皮尔逊是现代数理统计的奠基人。1890 年他受高尔登（F. Galton）工作（研究平均值的偏差问题与回归问题）的激发，开始把数学与概率论应用于达尔文（Charle Darwin）的进化论，从而开创了现代数理统计的时代。他一生致力于统计方法的研究，今天的描述统计学的大部分内容是他整理出来的，大部分数理统计用语是他命名的，这使他赢得了"统计学之父"的称号。下面我们来应用皮尔逊 χ^2 检验法检验一颗骰子是否为对称均匀的。

将一颗骰子重复掷了 n 次，出现 i 点的次数记为 n_i（$i=1$，2，…，6），$\sum\limits_{i=1}^{6} n_i = n$。为了检验这骰子是否为对称均匀的，提出如下假设：

H_0：这骰子是对称均匀的，H_1：这骰子不是对称均匀的。

设 X 为掷一次出现的点数，当 H_0 成立时，有

$$P\{X=i\} = \dfrac{1}{6}, \quad i=1, \; 2\cdots, \; 6$$

因此，理论上，掷 n 次出现 1 点的次数为 $\dfrac{n}{6}$。当 H_0 成立时，实际频数 n_i 与理论频数相差应很小，从而 $\sum\limits_{i=1}^{6} \dfrac{(n_i - n/6)^2}{n/6}$ 也应很小，否则不能认为 H_0 成立，而应认为 H_1 成立，所以 H_0 的拒绝域为 $\mathscr{X}_0 = \left\{ \sum\limits_{i=1}^{6} \dfrac{6 \, (n_i - n/6)^2}{n} > \right.$

C}，其中 C 由犯第一类错误的概率 α 确定。1900 年皮尔逊证明了当

$n\to\infty$时，$\sum\limits_{i=1}^{6}\dfrac{6(n_i-n/6)^2}{n}\to Y\sim\chi^2(5)=\Gamma\left(\dfrac{5}{2},\dfrac{1}{2}\right)$，因此，当 n 充分大

时，$\sum\limits_{i=1}^{6}\dfrac{6(n_i-n/6)^2}{n}$ 近似服从 $\chi^2(5)$分布。所以当 α 给定后（且 n 充分

大），

有

$$\alpha=P\left\{\sum_{i=1}^{6}\frac{6(n_i-n/6)^2}{n}>C\ \Big|\ H_0\text{ 成立}\right\}$$

$$=1-P\left\{\sum_{i=1}^{6}\frac{6(n_i-n/6)^2}{n}\leqslant C\ \Big|\ H_0\text{ 成立}\right\}$$

即

$$P\left\{\sum_{i=1}^{6}\frac{6\ (n_i-n/6)^2}{n}\leqslant C\ \Big|\ H_0\text{ 成立}\right\}=1-\alpha$$

查卡方分布表得 $\chi^2_{1-\alpha}(5)$，使得 $C=\chi^2_{1-\alpha}(5)$，从而 H_0 的拒绝域为

$$\mathscr{X}_0=\left\{\sum_{i=1}^{6}\frac{6\ (n_i-n/6)^2}{n}>\mathscr{X}^2_{1-\alpha}\ (5)\right\} \tag{2.31}$$

【例 2.16】 掷一颗骰子 120 次，得表 2-9：

表 2-9

点数 i	1	2	3	4	5	6
出现次数 n_i	5	10	13	15	17	60

能否认为此骰子是对称均匀的 （$\alpha=0.05$）?

因为 $n\times\dfrac{1}{6}=20$，由式 (2.31) 得

$$\sum_{i=1}^{6}\frac{6(n_i-n/6)^2}{n}=\frac{1}{20}(15^2+10^2+7^2+5^2+3^2+40^2)=100.4$$

又因 $\alpha=0.05$，查表得 $\chi^2_{1-\alpha}(5)=\chi^2_{0.95}(5)=11.071<100.4$，所以，由式 (2.32)，不能认为此骰子是对称均匀的。

2.15 随机变量模拟抽样

对随机变量进行抽样这是经常要做的事情。抽样通常要做试验。做试验往往要花费人力、物力和时间。有的试验需要漫长的时间，有的试

验需要昂贵的材料，有的试验具有很大的危险，有的问题还在设想之中，需要抽样了解它的性质，有的打算调整方案，在付诸实施之前想抽样了解它的效果，等等情况，都不能或不想进行真的试验。这时自然会考虑是否可以用其他方法进行模拟试验，代替真的试验。随着计算机的发展，人们首先想到了用计算机模拟试验。计算机模拟也叫蒙特卡罗（Monte Carlo）方法。该方法研究在计算机上产生具有各种概率分布的伪随机数，通过构造随机模型，使得某个随机变量的数学期望等于问题中要求的解，从而得出解的估计值。

用计算机模拟抽样的方法很多。下面介绍一种最基本最简单对离散型随机变量与连续型随机变量都适用的方法，即求逆法，也叫做反函数法。

设 $F_X(x)$ 为随机变量 X 的分布函数，记 $F_X^{-1}(y)$ 为

$$F_X^{-1}(y) = \inf\{x: F_X(x) \geqslant y\},\ 0 \leqslant y \leqslant 1 \qquad (2.32)$$

并设 U 为服从区间 $[0，1]$ 上均匀分布的随机变量。即 U 的分布函数为

$$F_U(x) = \begin{cases} 0,\ x \leqslant 0 \\ x,\ 0 < x \leqslant 1 \\ 1,\ x > 1 \end{cases}$$

则有　　　$P\{F_X^{-1}(U) < y\} = P\{\inf\{x: F_X(x) \geqslant U\} < y\}$

由于 $\inf\{x: F_X(x) \geqslant U\} < y$ 表示使得 $F_X(x) \geqslant U$ 成立的最小的 x 小于 y。又因为分布函数单调不减从而 $F_X(y) > U$，或 $F_X(y) \geqslant U$，又因 U 为连续型随机变量，故 $P\{U < x\} = P\{U \leqslant x\}$，于是得 $P\{\inf\{x: F_X(x) \geqslant U\} < y\}$ 与 $P\{U < F_X(y)\}$ 相等，即

$$P\{F_X^{-1}(u) < y\} = P\{U < F_X(y)\} = F_X(y) = P\{X < y\}$$

即 $F_X^{-1}(U)$ 与 X 同分布。对 X 进行抽样等价于对 $F_X^{-1}(U)$ 进行抽样。而对 $F_X^{-1}(U)$ 进行抽样可以通过先对 U 进行抽样，然后代入式 (2.31) 计算出 $F_X^{-1}(U)$。而对 U 进行抽样可利用计算机产生样本值。理论上，由式（2.31）利用上法可以对任意随机变量（不做真的试验）进行抽样。

（1）如果 X 为离散型随机变量，其分布律为

X	a_1	a_2	$\cdots$	a_m
P	p_1	p_2	$\cdots$	p_m

其中 $p_i > 0$，$\sum\limits_{i=1}^{m} p_i = 1$。由式（2.37），利用 $U \sim U\,[0,\,1]$ 对 X 进行抽样的步骤如下：

(i) 计算 $F_j = \sum\limits_{i=1}^{j} p_i$，$j = 1,\,2,\,\cdots,\,m-1$，$F_m = 1$，$F_0 = 0$。从而得 m 个小区间 $(F_{j-1},\,F_j)$，$j = 1,\,2,\,\cdots,\,m$。

(ii) 用计算机产生第一个 u_1，如果 $u_1 \in (F_{j-1},\,F_j)$，则 X 的第一个样品值取为 $x_1 = a_j$，然后产生 u_2，可得 x_2，依此类推可得样本值 x_1，x_2，$\cdots$，x_n。

用式（2.32）求连续型随机变量的样本有时会碰到复杂的计算。对于常见的连续型随机变量可以用更简单的方法求其样本。

(2) 如果 $X \sim \Gamma\,(1,\,\lambda)$，$\lambda > 0$。因为 $F_X\,(X) \sim U\,[0,\,1]$，所以 $1 - F_X\,(X) = \mathrm{e}^{-\lambda X} \sim U\,[0,\,1]$，从而

$$X = -\frac{1}{\lambda}\ln U,\ \text{其中}\ U \sim U\,[0,\,1] \tag{2.33}$$

或

$$\lambda X = -\ln U$$

当由计算机产生 U 的样品值 u_i 时，由上两式可求得 X（当 λ 已知时）或 λX 的样品值 x_i 或 λx_i，$i = 1,\,2,\,\cdots,\,n$。

(3) 如果 $X \sim U\,[a,\,b]$，$U \sim U\,[0,\,1]$，则有

$$X = a + (b-a)\,U \tag{2.34}$$

由计算机产生 U 的样品 u_i，由式（2.39）可得 X 的样品 x_i，$i = 1$，2，$\cdots$，n。

(4) 如果 $X \sim N\,(0,\,1)$，U_1，U_2，$\cdots$，U_m 为总体 $U \sim U\,[0,\,1]$ 的样本，则 $E\,(U_i) = \frac{1}{2}$，$D\,(U_i) = \frac{1}{12}$，由独立同分布中心极限定理知，当 $m \longrightarrow \infty$ 时

$$\left(\sum_{i=1}^{m} U_i - \frac{m}{2}\right) \bigg/ \sqrt{\frac{m}{12}} \xrightarrow{L} X \sim N\,(0,\,1)$$

即当 m 充分大时（$m \geqslant 10$），近似有

$$X = \left(\sum_{i=1}^{m} U_i - \frac{m}{2} \right) \Big/ \sqrt{\frac{m}{12}} \qquad (2.35)$$

当计算机产生样本 U_1，U_2，$\cdots$，U_m 的值 u_{i1}，u_{i2}，$\cdots$，u_{im} 时，由式 (2.35) 可得 X 的样品 x_i，$i = 1$，2，$\cdots$，n。

或者因为 X 的分布函数 $\Phi(x)$ 为严格上升函数，所以，当 $y \leqslant 0$ 时，$P\{\Phi(X) < y\} = 0$，当 $y > 1$ 时，$P\{\Phi(X) < y\} = 1$，当 $0 < y \leqslant 1$ 时，$P\{\Phi(X) < y\} = P\{X < \Phi^{-1}(y)\} = \Phi[\Phi^{-1}(y)] = y$，即

$$\Phi(X) = U \sim U[0,1] \qquad (2.36)$$

当由计算机产生 U 的样品值 u_i 时，由式 (2.36) 查标准正态分布函数值表可得 X 的样品值 x_i，$i = 1$，2，$\cdots$，n，只是注意：此法只能求出区间 $[-4, 4]$ 内的近似值 x_i。不过从概率论的角度来说 X 取区间 $[-4, 4]$ 之外的值可能性很小。

如果 $Y \sim N(a, \sigma^2)$，则有

$$Y = a + \sigma X \qquad (2.37)$$

其中 $X \sim N(0, 1)$。于是由 X 的样品 x_i 和由式 (2.37) 可得 Y 的样品 y_i，$i = 1$，2，$\cdots$，n。

(5) 如果 X 具有密度函数

$$f(x) = \frac{\beta}{\pi[\beta^2 + (x-\alpha)^2]}, \quad -\infty < x < \infty, \ \beta > 0$$

则称 X 服从柯西 (Cauchy) 分布，记为 $X \sim C(\beta, \alpha)$。

由柯西分布性质知，如果 $Y \sim C(1, 0)$，则有

$$X = \alpha + \beta Y \qquad (2.38)$$

当 ζ 与 η 相互独立同服从正态分布 $N(0, 1)$ 时，则有

$$Y = \zeta / \eta \sim C(1, 0) \qquad (2.39)$$

于是由标准正态分布的样品，利用式 (2.39) 可得 Y 的样品 y_i，再由式 (2.38) 可得 X 的样品 x_i，$i = 1$，2，$\cdots$，n。

(6) 如果 $X \sim \Gamma(n, \lambda)$，$n$ 为正整数，由指数分布性质知：当 X_1，X_2，$\cdots$，X_n 为相互独立同服从参数为 λ 的指数分布时，则 $\sum_{i=1}^{n} X_i \sim \Gamma(n, \lambda)$，即

$$X = \sum_{i=1}^{n} X_i \qquad (2.40)$$

因此 X 的样品值 x_i 可以由 n 个指数分布的样品值得到。

（7）如果随机变量 X 具有密度函数

$$f(x) = \begin{cases} \dfrac{\alpha}{\beta^{\alpha}} x^{\alpha-1} e^{-(x/\beta)^{\alpha}}, & x>0, \ \alpha>0, \ \beta>0 \\ 0, & x \leqslant 0 \end{cases}$$

则称 X 服从参数为 α，β 的韦布（Weibull）分布，记为 $X \sim W(\alpha, \beta)$。可以证明 $\left(\dfrac{X}{\beta}\right)^{\alpha} \sim \Gamma(1, 1)$，即

$$\left(\frac{X}{\beta}\right)^{\alpha} \equiv Y \sim \Gamma(1, 1) \tag{2.41}$$

也即 Y 有密度函数

$$f_Y(x) = \begin{cases} e^{-x}, & x>0 \\ 0, & x \leqslant 0 \end{cases}$$

因此，
$$X = \beta \cdot \sqrt[\alpha]{Y} \tag{2.42}$$

所以，由参数 1 的指数分布随机变量 Y 的样品值 y_i 通过式（2.42）可求得 X 的样品值 x_i，$i=1, 2, \cdots, n$。

03 随机过程篇

3.1 赌徒输光问题

【例 3.1】 设袋中有 a 个白球 b 个黑球。甲、乙两赌徒分别有 n 元、
m 元，他们不知道袋中哪种球多。他们约定：每次有放回从袋中摸 1 个
球，如果摸到白球甲给乙 1 元，如果摸到黑球，乙给甲 1 元，直到两个
人有 1 人输光为止。求甲输光的概率。

解 此就是著名的具有两个吸收壁的随机游动问题，也叫做赌徒输
光问题。

由题知，甲赢 1 元的概率为 $p = \dfrac{b}{a+b}$，输 1 元的概率为 $q = 1-p$，
设 f_n 为甲输光的概率，X_t 表示赌 t 次（摸 t 次球）后甲的赌金，$\tau = \inf\{t : X_t = 0$ 或 $X_t = n+m\}$，即 τ 表示最终摸球次数。如果 $\{t : X_t = 0$，或 $X_t = n+m\} = \varnothing$（$\varnothing$ 为空集），则令 $\tau = \infty$。

设 $A =$ "第 1 局（次）甲赢"，则 $P(A) = p, P(\overline{A}) = q$，且在第 1 局
甲赢的条件下（因甲有 $n+1$ 元）甲最终输光的概率为 f_{n+1}，在第 1 局
甲输的条件下甲最终输光的概率为 f_{n-1}，由全概率公式，得齐次一元二
阶常系数差分方程与界条件

$$f_n = p f_{n+1} + q f_{n-1} \tag{3.1}$$

与
$$f_0 = 1, \quad f_{n+m} = 0 \tag{3.2}$$

解具有边界条件（3.2）的差分方程（3.1）有两种方法，现分别介
绍如下。

解法 1 令 $f_n = \lambda^n$，由（3.1）得关于 λ 的代数方程

$$(p+q)\lambda = p\lambda^2 + q \tag{3.3}$$

（i）当 $q \neq p$（即 $a \neq b$）时，方程（3.3）有两个解 $\lambda_1 = 1$，$\lambda_2 = \dfrac{q}{p}$，

故方程（3.1）有两个特解：1 与 $\left(\dfrac{q}{p}\right)$，从而方程（3.1）通解为

$$f_n = C_1 + C_2 \left(\frac{q}{p}\right)^n$$

由边界条件（3.2）得

$$C_1 = \frac{-\ (q/p)^{n+m}}{1-\ (q/p)^{n+m}}, \quad C_2 = \frac{1}{1-\ (q/p)^{n+m}}$$

故得

$$f_n = 1 - \frac{1-\ (q/p)^n}{1-\ (q/p)^{n+m}}$$

（ii）当 $p=q$ 时，方程（3.3）有两个相等的解 $\lambda_1 = \lambda_2 = 1$，故方程（3.1）有通解 $f_n = C_1 + C_2 n$，再由边界条件（3.2）得

$$C_1 = 1, \quad C_2 = -\frac{1}{m+n}$$

从而得

$$f_n = 1 - \frac{n}{m+n}$$

综合（i）与（ii）得

$$f_n = \begin{cases} 1 - \dfrac{1-\ (q/p)^n}{1-\ (q/p)^{n+m}}, & p \neq q \\[3mm] 1 - \dfrac{n}{n+m}, & p = q \end{cases} \tag{3.4}$$

解法 2　（i）当 $p \neq q$ 时，由方程（3.1）得

$$f_{n+1} - f_n = \frac{q}{p}\ (f_n - f_{n-1}) \tag{递推}$$

$$= \left(\frac{q}{p}\right)^2 (f_{n-1} - f_{n-2}) = \cdots\cdots$$

$$= \left(\frac{q}{p}\right)^n (f_1 - f_0) = (q/p)^n (f_1 - 1) \tag{3.5}$$

又因

$$-1 = f_{m+n} - f_0 = \sum_{k=0}^{m+n-1} (f_{k+1} - f_k)$$

$$= \sum_{k=0}^{n+m-1} \left(\frac{q}{p}\right)^k (f_1 - 1) = \frac{1-(q/p)^{m+n}}{1-q/p}(f_1 - 1)$$

所以

$$f_1 - 1 = -\frac{1-q/p}{1-\ (q/p)^{m+n}},\ \text{从而由（3.5）得}$$

$$f_n = -\left(\frac{q}{p}\right)^{n-1}\frac{1-q/p}{1-\ (q/p)_{m+n}} + f_{n-1} \tag{递推}$$

$$= f_0 - \frac{1-q/p}{1-(q/p)^{m+n}} \sum_{k=0}^{n-1} \left(\frac{q}{p}\right)^k$$

$$= 1 - \frac{1-(q/p)^n}{1-(q/p)^{n+m}}$$

(ii) 当 $p=q$ 时，由方程（3.1）得

$$f_{n+1}-f_n = f_n - f_{n-1} = f_1 - f_0 = f_1 - 1 \qquad \text{（递推）}$$

又因

$$-1 = \sum_{k=0}^{n+m-1}(f_{k+1}-f_k) = \sum_{k=0}^{n+m-1}(f_1-1)$$

$$= (n+m)(f_1-1)$$

所以，$f_1-1 = -\dfrac{1}{n+m}$，从而

$$f_n = f_{n-1}+(f_1-1) = -\frac{1}{n+m}+f_{n-1} \qquad \text{（递推）}$$

$$= -\frac{n}{n+m}+f_0 = 1-\frac{n}{n+m}$$

从而，亦得（3.4）。

如果乙有无穷多赌金，则甲最终输光的概率 p_n 为

$$p_n = \lim_{m\to\infty} f_n = \begin{cases} (q/p)^n, & p>q \\ 1, & p\leqslant q \end{cases} \qquad (3.6)$$

由式（3.6）知，如果赌徒只有有限的赌金，而其对手有无限赌金，当其每局赢的概率 p 不大于每局输的概率 q 即 $p\leqslant q$ 时，则最终他肯定（依概率 1）输光。即使 $p>q$，他也以正的概率 $\left(\dfrac{q}{p}\right)^n$ 输光，只是他最初的赌金 n（元）越大输光的概率越小。然而一个赌徒他面临的对手是各个可能的赌场，他的赌金跟各个可能的赌场的赌金之和比起来是微不足道的，而且每局他是占不到便宜的，即一般是 $p\leqslant q$，因此，最终他必将输光。这也就是俗话所说的"十赌九输"。因此，这里奉劝读者远离赌博。

设 q_m 为乙输光的概率。由（3.4）与对称性，得

$$q_m = \begin{cases} 1-\dfrac{1-(p/q)^m}{1-(p/q)^{m+n}}, & p\neq q \\ 1-\dfrac{m}{m+n}, & p=q \end{cases} \qquad (3.7)$$

（i）当 $p \neq q$ 时，甲赢得所有钱的概率为 $\dfrac{1-(q/p)^n}{1-(q/p)^{m+n}}$，乙赢得所

有钱的概率为 $\dfrac{1-(q/p)^m}{1-(q/p)^{m+n}}$，它们之和为

$$\frac{1-(q/p)^n}{1-(p/q)^{m+n}}+\frac{1-(q/p)^m}{1-(q/p)^{m+n}}$$

$$=\frac{p^m(p^n-q^n)-q^n(q^m-p^m)}{p^{m+n}-q^{m+n}}=1$$

（ii）当 $p=q$ 时，甲赢得所有钱的概率与乙赢得所有钱的概率之和
亦为

$$\frac{n}{m+n}+\frac{m}{m+n}=1$$

由上知，赌博（摸球）无限进行下去（即永不停止）的概率为 0，即
$P\{\tau=\infty\}=0$。

人们不仅对甲输光的概率感兴趣，而且对赌博结束时甲的平均赌金
和平均赌博次数也很关心。不难证明如下的结论成立：（证明见参考文
献［6］）

$$E(X_\tau)=\begin{cases}\dfrac{(n+m)[1-(q/p)^n]}{1-(q/p)^{m+n}},p\neq q\\[3mm] n,p=q\end{cases} \qquad (3.8)$$

$$D(X_\tau)=\begin{cases}\dfrac{(m+n)^2[1-(q/p)^n][(q/p)^n-(q/p)^{n+m}]}{[1-(q/p)^{m+n}]^2},p\neq q\\[3mm] mn,p=q\end{cases} \qquad (3.9)$$

$$E(\tau)=\begin{cases}\dfrac{(m+n)[1-(q/p)^n]}{[1-(q/p)^{m+n}](p-q)}-\dfrac{n}{p-q},p\neq q\\[3mm] \dfrac{mn}{p+q},p=q\end{cases} \qquad (3.10)$$

在实际当中，p、q 均为常数比较少见，更一般的情况是如下的随
机游动问题：

设一质点可在数轴上 0，1，2，…，k 这 $k+1$ 个点上任一点，且当
它在 0 或 k 时，它就一直在那里不动。我们称 0 与 k 为两个吸收壁。设

在时刻 n 它在点 i（$0 < i < k$），经一个单位时间后它到点 $i+1$ 的概率为 p_i（$0 < p_i < 1$），到点 $i-1$ 的概率为 q_i（$0 < q_i < 1$），仍在点 i 的概率为 r_i（$r_i = 1 - p_i - q_i$），求质点被 0 点吸收的概率 f_j，$j = 0$，1，2，$\cdots$，k。

此也为如下的赌徒输光问题：

甲、乙两赌徒最初分别有赌金 j 元与 $k-j$ 元，且当甲有 i（$0 < i < k$）元时，他赢 1 元、输 1 元、和局的概率分别为 p_i、q_i、r_i，如果直到两人有一人输光赌博停止，求甲输光的概率 f_j，$j = 0$，1，$\cdots$，k。

类似于方程（3.1）的推导，得差分方程

$$f_j = p_j f_{j-1} + r_j f_j + q_j f_{j-1} \tag{3.11}$$

与边界条件

$$f_0 = 1, \ f_k = 0 \tag{3.12}$$

因为差分方程（3.11）的系数不是常数，所以，我们只能用递推法解方程（3.11），因为 $r_j = 1 - p_j - q_j$，所以（3.11）可改写为

$$p_j (f_{j+1} - f_j) = q_j (f_j - f_{j-1}), \ j = 1, \ 2, \ \cdots, \ k-1$$

即

$$f_{j+1} - f_j = \frac{q_j}{p_j} (f_j - f_{j-1}), \ j = 1, \ 2, \ \cdots, \ k-1$$

递推，得

$$f_{j+1} - f_j = \frac{q_j}{p_j} (f_j - f_{j-1}) = \frac{q_j q_{j-1}}{p_j p_{j-1}} (f_{j-1} - f_{j-2}) = \cdots$$

$$= \rho_j (f_1 - f_0) = \rho_j (f_1 - 1)$$

其中 $\rho_m = \dfrac{q_m q_{m-1} \cdots q_1}{p_m p_{m-1} \cdots p_1}$，$m = 1$，2，$\cdots$，$k-1$，$\rho_0 \equiv 1$

又因

$$f_{j+1} - 1 = \sum_{i=0}^{j} (f_{i+1} - f_i) = \sum_{i=0}^{j} \rho_i (f_1 - 1) \tag{3.13}$$

所以

$$-1 = f_k - 1 = \sum_{i=0}^{k-1} \rho_i (f_1 - 1)$$

即

$$f_1 - 1 = -\Big[\sum_{i=0}^{k-1} \rho_i \Big]^{-1}$$

于是得

$$f_j = 1 - \sum_{i=0}^{j-1} \rho_i / \sum_{i=0}^{k-1} \rho_i, \rho_i \not\equiv 1, j = 0,1,2,\cdots,k \qquad (3.14)$$

当 $\rho_i \equiv 1$ 时，由式（3.14），得

$$f_j = 1 - \frac{j}{k}, \; j = 0, \; 1, \; 2, \; \cdots, \; k \qquad (3.15)$$

由式（3.14）与式（3.15）得

$$f_j = \begin{cases} 1 - \sum_{i=0}^{j-1} \rho_i / \sum_{i=0}^{k-1} \rho_i, \rho_i \not\equiv 1 \\ 1 - j/k, \rho_i \equiv 1 \end{cases}, j = 0,1,\cdots,k \qquad (3.16)$$

类似可证：$P\{\tau_j = \infty\} = 0$。

$$E(X_{\tau_j}) = k(1 - f_j) = \begin{cases} (k\sum_{j=0}^{j-1} \rho_i / \sum_{i=0}^{k-1} \rho_i), \rho_i \not\equiv 1 \\ j, \rho_i \equiv 1 \end{cases} \qquad (3.17)$$

其中，$\tau_j = \inf\{t: X_t = 0,$ 或 $X_t = k\}$，如果 $\{\cdot\} = \varnothing$，令 $\tau_j = \infty$，X_t 表示第 t 局后甲的赌金。

3.2　群体（氏族）灭绝问题

【例3.2】　在历史上有不少显赫的家族与民族消失了。人们自然会问：一个群体最终灭绝的概率有多大？它与什么有关系？

解　设 X_n 为某群体第 n 代的个体数，$n \geq 0$，并设不同个体的"子女"（直接后代）数是独立同分布随机变量。以 $Z_i^{(n)}$ 表示第 n 代第 i 个成员的"子女"数，且设

$$P\{Z_i^{(n)} = j\} = p_j, \; j = 0, \; 1, \; 2, \; \cdots, \; p_0 > 0, \; p_0 + p_1 < 1$$

$$(3.18)$$

"$p_0 > 0$"表示一个成员的"子女"数为 0 是可能发生的。"$p_0 + p_1 < 1$"表示一个成员的"子女"数为 2，3，$\cdots$，也是可能发生的。由上述假设有

$$X_{n+1} = \sum_{i=1}^{X_n} Z_i^{(n)} \qquad (3.19)$$

上式表示第 $n+1$ 代成员数是第 n 代各个成员的"子女"数之和。显然，当 X_n 已知时，X_{n+1} 与 X_{n-1}，X_{n-2}，$\cdots$，X_0 无关，所以 $\{X_n, n \geq 0\}$ 是马氏（A. A. Markov）链，称为离散分支过程。现在来讨论，当 $X_0 =$

1 时，该群体灭绝的概率。为此，设

$$p_k (n) = P\{X_n = k\}, \; k, \; n = 0, \; 1, \; 2, \; \cdots, \; 则$$

$$p_k (1) = P\{X_1 = k\} = P\{Z_1^{(0)} = k\} = p_k$$

记 X_{n+1} 的概率母函数（PGF）为 $A_{n+1} (s)$，即

$$A_{n+1}(s) \equiv E(s^X_{n+1}) = \sum_{k=0}^{\infty} s^k P\{X_{n+1} = k\}, \; |s| \leqslant 1 \tag{3.20}$$

则
$$A_{n+1}(s) = \sum_{k=0}^{\infty} E(s^X_{n+1} \mid X_n = k) P\{X_n = k\}$$
$$= A_n[A_1(s)], n = 0, 1, 2, \cdots \tag{3.21}$$

设 $Z_1^{(n)}$ 的 PGF 为 $A(s)$，即 $A(s) = E(s^{Z_1^{(n)}}) = \sum_{k=0}^{\infty} p_k s^k$，$|s| \leqslant 1$，因为不同个体的子女数独立同分布，且 $X_1 = Z_1^{(0)}$，所以

$$A (s) = E[s^{Z_1^{(0)}}] = A_1(s) \tag{3.22}$$

由式（3.21）递推得

$$A_{n+1}(s) = A_n[A_1(s)] = A_{n-1}\{A_1[A_1(s)]\}$$
$$= A_{n-1} [A_2(s)]$$
$$= A_{n-2} \{A_1 [A_2(s)]\} = A_{n-2} [A_3(s)]$$
$$= \cdots\cdots = A_1 [A_n(s)] \tag{3.23}$$

因为如果第 n 代成员数为 0，则第 $n+1$ 代成员数肯定也为 0，即

$$\{X_n = 0\} \subset \{X_{n+1} = 0\}$$

所以
$$0 \leqslant p_0 (n) \leqslant p_0 (n+1) \leqslant 1$$

从而数列 $\{p_0 (n), n \geqslant 0\}$ 的极限存在，记为 π_0，即 $\pi_0 = \lim\limits_{n \to \infty} p_0 (n)$

定理 3.1 当 $X_0 = 1$ 时，上述群体最终灭绝的概率 π_0 是方程 $s = A(s)$ 的最小正根。其中 $A(s)$ 为 $Z_1^{(0)}$ 即 X_1 的 PGF。且该群体最终肯定灭绝的充分必要条件是一个成员的平均"子女"数不超过 1（图 3-1），即

$$\pi_0 = 1 \Leftrightarrow \mu \leqslant 1 \tag{3.24}$$

其中 $\mu = E [Z_1^{(0)}] = E (X_1) = E [Z_i^{(n)}]$, $n = 0, 1, 2, \cdots, i = 1, 2, \cdots$

由式（3.24），有的读者会问：我国的计划生育政策是一对夫妇生两个子女，并且提倡一对夫妇生一个子女，这样中华民族不是肯定要灭

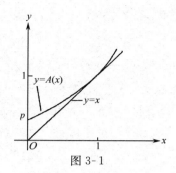

图 3-1

绝吗？如果按照目前的政策一直继续下去，答案是肯定的。但是，第一，由于我国现在人口基数很大，实行计划生育政策的时间不长，所以在今后一段时间内，我国人口不仅不会减少而且还会增加，不过增加的势头将会逐渐减弱。因此，目前对这个政策不但不能有丝毫的怀疑与削弱而且还要增强，尤其在农村。第二，定理 3.1 的结论是一个极限过程，需要很长时间，直观上，μ 越大（越接近 1）需要的时间越长，μ 越小（越接近 0）需要的时间越短。第三，政策是为了客观的需要由人制订的。当经过一段时间后，这个政策不适应客观情况时人也会修改它或取消它。因此，请读者放心，中华民族是绝对不会灭绝的。

现来证明定理 3.1。因为 $p_0(n) = A_n(0)$，且 $A_{n+1}(s) = A_1[A_n(s)]$，所以

$$p_0(n+1) = A_{n+1}(0) = A_1[A_n(0)]$$
$$= A_1[(p_0(n))] = A[p_0(n)]$$

又因 $A(s)$ 在 $[0,1]$ 上连续，故令 $n \to \infty$，由上式，得 $\pi_0 = A(\pi_0)$，此示 π_0 是方程 $s = A(s)$ 的根。为证明 π_0 是方程 $s = A(s)$ 的最小正根，只需证明：如果 $0 < p = A(p)$，则 $\pi_0 \leqslant p$。

因为 $A(s)$ 在 $[0,1]$ 上严格单调上升，故对满足 $0 \leqslant a < b \leqslant 1$ 的任意 a 与 b，有 $A(a) < A(b)$。设 $0 < p = A(p)$，则

$$p_0(1) = A(0) < A(p) = p$$
$$p_0(2) = A_2(0) = A[A(0)] < A[A(p)]$$
$$= A(p) = p$$

由数学归纳法得 $p_0(n) < p$，所以，$\pi_0 = \lim_{n \to \infty} p_0(n) \leqslant p$。

现证明 $\pi_0 = 1 \Leftrightarrow \mu \leqslant 1$。

因为 $\mu=E\left[Z_1^{(0)}\right]=A'(1)$, $A(1)=1$, $A(0)=p_0>0$, 且当 $s>0$ 时, 有 $A(s)>0$, $A'(s)>0$, $A''(s)>0$, 所以 $A(s)$ 是凹向上的凸函数。从而曲线 $y=A(x)$ 与直线 $y=x$ 在区间 $(0,\infty)$ 中最多只有两个交点, 即方程 $s=A(s)$ 最多有两个正根。显然 $s=1$ 是 $s=A(s)$ 的一个正根, 所以方程 $s=A(s)$ 在 $(0,1)$ 内最多有一个根。

(i) 当 $\mu=A'(1)\leqslant 1$ 时, 对任意 $s\in(0,1)$, 有

$$A'(s)<A'(1)\leqslant 1$$

由微分中值定理有

$$\frac{A(1)-A(s)}{1-s}=A'(\tau)<1, \quad s<\tau<1$$

即 $A(s)-s>0$, 此示在 $(0,1)$ 中方程 $s=A(s)$ 无解。所以 1 是 $s=A(s)$ 的最小正根, 即 $\pi_0=1$。

(ii) 反之, 如果 $\pi_0=1$, 则一定有 $\mu\leqslant 1$。如果 $\mu>1$, 令 $B(s)=A(s)-s$, 则在 $(0,+\infty)$ 中 $B(s)$ 是凹向上的凸函数。因为 $B'(1)=\mu-1>0$, $B(0)>0$, $B(1)=0$, 以及 $B(s)$ 在 $[0,+\infty)$ 上是连续的, 所以在 $(0,1)$ 中 $s=A(s)$ 必有一根, [又因对任意满足方程 $s=A(s)$ 的正数 p, 有 $p_0=A(0)<A(p)=p$, 所以方程 $s=A(s)$ 有一个大于 p_0 小于 1 的正根, 即 $p_0<\pi_0<1$] 这与 $\pi_0=1$ 是方程 $s=A(s)$ 的最小正根矛盾 (图 3-2)。故 $\mu\leqslant 1$。

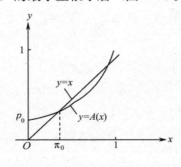

图 3-2

【例 3.3】 设 $\{X_n, n\geqslant 0\}$ 为分支过程, 且 $X_0=1$, $p_0=\dfrac{1}{4}$, $p_1=\dfrac{1}{2}$, $p_2=\dfrac{3}{16}$, $p_3=\dfrac{1}{16}$, $p_k=0$, $k\geqslant 4$, 求该群体最终灭绝的概率 π_0, 其中 $p_i=P\{Z_1^{(0)}=i\}$。

解　因为 $\mu = E\left(Z_1^{(0)}\right) = \dfrac{17}{16} > 1$，又因 $A\left(s\right) = \dfrac{1}{4} + \dfrac{s}{2} + \dfrac{3s^2}{16} + \dfrac{s^3}{16}$，令 $A\left(s\right) = s$，化简得方程

$$s^3 + 3s^2 - 8s + 4 = 0$$

即

$$\left(s - 1\right)\left(s^2 + 4s - 4\right) = 0$$

解此方程得，$s_1 = 1$，$s_2 = -2 - 2\sqrt{2}$，$s_3 = 2\sqrt{2} - 2$，所以该群体最终灭绝的概率为 $\pi_0 = 2\left(\sqrt{2} - 1\right) = 0.8284$。

3.3　市场占有率预测

【例 3.4】　已知某商品在某地区销售市场被 A、B、C 3 个品牌占有，占有率分别为 40%、30%、30%。根据调查，上个月买 A 品牌商品的顾客这个月买 A、B、C 品牌的分别为 40%、30%、30%，上个月买 B 品牌的顾客这个月买 B、A、C 品牌的分别为 30%、60%、10%，上个月买 C 品牌的顾客这个月买 C、A、B 品牌分别为 30%、60%、10%。设该商品销售状态满足齐次马氏性。

（1）求 3 个月后 A、B、C 3 个品牌的商品在该地区的市场占有率。

（2）如果顾客流动倾向长期如上述不变，则各品牌最终市场占有率又怎样？

解　这个问题以及后面几个问题涉及马尔柯夫（Markov）链的一些性质，先作必要的介绍。

定义 3.1　设 $(\Omega, \mathscr{F}, P)$ 为一概率空间，T 为一实数集，如果对每个实数 $t \in T$，都有定义于 $(\Omega, \mathscr{F}, P)$ 上的随机变量 $X\left(t, \omega\right)(\omega \in \Omega)$ 与之对应，则称随机变量族 $\{X\left(T, \omega\right), t \in T\}$ 为一个随机过程。称 T 为参数集，称 T 中的元素 t 为参数。称 $X\left(t, \omega\right)$ 所能取的值为状态，称所有状态组成的集合 S 为状态空间。

如果对于每个固定的 $t \in T$，随机变量 $X\left(t, \omega\right)$ 都是离散型的，这时称随机过程 $\{X\left(t, \omega\right), t \in T\}$ 为链，如果 T 还是离散实数集，则称 $\{X\left(t, \omega\right), t \in T\}$ 为离散参数链。为书写方便，常将 $\{X\left(t, \omega\right), t \in T\}$ 记成 $\{X\left(t\right), t \in T\}$ 或 $\{X_t, t \in T\}$。

定义 3.2　设 $\{X\left(t\right), t \in T\}$ 为一离散参数链，如果对 T 中任意

n 个参数 $t_1 < t_2 < \cdots < t_n$ 以及使 $P\{X(t_1)=i_1, X(t_2)=i_2, \cdots, X(t_{n-1})=i_{n-1}\} > 0$ 成立的 S 中的任意状态 i_1, i_2, $\cdots$, i_{n-1} 与 i_n 均有

$$P\{X(t_n)=i_n \mid X(t_{n-1})=i_{n-1}, X(t_{n-2})$$
$$=i_{n-2},\cdots,X(t_1)=i_1\}=P\{X(t_n)=i_n \mid X(t_{n-1})=i_{n-1}\}$$

则称 $\{X(t), t \in T\}$ 为离散参数马尔柯夫链。

对离散参数马尔柯夫链，一般设状态空间 S 为 $I \equiv \{0, 1, 2, \cdots\}$ 或 $I_N \equiv \{0, 1, 2, \cdots, N\}$，设参数集 T 为 $\{0, 1, 2, 3, \cdots\}$，且记 $\{X(t), t \in T\}$ 为 $\{X_n, n \geqslant 0\}$，记条件概率 $P\{X(m+h)=j \mid X(m)=i\}$ 为 $P_{ij}(m, h)$，$i, j \in I$，$m \geqslant 0$，$h > 0$，称 $p_{ij}(m, h)$ 为 $\{X_n, n \geqslant 0\}$ 的 h 步转移概率，称矩阵

$$P(m,h)=\begin{bmatrix} p_{00}(m, h) & p_{01}(m, h) & \cdots p_{0n}(m, h) & \cdots \\ p_{10}(m, h) & p_{11}(m, h) & \cdots p_{1n}(m, h) & \cdots \\ & & \cdots\cdots & \\ p_{n0}(m, h) & p_{n1}(m, h) & \cdots p_{nn}(m, h) & \cdots \\ & & \cdots\cdots & \end{bmatrix}$$

为 $\{X_n, n \geqslant 0\}$ 的 h 步转移概率矩阵，它是一个无穷阶方阵。如果对于任意非负整数 m，一步转移概率矩阵 $P(m, 1)$ 与 m 无关，即 $p_{ij}(m, 1)=P\{X_{m+1}=j \mid X_m=i\} \equiv P\{X_1=j \mid X_0=i\}$，$i, j \in I$，这时称 $\{X_n, n \geqslant 0\}$ 为离散参数齐次马尔柯夫链，简称为链。并记 $p_{ij}(m, 1)$ 为 p_{ij}，记 $P(m, 1)$ 为 P，记 $P(m, h)$ 为 $P(h)$，即 $p_{ij}=p_{ij}(m, 1)$，$P=P(m, 1)$，$P(m, h)=P(h)$。

记 $f_{ij}(n)=P\{X_n=j, X_{n-1} \neq j, \cdots, X_1 \neq j \mid X_0=i\}$，$n \geqslant 1$

$$f_{ij} = \sum_{n=1}^{\infty} f_{ij}(n)$$

其中 $f_{ij}(n)$ 表示链自状态 i 出发经 n 步首次到达（经过）状态 j 的概率，f_{ij} 表示链自 i 出发最终经过 j 的概率。

如果 $f_{jj}=1$，则称 j 为常返状态；如果 $f_{jj}<1$，则称 j 为非常返状态。记 $\mu_j = \sum_{n=1}^{\infty} nf_{jj}(n)$，称 μ_j 为状态 j 的平均返回时间。如 $\mu_j<\infty$，则称 j 为正常返状态，如 $\mu_j=\infty$，则称 j 为零常返状态。如果存在正整数 n，使得 $p_{ij}(n)>0$，即

$$P\{X_n=j \mid X_0=i\} > 0$$

则说由状态 i 可到达状态 j，记为 $i \to j$；如果 $i \to j$ 且 $j \to i$，则说状态 i 与 j 是互通的，记为 $i \leftrightarrow j$。如果 $k \to k$，则称使得 $p_{kk}(n) > 0$ 的所有正整数 n 的最大公约数为状态 k 的周期，记为 $d(k)$。如果 $d(k) = 1$，则称 k 为非周期状态。正常返非周期状态称为遍历状态。

如果概率分布 $\{\pi_k, k \geqslant 0\}$（即 $\pi_k \geqslant 0$，$k \geqslant 0$，且 $\sum\limits_{k=0}^{\infty} \pi_k = 1$）使链的任意状态 j 与 k 均有 $\lim\limits_{n \to \infty} p_{jk}(n) = \pi_k$，则称 $\{\pi_k, k \geqslant 0\}$ 为此链的极限分布或最终分布。如果概率分布 $\{\pi_k, k \geqslant 0\}$ 对任意状态 k 满足

$$\pi_k = \sum_{j=0}^{\infty} \pi_j p_{jk}, k \geqslant 0，即 \pi' = \pi'P，其中 \pi' = (\pi_0, \pi_1, \pi_2, \cdots)$$

则称 $\{\pi_k, k \geqslant 0\}$ 为此链的平稳分布。

现在回过头来回答上面提出的问题。

我们用 1、2、3 分别表示 A、B、C 3 个品牌，用 X_n 表示第 n 个月该地区的顾客购买商品的品牌选择。则由题意知：$\{X_n, n \geqslant 0\}$ 为状态空间是 $\{1, 2, 3\}$ 的齐次马氏链，且 $P\{X_0 = 1\} = 0.4$，$P\{X_0 = 2\} = 0.3$，$P\{X_0 = 3\} = 0.3$，$\{X_n, n \geqslant 0\}$ 的一步转移概率矩阵为

$$P = \begin{bmatrix} 0.4 & 0.3 & 0.3 \\ 0.6 & 0.3 & 0.1 \\ 0.6 & 0.1 & 0.3 \end{bmatrix}$$

由 P 知，$\{X_n, n \geqslant 0\}$ 为不可约遍历马氏链，所以其平稳分布存在，且平稳分布就是链的极限分布。

(1) 因为 $P(3) = P^3 = \begin{bmatrix} 0.496 & 0.252 & 0.252 \\ 0.504 & 0.252 & 0.244 \\ 0.504 & 0.244 & 0.252 \end{bmatrix}$

由全概率公式，得

$$p_j(n) \overset{\triangle}{=\!=} P\{X_n = j\} = \sum_{i=1}^{3} P\{X_0 = i\} P\{X_n = j \mid X_0 = i\}$$

$$= \sum_{i=1}^{3} p_i(0) p_{ij}(n), i = 1, 2, 3。$$

从而 $(p_1(3), p_2(3), p_3(3)) = \Big(\sum\limits_{i=1}^{3} p_i(0) p_{i1}(3), \sum\limits_{i=1}^{3} p_i(0) p_{i2}(3),$

$$\sum_{i=1}^{3} p_i(0) p_{i3}(3)\Big)$$

$$= (p_1(0), p_2(0), p_3(0))P(3) = (p_1(0), p_2(0), p_3(0))P^3$$

$$= (0.4, 0.3, 0.3)P^3 = (0.5008, 0.2496, 0.2496)$$

所以，3 个月后 A、B、C 3 个品牌市场占有率分别为 0.5008，0.2496，0.2496。

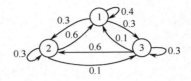

图 3-3

(2) 由图 3-3 知，1，2，3 三个状态是互通的非周期的〔这是因为 $d(1) = d(2) = d(3)$〕。又因 $\{1, 2, 3\}$ 是有限互通闭集，所以，1，2，3 三状态都是正常返状态，从而链存在唯一平稳分布且此平稳分布就是极限分布。由平稳方程 $(\pi_1, \pi_2, \pi_3) = (\pi_1, \pi_2, \pi_3)P$ 与规范方程 $\sum_{j=1}^{3} \pi_j = 1$ 得

$$\begin{cases} \pi_1 = 0.4\pi_1 + 0.6\pi_2 + 0.6\pi_2 \\ \pi_2 = 0.3\pi_1 + 0.3\pi_3 + 0.1\pi_2 \\ \pi_3 = 0.3\pi_1 + 0.1\pi_2 + 0.3\pi_3 \\ \pi_1 + \pi_2 + \pi_3 = 1 \end{cases}$$

解此代数方程组得 $(\pi_1, \pi_2, \pi_3) = (0.5, 0.25, 0.25)$。即如果顾客流动情况长此下去，最终 A、B、C 3 个品牌的占有率将分别为 50%、25%、25%。

3.4 股票价格预测

【例 3.5】 设 Y_n 表示某种股票第 n 天的价格，令 $X_n = Y_n - Y_{n-1}$，以 -1，0，1 分别表示 $X_n < -0.1$ 元、-0.1 元 $\leqslant X_n \leqslant 0.1$ 元、$X_n > 0.1$ 元。连续观察该种股票 40 天，得如下数据：1,1,1,1,1,1,-1,-1,0,0,0,0,1,1,0,0,0,-1,-1,-1,-1,-1,-1,-1,1,1,0,-1,-1,-1,-1,0,0,-1,-1,-1,0,0,-1,-1。假设 $\{X_n, n \geqslant 1\}$ 具有齐次马氏性，求 $\{X_n, n \geqslant 1\}$ 的一步转移概率矩阵。如果今天该股票价格下跌（$X_n < -0.1$），试预测这以后第 2 个交易日该股票走势。

解　因为在 40 个数据中，−1 有 18 个，0 有 12 个，1 有 10 个，且以−1 结尾。又因

−1→−1 有 13 次，−1→0 有 3 次，−1→1 有 1 次，

0→−1 有 4 次，0→0 有 7 次，0→1 有 1 次，

1→−1 有 1 次，1→0 有 2 次，1→1 有 7 次

所以，$\{X_n, n \geqslant 0\}$ 的一步转移概率矩阵为

$$P = \begin{bmatrix} \dfrac{13}{17} & \dfrac{3}{17} & \dfrac{1}{17} \\[2mm] \dfrac{4}{12} & \dfrac{7}{12} & \dfrac{1}{12} \\[2mm] \dfrac{1}{10} & \dfrac{2}{10} & \dfrac{7}{10} \end{bmatrix}$$

由 $p_{ij}(2) = \sum\limits_{r=-1}^{1} p_{ir} p_{rj}$，得

$$p_{-1,-1}^{(2)} = \left(\frac{13}{17}\right)^2 + \frac{3}{17} \times \frac{4}{12} + \frac{1}{17} \times \frac{1}{10} = 0.6495$$

$$p_{-1,0}^{(2)} = \frac{13}{17} \times \frac{3}{17} + \frac{3}{17} \times \frac{7}{12} + \frac{1}{17} \times \frac{2}{10} = 0.2497$$

$$p_{-1,1}^{(2)} = \frac{13}{17} \times \frac{1}{17} + \frac{3}{17} \times \frac{1}{12} + \frac{1}{17} \times \frac{7}{10} = 0.1008$$

因为 $0.6495 > 0.2497 > 0.1008$，所以预测这以后第二个交易日仍然下跌。

3.5　客机可靠性预测

【例 3.6】　一个系统由 4 个主要子系统组成，每个子系统独立工作，且在一个单位时间内正常工作的概率均为 0.99，且都独立工作。又至少有 2 个子系统正常工作系统才能正常工作。当 1 个子系统出现故障不能工作时修理或替换需 4 个以上单位时间（或无法修理也无法替换）。如果现在 4 个子系统都是新的，问在 4 个单位时间后该系统仍正常工作可靠性（可靠度）多大？如果现在已坏了 1 个子系统，求 4 个单位时间后系统仍正常工作的概率 p。

解　此问题的直观背景可理解为重庆到东京的直达客机约需 4 个小时，该客机有 4 个发动机，每个发动机在 1 个小时内正常工作的概率为 0.99，且都独立工作。又至少有 2 个发动机正常工作飞机才能正常飞行。如果 4 个发动机都是新的，问在 4 个小时后客机仍能正常飞行的概

率（可靠度）多大？如果客机一上天就有 1 个发动机出了故障（坏了），求客机平安到达东京的概率。

由题意知，当现有 k 个好的子系统，1 个单位时间后坏了 i 个的概率为 $C_k^i(0.01)^i \times (0.99)^{k-i}, k=0,1,2,3,4, i=0,1,\cdots,k$。设 X_n 表示 n 个单位时间后坏了的子系统数，则 $\{X_n, n \geq 0\}$ 是状态空间为 $S=\{0,1,2,3,4\}$，转移概率矩阵为

$$P=[p_{ij}]=[C_{4-i}^{j-i}0.01^{j-i} \times 0.99^{4-j}]$$

$$=\begin{bmatrix} 0.9606 & 0.0388 & 0.0006 & 0 & 0 \\ 0 & 0.9703 & 0.0294 & 0.0003 & 0 \\ 0 & 0 & 0.9801 & 0.0198 & 0.0001 \\ 0 & 0 & 0 & 0.99 & 0.01 \\ 0 & 0 & 0 & 0 & 1 \end{bmatrix}$$

的齐次马氏链。又因当 $n \leq 4$ 时，$X_n \leq X_{n+1}$，所以当 $i>j$ 时，$p_{ij}=0$。

因 $P(4)=P^4$

$$=\begin{bmatrix} 0.8516 & 0.1396 & 0.0086 & 0.0002 & 0 \\ 0 & 0.8864 & 0.1090 & 0.0046 & 0 \\ 0 & 0 & 0.9228 & 0.0757 & 0.0016 \\ 0 & 0 & 0 & 0.9606 & 0.0394 \\ 0 & 0 & 0 & 0 & 1 \end{bmatrix}$$

所以四个新子系统经 4 个单位时间后最多坏 2 个的概率为 $1-0.0002-0=0.9998$。此即为该系统 4 个单位时间后仍正常工作的可靠度。

$p=p_{11}(4)+p_{12}(4)=0.8864+0.1090=0.9954$。

3.6 教学质量评估

设 A、B 两教师教甲、乙 2 个班的高等数学，A 上学期和本学期都教甲班高等数学，而 B 本学期才接替另一教师教乙班高等数学，两班两学期的成绩如表 3-1，表 3-2。

表 3-1 甲班成绩及转移情况表

成绩 1	98	95	94	83	94	95	68	92	86	85	77	90	88	92	95	87	90
成绩 2	81	89	82	93	80	75	76	80	85	80	65	74	91	81	86	92	78
$i \to j$	12	12	12	21	12	13	43	12	22	22	34	13	21	12	12	21	13

成绩 1	80	57	87	73	88	86	84	93	87	93	85	$\overline{X}=86.61$
成绩 2	78	64	87	72	89	86	87	95	84	93	81	$\overline{X}=82.29$
$i \to j$	23	54	22	33	22	22	22	11	22	11	22	

表 3-2　乙班成绩及转移情况表

成绩1	76	82	91	95	74	85	98	66	82	90	55	78	88	78	80	77	91
成绩2	84	85	80	83	84	82	87	89	88	85	61	69	82	71	80	76	84
$i \to j$	32	22	12	12	32	22	12	42	22	12	54	34	22	33	22	33	12

成绩1	83	94	66	70	72	89	88	75	85	72	$\overline{X}=80.78$
成绩2	70	88	70	81	86	83	86	80	80	75	$\overline{X}=80.33$
$i \to j$	23	12	43	32	32	22	22	32	22	33	

将成绩按 89 以上、80～89、70～79、60～69、60 以下分为 1、2、3、4、5 五个等级,以 n_i 表示第 1 学期 i 等级的学生数,以 n_{ij} 表示由 i 等转到 j 等的人数,$i,j = 1,2,3,4,5$。由上述数据知,甲班第 2 学期平均成绩为 82.29,乙班第 2 学期平均成绩为 80.33,似乎教师 A 教学效果好,但是由于两班的基础不一样,因此不能这样的简单下结论。正确评估两教师教学效果应排除基础不同这个因素。甲班成绩的 1、2、3、4、5 等人数分别为 12、12、2、1、1 共 28 人且 $1 \to 1:2,1 \to 2:7,1 \to 3:3,2 \to 1:3,2 \to 2:8,2 \to 3:1,3 \to 3:1,3 \to 4:1,4 \to 3:1,5 \to 4:1$,于是得甲班转移概率矩阵 $P_甲$ 如下,类似得 $P_乙$(图 3-4)。

$$P_甲 = \left[\frac{n_{ij}}{n_i}\right] = \begin{bmatrix} \frac{2}{12} & \frac{7}{12} & \frac{3}{12} & 0 & 0 \\ \frac{3}{12} & \frac{8}{12} & \frac{1}{12} & 0 & 0 \\ 0 & 0 & \frac{1}{2} & \frac{1}{2} & 0 \\ 0 & 0 & 1 & 0 & 0 \\ 0 & 0 & 0 & 1 & 0 \end{bmatrix}$$

$$P_乙 = \left[\frac{n_{ij}}{n_i}\right] = \begin{bmatrix} 0 & 1 & 0 & 0 & 0 \\ 0 & \frac{8}{9} & \frac{1}{9} & 0 & 0 \\ 0 & \frac{5}{9} & \frac{3}{9} & \frac{1}{9} & 0 \\ 0 & \frac{1}{2} & \frac{1}{2} & 0 & 0 \\ 0 & 0 & 0 & 1 & 0 \end{bmatrix}$$

由 $P_甲$ 知:$\{1,2\}$ 是非常返非周期互通状态集,$\{5\}$ 为非返回状态集,$\{3,4\}$ 是闭的非周期正常返状态集。$\{3,4\}$ 可视为子链的状态空间。由平稳

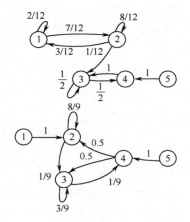

图 3-4

方程

$$(\pi_3, \pi_4) = (\pi_3, \pi_4) \begin{bmatrix} \dfrac{1}{2} & \dfrac{1}{2} \\ 1 & 0 \end{bmatrix} \text{ 与 } \pi_3 + \pi_4 = 1 \text{ 解得}$$

$\pi_3 = \dfrac{2}{3}, \pi_4 = \dfrac{1}{3}$，所以最终概率分别为

$$\lim_{n \to \infty} p_{i1}(n) = \lim_{n \to \infty} p_{i2}(n) = \lim_{n \to \infty} p_{i5}(n) = 0$$

$$\lim_{n \to \infty} p_{i3}(n) = \frac{2}{3}, \lim_{n \to \infty} p_{i4}(n) = \frac{1}{3}$$

即有最终分布 $\quad X_{甲} = \left(0, 0, \dfrac{2}{3}, \dfrac{1}{3}, 0\right)$

由 $P_{乙}$ 知，$\{1\}$ 是非返回状态集，$\{5\}$ 是非返回的状态集，$\{2,3,4\}$ 是闭的正常返非周期互通状态集，类似地，由平稳方程

$$(\pi_2, \pi_3, \pi_4) = (\pi_2, \pi_3, \pi_4) \begin{bmatrix} \dfrac{8}{9} & \dfrac{1}{9} & 0 \\ \dfrac{5}{9} & \dfrac{3}{9} & \dfrac{1}{9} \\ \dfrac{1}{2} & \dfrac{1}{2} & 0 \end{bmatrix} \text{ 与 } \pi_2 + \pi_3 + \pi_4 = 1$$

解得 $\quad \pi_2 = 0.8319, \pi_3 = 0.1513, \pi_4 = 0.0168$

从而得最终分布 $\quad x_{乙} = (0, 0.8319, 0.1513, 0.0168, 0)$

由上所示，如果按照现在的教学情况继续下去，最终教师 B 所教学生为

优、良、中、及格、不及格的概率分别为 0、83.19％、15.13％、1.68％与 0，而对教师 A 分别为 0、0、66.67％、33.33％与 0。如果优、良、中、及格与不及格分别以 94.5、84.5、74.5、64.5、40 分计算，则教师 A、B 所教学生的平均成绩分别为

$$\bar{x}_A = 74.5 \times 0.6667 + 64.5 \times 0.3333 = 71.17(\text{分})$$

$$\bar{x}_B = 84.5 \times 0.8319 + 74.5 \times 0.1513 + 64.5 \times 0.0168 = 82.65(\text{分})$$

由上述可知，教师 A 教学效果只属中等，而教师 B 的教学效果却是良好。当然学生成绩的好坏除与教师教学有关外，还与其他种种因素有关。但是，如果其他因素都相同，就这两次成绩而论教师 B 教学效果比教师 A 好。

3.7　商品销售情况预测

【例 3.7】　我国某商品在国外销售情况共有连续 24 个季度的数据（1 表示畅销，2 表示滞销）

$$112122111212112221121211$$

如果该商品销售情况满足马氏性与齐次性（一般情况是近似满足）。

（1）试确定销售状态的转移概率矩阵。

（2）如果现在是畅销，试预测这以后第四个季度的销售状况。

（3）如果影响销售所有因素不变，试预测长期的销售状况。

解　（1）因 1（畅销）有 15 次，2（滞销）有 9 次，而且 1→1：7 次；1→2：7 次；又因最后季度是状态 1，所以

$$p_{11} = \frac{7}{15-1} = 0.5, \quad p_{12} = \frac{7}{15-1} = 0.5$$

而 2→1：7 次，2→2：2 次，所以

$$p_{21} = \frac{7}{9} \quad p_{22} = \frac{2}{9}$$

于是得转移概率矩阵

$$P = \begin{bmatrix} 0.5 & 0.5 \\ \dfrac{7}{9} & \dfrac{2}{9} \end{bmatrix}$$

（2）因为

$$P(4) = \begin{bmatrix} p_{ij}(4) \end{bmatrix} = \begin{bmatrix} p_{11}(4) & p_{12}(4) \\ p_{21}(4) & p_{22}(4) \end{bmatrix}$$

$$= P^4 = \begin{bmatrix} 0.611 & 0.389 \\ 0.605 & 0.395 \end{bmatrix}$$

所以 $p_{11}(4) = 0.611 > p_{12}(4) = 0.389$，即如果现在是畅销，这以后第 4 个季度（以概率 0.611）仍为畅销。

（3）因为链两个状态是互通的且均为非周期的（图 3-5），所以链状态均正常返的，从而存在唯一平稳分布且此平稳分布就是极限分布。

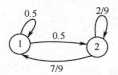

图 3-5

由平稳方程 $(\pi_1, \pi_2) = (\pi_1, \pi_2)P$ 与正规方程 $\sum_{i=1}^{2} \pi_i = 1$，解得：$(\pi_1, \pi_2) = \left(\dfrac{14}{23}, \dfrac{9}{23} \right)$，由 P 知链是正常返非周期不可约的，所以链平稳分布就是最终分布，又 $\pi_1 > \pi_2$，故长此下去，该商品将在国外（以概率 0.609）畅销。

又因 $\mu_1 = \dfrac{1}{\pi_1} = \dfrac{23}{14} = 1.643$，$\mu_2 = \dfrac{23}{9} = 2.5556$，所以状态 1 平均返回时间是 1.643（个季度），状态 2 平均返回时是 2.556（个季度）。即由畅销返回到畅销平均约需 4.9 个月，由滞销返回到滞销平均约需 7.7 个月。也就是每次滞销时间平均约 4.9 个月，每次畅销时间平均约 7.7 个月。

3.8 定货总收入模型

【例 3.8】 某种货物的订货单以每周一次的发生率到达某工厂。假设订货单的到达是泊松型事件，工厂只按订货单生产货物且工厂有无限的生产能力，因而它能在收到每张订货单后立刻生产这批货物。生产一批货物的时间是在 80 天到 90 天之间均匀分布的随机变量。每批货物生产一天的费用为 a（万元）。

(1) 设 $Y(t)$ 是在时刻 t 正在生产的订货单数。

(2) 设 $Y(t)$ 为时刻 t 尚未供应的订货单还需要生产的费用。

(3) 如果每批订货工厂获得 Y(万元)$\sim U(1,2)$,且订货时一次获得。设 $Y(t)$ 表示到时刻 t 该工厂的订货总收入。

(4) 在(3)中,如果订货单位是在工厂交货时一次付给工厂 Y(万元)$\sim U(1,2)$,$Y(t)$ 仍表示到时刻 t 时工厂的总收入。

对上述 4 种情况,求时刻 t 时 $Y(t)$ 的数学期望 $E[Y(t)]$。

解 为求 $E[Y(t)]$,先来介绍泊松过程及其有关性质。

定义 3.3 设随机过程 $\{X(t),t\in T\}$ 的状态空间 S 为 $S=\{0,1,2,3,\cdots\}$,参数集 $T=[0,+\infty]$,如果它还满足

(i) $X(0)=0$。

(ii) 对 T 中任意 n 个参数 $t_1<t_1<\cdots<t_n$ 增量

$$X(t_2)-X(t_1),X(t_3)-X(t_2),\cdots,X(t_n)-X(t_{n-1})$$

相互独立。

(iii) 对 T 中任意两参数 s 与 t,有 $X(s+t)-X(s)\sim P(\lambda t)$。

即 $P\{X(s+t)-X(s)=k\}=\mathrm{e}^{-\lambda t}\dfrac{(\lambda t)^k}{k!}$,$k=0,1,2,\cdots,\lambda>0$。

则称 $\{X(t),t\in T\}$ 为(齐次)泊松过程。并记 $\{X(t),t\in T\}$ 为 $\{X(t),t\geqslant 0\}$。称 λ 为平均到达率或强度,λ 表示单位时间内发生的平均事件数。

泊松过程 $\{X(t),t\geqslant 0\}$ 有下列性质:

(i) $E[X(t)]=D[X(t)]=\lambda t$。

(ii) 对任意 $s\geqslant 0$ 与 $t\geqslant 0$,有 $E[X(s)X(t)]=\lambda\min(s,t)+\lambda^2 st$。

现在对 4 种情况分别来求 $E[Y(t)]$。

(1) 设 $X(t)$ 为时间区间 $[0,t]$ 内到达的订货单数,则 $\{X(t),t\geqslant 0\}$ 是参数 $\lambda=\dfrac{1}{7}$ 的泊松过程。用 S_n 表示从时间 0 开始第 n 张订货单到达的时刻,X_n 表示在时刻 S_n 开始生产的货物所生产天数,诸 X_n 相互独立同分布,$X_n\sim U[80,90]$ 且均与 $\{X(t),t\geqslant 0\}$ 独立。引进二元函数

$$W_o(S,x)=\begin{cases} 1,0<S<x \\ 0,否则 \end{cases}$$

如果 $S_n>t$,则第 n 张订货单在时刻 t 还没到达,如果 $S_n\leqslant t$,且 $t-S_n\geqslant X_n$,则第 n 张订货单虽然在时刻 t 之前到达,但是到时刻 t 该订货单所订

货已生产完毕(图 3- 6)。

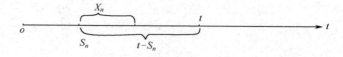

图 3- 6

所以,在时刻 t 正在生产的订货单数 $Y(t)$ 为

$$Y(t) = \sum_{n=1}^{X(t)} W_0(t - S_n, X_n), t \geqslant 0$$

易见 $\{W_0(t-S_n, X_n), n \geqslant 1\}$(对固定的 t)是独立同分布随机变量序列。由于 $E[Y(t)]$ 的计算比较复杂,这里直接给出 $E[Y(t)]$,如果想了解详细计算过程可参阅参考文献[6]。

$$E[Y(t)] = \begin{cases} \dfrac{t}{7}, & t \leqslant 80 \\ \dfrac{1}{7}\left(-320 + 9t - \dfrac{t^2}{20}\right), & t \in (80, 90] \\ 85/7, & t > 90 \end{cases}$$

(2) 由于一张订货单 1 天的生产费用 a 元,所以,第 n 张订货单如果在时刻 t 仍在生产,则应需 $X_n + S_n - t$ 天才能生产完,从而还需生产费用就为 $(X_n + S_n - t)a$ 元。故时刻 t 尚未供应(还在生产)的订货单还需生产费用 $Y(t)$ 为

$$Y(t) = \sum_{n=1}^{X(t)} W_0(t - X_n, X_n)(X_n + S_n - t)a$$

其中 $X(t), W_0(s, x)$、S_n, X_n 如(1)所设。可由参考文献[6]得

$$E[Y(t)] = \begin{cases} \dfrac{a}{7}\left(85t - \dfrac{t^2}{2}\right), & t \leqslant 80 \\ \dfrac{a}{7}\left(405t - 4.5t^2 + \dfrac{t^3}{60} - \dfrac{51200}{6}\right), & 80 < t \leqslant 90 \\ \dfrac{1550a}{3}, & t > 90 \end{cases}$$

(3) 类似于(1)与(2),$Y(t)$ 为

$$Y(t) = \sum_{n=1}^{X(t)} \mu(t - S_n)Y_n, t \geqslant 0$$

其中 $u(t)=\begin{cases}1,t>0\\0,t\leqslant0\end{cases}$，$Y_n$ 为时间 0 开始到达的第 n 张订货单所得的收入，$Y_n\sim U[1,2]$，且诸 Y_n 为相互独立同分布随机变量且与 $\{X(t),t\geqslant0\}$ 独立。或 $Y(t)$ 为

$$Y(t)=\sum_{n=1}^{X(t)}Y_n,S_n\leqslant t$$

由式(1.59)得

$$E[Y(t)]=E[X(t)]E(Y_n)=\lambda t\cdot\frac{3}{2}=\frac{3t}{14}$$

(4) 因为定货单位是在交货时付款（Y 元），所以，工厂在时刻 t 时总收入 $Y(t)$ 为

$$Y(t)=\sum_{n=1}^{X(t)}W_0(X_n,t-S_n)Y_n$$

其中符号如前所设。于是得文献[6]

$$E[Y(t)]=\begin{cases}0,t\leqslant80\\\frac{3}{14}\left(\frac{t^2}{20}-8t+320\right),80<t\leqslant90\\\frac{3(t-85)}{14},t>90\end{cases}$$

3.9 造成死亡交通事故数

【例 3.9】 某市发生交通事故服从每天两次（$\lambda=2$）的泊松过程。如果每次事故造成死亡的概率为 $p(0<p<1)$，求一个月（30 天）造成死亡交通事故数的分布与平均值。

解 设 $X(t)$ 为在时间区间 $(0,t)$ 内该市发生的交通事故数，$Y(t)$ 为在 $(0,t)$ 内该市造成死亡的交通事故数，并设

$$X_i=\begin{cases}1,\text{第 }i\text{ 次事故造成死亡}\\0,\text{第 }i\text{ 次事故没造成死亡}\end{cases}$$

则 $\{X(t),t\geqslant0\}$ 为参数是 2 的泊松过程。$X_1,X_2,X_3,\cdots\cdots$为独立同分布随机序列，且与 $\{X(t),t\geqslant0\}$ 无关（独立），$X_i\sim B(1,p)$，而 $Y(t)$ 为

$$Y(t)=\sum_{i=1}^{X(t)}X_i$$

从而由全概率公式有

$$P\{Y(t)=k\}=P\{\sum_{i=1}^{X(t)}X_i=k\}$$

$$= \sum_{n=k}^{\infty} P\{\sum_{i=1}^{n} X_i = k \mid X(t) = n\} P\{X(t) = n\}$$

$$= \sum_{n=k}^{\infty} P\{\sum_{i=1}^{n} X_i = k\} P\{X(t) = n\}$$

$$= \sum_{n=k}^{\infty} C_n^k p^k (1-p)^{n-k} \cdot e^{-2t} \frac{(2t)^n}{n!}$$

$$= e^{-2t} \sum_{n=k}^{\infty} \frac{n!}{k!(n-k)!} p^k (1-p)^{n-k} \frac{(2t)^{n-k}(2t)^k}{n!}$$

$$= e^{-2t} \frac{(2t)^k p^k}{k!} \sum_{n=k}^{\infty} \frac{[2t(1-p)]^{n-k}}{(n-k)!} \quad (令\ n-k=m)$$

$$= e^{-2t} \frac{(2pt)^k}{k!} \sum_{m=0}^{\infty} \frac{[2t(1-p)]^m}{m!}$$

$$= e^{-2t} \frac{(2pt)^k}{k!} e^{2t(1-p)} = e^{-2tp} \frac{(2tp)^k}{k!}, k=0,1,2,\cdots$$

即 $Y(t) \sim P(2pt)$。

由泊松过程定义知，$\{Y(t), t \geq 0\}$ 是参数为 $2p$ 的泊松过程，从而 $Y(30) \sim P(60p)$，且 $D[Y(t)] = E[Y(t)] = 2pt$，故 30 天内造成死亡的平均事故数为 $E[Y(30)] = 60p$。

在实际当中类似于"造成死亡的交通事故数"的问题是很多的都可以类似地处理。下面给出其中的两个问题。

问题 1（买东西的顾客数）　设顾客以每分钟 6 个的泊松过程进入某商场，进入该商场的每个顾客买东西的概率为 0.9。且每个顾客是否买东西互不影响，也与进入该商场的顾客数无关，求 1 天（12 个小时）内买该商场东西顾客数的分布与平均值。

解　这时仍有关系式：$Y(t) = \sum_{i=1}^{X(t)} X_i$

不过其中 $\{X(t), t \geq 0\}$ 是参数为 6 的泊松过程。诸 X_i 独立同分布且与 $\{X(t), t \geq 0\}$ 独立，以及 $X_i \sim B(1, 0.9)$。而这时 $\{Y(t), t \geq 0\}$ 为参数是 5.4 的泊松过程，故所求分布为

$$Y(720) \sim P(3888)$$

所求平均值为 $E[Y(720)] = 3888$

问题 2（难产婴儿死亡数）　设某地区孕妇难产数服从每月 5 个的泊松过程，每个难产孕妇使得婴儿死亡的概率为 0.25，求该地区一年中由于难产使得婴儿死亡的婴儿数（一胎生一个孩子）的分布与平均值。

解　这时仍有关系式：$Y(t) = \sum_{i=1}^{X(t)} X_i$，不过 $\{X(t), t \geq 0\}$ 为参数是 5

的泊松过程,诸 X_i 独立同分布且与 $\{X(t),t\geq 0\}$ 独立,以及 $X_i\sim B(1,0.25)$,而 $\{Y(t),t\geq 0\}$ 为参数是 1.25 的泊松过程,所求分布为 $Y(12)\sim P(15)$,所求平均值为 $E[Y(12)]=15$。

如果上述的 X_i 不服从 $0-1$ 分布,而服从其他已知分布,这时 $Y(t)$ 的分布一般很难用简单的式子表出,不过 $Y(t)$ 的数学期望与方差都可求出,且由"虫卵数问题"得

$$E[Y(t)]=E[X(t)]E(X_1)=\lambda tE(X_1)$$
$$D[Y(t)]=E[X(t)]D(X_1)+D[X(t)][E(X_1)]^2$$
$$=\lambda t[D(X_1)+E^2(X_1)]$$

这对实际问题的解决也是很有用的。例如,在"造成死亡交通事故数"中,用 X_i 表示第 i 次交通事故中死亡的人数,且 $X_i\sim B(3,0.2)$,则 $Y(t)$ 就表示在 $(0,t)$ 中死亡人数,$E[Y(30)]=36$ 为一个月中该市由于交通事故平均死亡的人数。又如在本问题的"问题1"中,如果设 X_i 进入该商场的第 i 个顾客在该商场所花钱(单位:元)数,且 $X_i\sim B(200,0.5)$,则 $Y(720)$ 为该商场一天的营业额,$E[Y(720)]=432000$ (元) 为该商场一天平均营业额。

3.10 泊松过程的检验

泊松过程是描述稀有事件流到达（出现）的过程,所谓事件流就是在随机时刻源源不断到达（出现）的事件所形成的序列。例如在任意时间间隔内,鱼贯到某公共服务设施的顾客流,某城市发生的交通事故流,放射物质（不断）放射出的 $\alpha-$ 粒子流,某部分天空出现的流星流等等,都是事件流。泊松过程有广泛的应用,例如,在"定货收入模型"、"群体增长模型"、"造成死亡的交通事故数"等问题中都用到了泊松过程。不过上述几个问题中的泊松过程往往只是根据问题的背景的一种假设,它们是否真为泊松过程还必须进行检验。如何检验一个事件流到达（出现）过程是否为泊松过程呢？下面给出其检验原理和方法。

原理 由参考文献［7］或由"截尾试验中指分布参数的估计"知,一个事件流到达过程是泊松过程充分必要条件是其到达间隔时间序列为

独立同分布随机变量序列，且服从指数分布。即检验一个事件流到达过程可以改为检验其到达间隔是否独立同服从同一指数分布。

方法：设开始观察时刻为时间 0。第 i 个事件到达（出现）时刻记为 t_i，$i=1$，2，$\cdots$，n，其中 n 要求充分大，一般大于 100，令 $T_i = t_t - t_{i-1}$，$i=1$，2，$\cdots$，n，$t_0 = 0$。

对于假设

H_0：所观察的事件流到达过程为(齐次)泊松过程，H_1：否则

当 H_0 成立时，则 T_1，T_2，$\cdots$，T_n 相互独立同服从相同指数分布。这样可以将 T_1，T_2，$\cdots$，T_n 看成总体 $T \sim \Gamma(1, \lambda)$ 的简单随机样本。于是上述假设就可以化为

H'_0：T 服从指数分布（即假设 T 的分布函数为指数分布函数 $F_0(x)$）

H'_1：T 不服从指数分布

这样就可以用皮尔逊（Pearson）χ^2 拟合检验法检验 H'_0。具体方法是记 χ_1，χ_2，$\cdots$，χ_n 为 T_1，T_2，$\cdots$，T_n 的观察值，将包含 χ_1，χ_2，$\cdots$，χ_n 的某个区间 (τ_0, τ_m) 分成 m 组，即把 (τ_0, τ_m) 分成 m 个不相交的小区间 (τ_{j-1}, τ_j)，$j=1$，2，$\cdots$，m，一般取 $m \approx 1.87 (n-1)^{0.4}$。用 v_j 表示 χ_1，χ_2，$\cdots$，χ_n 落入第 j 个小区间的个数（频数），记 $f_j = \dfrac{v_j}{n}$，称 f_j 为样本落入第 j 个小区间的频率，$j=1$，2，$\cdots$，m。

当 H'_0 成立时，$\hat{\lambda} = \dfrac{1}{\bar{\chi}}$，$\bar{\chi} = \dfrac{1}{n} \sum\limits_{i=1}^{n} \chi_i$，即 $\hat{\lambda} = \dfrac{n}{t_n}$。计算概率

$$p_j = P\{\tau_{j-1} \leqslant T < \tau_j\} = F_0(\tau_j) - F_0(\tau_{j-1}), \quad j=1, 2, \cdots, m,$$

称 np_j 为样本 T_1，T_2，$\cdots$，T_n 落入第 j 个小区间的理论频数。当 H'_0 成立时理论频数 np_j 与实际频数 v_j 相差应很小，从而 $\sum\limits_{j=1}^{m} \dfrac{(v_j - np_j)^2}{np_j}$ 应很小，否则不能认为 H'_0 成立，故 H'_0（即 H_0）的拒绝域为

$$\left\{ \sum_{j=1}^{m} \frac{(v_j - np_j)^2}{np_j} > C \right\}$$

其中 C 由犯第 1 类错误的概率 α 来确定。α 是根据实际事先给定的很小的正数（如 0.1，0.05，0.01 等）。当 α 给定后，用类似于"第 5 次掷出几点"中的方法[5]可确定 C 为 $\chi^2_{1-\alpha}(m-2)$。即 H'_0 的拒绝域为

$$\left\{ \sum_{j=1}^{m} \frac{(v_j - np_j)^2}{np_j} > \chi_{1-\alpha}^2(m-2) \right\}$$

注：因为伯努里（Bernoulli）过程的到达间隔时间为独立同服从几何分布的时间序列，所以伯努里过程也可以用类似的方法进行检验。

参 考 文 献

[1] 蒋庆琅. 随机过程与生命科学模型. 方乾译. 上海：上海翻译出版有限公司. 1987

[2] 中山大学. 概率论及数理统计. 北京：人民教育出版社. 1980

[3] 复旦大学. 概率论. 北京：人民教育出版社. 1979

[4] 孙荣恒. 应用概率论（第二版）. 北京：科学出版社. 2006

[5] 孙荣恒. 应用数理统计（第二版）. 北京：科学出版社. 2003

[6] 孙荣恒. 随机过程及其应用. 北京：清华大学出版社. 2004

[7] 孙荣恒, 李建平. 排队论基础. 北京：科学出版社. 2002

[8] 孙荣恒, 伊亨云, 刘琼荪. 概率论和数理统计. 重庆：重庆大学出版社. 2000

[9] 孙荣恒, 雷玉洁. 概率论与数理统计典型习题解析. 北京：高等教育出版社. 2003

[10] 王梓坤. 概率论基础及其应用. 北京：科学出版社. 1976

[11] 陈希孺. 数理统计引论. 北京：科学出版社. 1981

[12] 福尔克斯·J L. 统计思想. 魏宗舒, 吕乃刚译. 上海：上海翻译出版社. 1987

[13] 华东师范大学数学系. 概率论与数理统计习题集. 北京：人民教育出版社. 1982

[14] 谢尔登·罗斯. 概率论初级教程. 李漳南, 杨振明译. 北京：人民教育出版社. 1980

[15] 严士健, 王隽骧, 刘秀芳. 概率论基础. 北京：科学出版社. 1982

[16] 张尧庭, 陈汉峰. 贝叶斯统计推断. 北京：科学出版社. 1991

[17] 郑维行, 王声望. 实变函数与泛函分析概要. 北京：人民教育出版社. 1986

[18] 朱秀娟, 洪再吉. 概率统计问答150题. 长沙：湖南科学技术出版社. 1981

[19] 《数学手册》编写组. 数学手册. 北京：人民教育出版社. 1979

[20] Chung Kai Lai. Elementary Probability Theory with Stochastic Processes Springer Verlag. 1957

[21] Morris H DeGroot. Probability and Statistics. Menlo Park. 1972

[22] Robert B Ash. Real Analysis and Probability. New York. 1972

［23］Samuel Karlin，Howard M Taylor． A First Course in Stochastic Processes，Second Edition． New York． 1975

［24］Shiryayev A N． （Translated by R P Boas）． Probability． New york． 1984

［25］Feller W． 概率论及其应用． 胡迪鹤，刘文译． 北京：科学出版社． 1979

标准正态分布函数值表

$$\Phi(x) = \frac{1}{\sqrt{2\pi}} \int_{-\infty}^{x} e^{-\frac{t^2}{2}} dt$$

x	.00	.01	.02	.03	.04	.05	.06	.07	.08	.09
0.0	.5000	.5040	.5080	.5120	.5160	.5199	.5239	.5279	.5319	.5359
1	.5398	.5438	.5478	.5517	.5557	.5596	.5636	.5675	.5714	.5753
2	.5793	.5832	.5871	.5910	.5948	.5987	.6026	.6064	.6103	.6141
3	.6179	.6217	.6255	.6293	.6631	.6368	.6406	.6443	.6480	.6517
4	.6554	.6591	.6628	.6664	.6700	.6736	.6772	.6808	.6844	.6879
0.5	.6915	.6950	.6985	.7019	.7054	.7088	.7123	.7157	.7190	.7224
6	.7257	.7291	.7324	.7357	.7389	.7422	.7454	.7486	.7517	.7549
7	.7580	.7611	.7642	.7673	.7704	.7734	.7764	.7794	.7832	.7852
8	.7881	.7910	.7939	.7969	.7995	.8023	.8051	.8078	.8106	.8133
9	.8159	.8186	.8212	.8238	.8264	.8289	.8315	.8340	.8365	.8389
1.0	.8413	.8438	.8461	.8485	.8508	.8531	.8554	.8577	.8599	.8621
1	.8643	.8665	.8686	.8708	.8729	.8749	.8770	.8790	.8810	.8830
2	.8849	.8869	.8888	.8907	.8925	.8944	.8962	.8980	.8997	.9015
3	.9032	.9049	.9066	.9085	.9099	.9115	.9131	.9147	.9162	.9177
4	.9192	.9207	.9222	.9236	.9251	.9265	.9278	.9292	.9306	.9316
1.5	.9332	.9345	.9357	.9370	.9382	.9394	.9406	.9418	.9430	.9441
6	.9452	.9463	.9474	.9484	.9495	.9505	.9515	.9525	.9535	.9545
7	.9554	.9564	.9575	.9582	.9591	.9599	.9608	.9616	.9625	.9633
8	.9641	.9649	.9656	.9664	.9671	.9678	.9686	.9793	.9700	.9706
9	.9713	.9719	.9726	.9732	.9738	.9744	.9750	.9756	.9762	.9767
2.0	.9772	.9778	.9783	.9788	.9793	.9798	.9803	.9808	.9812	.9817
1	.9821	.9826	.9831	.9834	.9838	.9842	.9846	.9850	.9854	.9857
2	.9861	.9864	.9868	.9871	.9875	.9878	.9881	.9884	.9887	.9890
3	.9893	.9896	.9898	.9901	.9904	.9906	.9909	.9911	.9913	.9916
4	.9918	.9920	.9922	.9925	.9927	.9929	.9931	.9932	.9934	.9936
2.5	.9938	.9940	.9941	.9943	.9945	.9946	.9948	.9949	.9951	.9952
6	.9953	.9955	.9956	.9957	.9959	.9960	.9961	.9962	.9963	.9964
7	.9965	.9966	.9967	.9968	.9969	.9970	.9971	.9972	.9973	.9974
8	.9974	.9975	.9976	.9977	.9977	.9978	.9979	.9979	.9980	.9981
9	.9981	.9982	.9982	.9983	.9984	.9984	.9985	.9985	.9986	.9986

续表

x	.00	.01	.02	.03	.04	.05	.06	.07	.08	.09
3.0	.9987	.9987	.9987	.9988	.9988	.9989	.9989	.9989	.9990	.9990
2	.9993	.9993	.9994	.9994	.9994	.9994	.9994	.9995	.9995	.9995
4	.9997	.9997	.9997	.9997	.9997	.9997	.9997	.9997	.9997	.9998
6	.9998	.9998	.9999	.9999	.9999	.9999	.9999	.9999	.9999	.9999
8	.9999	.9999	.9999	.9999	.9999	.9999	.9999	.9999	.9999	.9999

$\varphi(4.0)=0.999968329$	$\varphi(5.0)=0.9999997133$	$\varphi(6.0)=0.9999999990$

附表 2

常见随机变量分布表

名称	密 度 函 数	数学期望	方差	特征函数
退化分布	$f(x) = \delta(x-c)$，c 为常数	c	0	e^{jct}
0~1分布（伯努利分布）	$f(x) = p\delta(x-1) + q\delta(x)$ $0 < p < 1, p+q = 1$	p	pq	$q + pe^{jt}$
二项分布	$f(x) = \sum_{k=0}^{n} C_n^k p^k q^{n-k} \delta(x-k)$ $0 < p < 1, p+q = 1$	np	npq	$(q + pe^{jt})^n$
超几何分布	$f(x) = \sum_{k=0}^{\min(M,n)} \dfrac{C_M^k C_{N-M}^{n-k}}{C_N^n} \delta(x-k)$，$M \leqslant$ $N, n \leqslant N, M, N, n$ 均为正整数	$\dfrac{nM}{N}$	$\dfrac{nM}{N}\left(1 - \dfrac{M}{N}\right) \cdot$ $\left(\dfrac{N-n}{N-1}\right)$	$\sum_{k=0}^{n}$ $\dfrac{C_M^k C_{N-M}^{n-k}}{C_N^n} e^{jtk}$
泊松分布	$f(x) = \sum_{k=0}^{\infty} e^{-\lambda} \dfrac{\lambda^k}{k!} \delta(x-k)$，$\lambda$ 为正常数	λ	λ	$e^{\lambda(e^{jt}-1)}$
几何分布	$f(x) = \sum_{k=1}^{\infty} pq^{k-1} \delta(x-k)$ $0 < p < 1, p+q = 1$	$\dfrac{1}{p}$	$\dfrac{q}{p^2}$	$pe^{jt} \cdot (1 - qe^{jt})^{-1}$
帕斯卡分布（负二项分布）	$f(x) = \sum_{k=r}^{\infty} C_{k-1}^{r-1} p^r q^{k-r} \delta(x-k)$ $0 < p < 1, p+q = 1, r$ 为正整数	$\dfrac{r}{p}$	$\dfrac{rq}{p^2}$	$\left(\dfrac{pe^{jt}}{1 - qe^{jt}}\right)^r$
均匀分布 $U(a,b)$	$f(x) = \begin{cases} \dfrac{1}{b-a}, x \in [a,b] \\ 0, x \in [a,b] \end{cases}$	$\dfrac{a+b}{2}$	$\dfrac{(b-a)^2}{12}$	$\dfrac{e^{jtb} - e^{jta}}{jt[b-a]}$
正态分布（高斯分布）$N(a,\sigma^2)$	$f(x) = \dfrac{1}{\sigma\sqrt{2\pi}} e^{-(x-a)^2/2\sigma^2}$，$x \in \mathbb{R}$ a, σ 均为常数，且 $\sigma > 0$	a	σ^2	$\exp\left\{ jat - \dfrac{1}{2}\sigma^2 t^2 \right\}$

续表

名称	密 度 函 数	数学期望	方差	特征函数
指数分布 $\Gamma(1,\lambda)$	$f(x)=\begin{cases} \lambda e^{-\lambda x},x>0 \\ 0,x\leqslant 0 \end{cases}$ λ 为正整数	$\dfrac{1}{\lambda}$	$\dfrac{1}{\lambda^2}$	$\left(1-\dfrac{jt}{\lambda}\right)^{-1}$
Γ 分布 $\Gamma(a,\lambda)$	$f(x)=\begin{cases} x^{a-1}\lambda^a e^{-\lambda x}/\Gamma(a),x>0 \\ 0,x\leqslant 0 \end{cases}$ $\begin{array}{l}\lambda>0,\\ a>0\end{array}$	$\dfrac{a}{\lambda}$	$\dfrac{a}{\lambda^2}$	$\left(1-\dfrac{jt}{\lambda}\right)^{-a}$
χ^2 分布 $\chi^2(n)$	$f(x)=\begin{cases} x^{n/2-1}e^{-\frac{x}{2}}/2^{n/2}\Gamma\left(\dfrac{n}{2}\right),x>0 \\ 0,x\leqslant 0 \end{cases}$	n	$2n$	$(1-2jt)^{-\frac{n}{2}}$
柯西分布	$f(x)=\dfrac{1}{\pi}\cdot\dfrac{\lambda}{\lambda^2+(x-\mu)^2}$ $x\in R,\mu,\lambda$ 为常数,且 $\lambda>0$	不存在	不存在	$e^{j\mu t-\lambda|t|}$
t 分布 $t(n)$	$f(x)=\Gamma\left(\dfrac{n+1}{2}\right)\left(1+\dfrac{x^2}{n}\right)^{-(n+1)/2}$ $/\sqrt{n\pi}\,\Gamma\left(\dfrac{n}{2}\right),x\in R$	$0(n>1)$	$\dfrac{n}{n-2}$ $(n>2)$	
F 分布 $F(m,n)(m,n$ 为正整数)	$f(x)=$ $\begin{cases} \dfrac{\Gamma\left(\dfrac{m+n}{2}\right)m^{m/2}n^{n/2}x^{m/2-1}}{\Gamma\left(\dfrac{m}{2}\right)\Gamma\left(\dfrac{n}{2}\right)(mx+n)^{\frac{m+n}{2}}},x>0 \\ 0,x\leqslant 0 \end{cases}$	$\dfrac{n}{n-2}$ $(n>2)$	$\dfrac{2n^2(m+n-2)}{m(n-2)^2(n-4)},$ $(n>4)$	
韦布分布	$f(x)$ $=\begin{cases} \dfrac{a}{x_0}(x-\gamma)^{a-1}e^{-\frac{(x-\gamma)^a}{x_0}},x>\gamma \\ 0,x\leqslant\gamma \end{cases}$ a,x_0,γ 均为常数 $a>0,x_0>0$	$x_0^{\frac{1}{a}}\Gamma$ $\left(\dfrac{1}{a}+1\right)$ $+n$	$x_0^{\frac{2}{a}}\left[\Gamma\left(\dfrac{2}{a}+1\right)\right.$ $\left.-\Gamma^2\left(\dfrac{1}{a}+1\right)\right]$	
贝塔分布	$f(x)=$ $\begin{cases} \dfrac{\Gamma(\alpha+\beta)}{\Gamma(\alpha)\Gamma(\beta)}x^{\alpha-1}(1-x)^{\beta-1},0<x<1 \\ 0,其他 \\ \alpha>0,\beta>0 \end{cases}$	$\dfrac{\alpha}{\alpha+\beta}$	$\dfrac{\alpha\beta}{(\alpha+\beta)^2(\alpha+\beta+1)}$	$\dfrac{\Gamma(\alpha+\beta)}{\Gamma(\alpha)}\sum\limits_{k=0}^{\infty}$ $\dfrac{\Gamma(\alpha+k)}{\Gamma(\alpha+\beta+k)}$ $\dfrac{(jt)^k}{\Gamma(k+1)}$
对数正态分布	$f(x)=$ $\begin{cases} \dfrac{1}{\sigma x\sqrt{2\pi}}e^{-(\ln x-a)^2/2\sigma^2},x>0,a,\sigma 为常数 \\ 0,x\leqslant 0,\sigma>0 \end{cases}$	$e^{a+\frac{\sigma^2}{2}}$	$(e^{\sigma^2}-1)e^{2a+\sigma^2}$	